本书由广东省民族宗教研究院资助出版

鼓楼史学丛书·区域与社会研究系列

渠润五封
明代以来沁河下游水利社会史

Canals Irrigated Five Counties :
A Study of the Social History of Water Conservancy
in the Lower Reaches of the Qin River since the Ming Dynasty

宋永志 ○ 著

中国社会科学出版社

图书在版编目（CIP）数据

渠润五封：明代以来沁河下游水利社会史／宋永志
著. -- 北京：中国社会科学出版社，2024. 8.
（鼓楼史学丛书）. -- ISBN 978 - 7 - 5227 - 3934 - 2

Ⅰ. TV - 092

中国国家版本馆 CIP 数据核字第 2024XA5763 号

出 版 人	赵剑英	
选题策划	宋燕鹏	
责任编辑	金　燕	
责任校对	李　硕	
责任印制	李寡寡	

出　　版	中国社会科学出版社	
社　　址	北京鼓楼西大街甲 158 号	
邮　　编	100720	
网　　址	http：//www. csspw. cn	
发 行 部	010 - 84083685	
门 市 部	010 - 84029450	
经　　销	新华书店及其他书店	

印　　刷	北京明恒达印务有限公司	
装　　订	廊坊市广阳区广增装订厂	
版　　次	2024 年 8 月第 1 版	
印　　次	2024 年 8 月第 1 次印刷	

开　　本	710 × 1000　1/16	
印　　张	20. 5	
插　　页	2	
字　　数	289 千字	
定　　价	115. 00 元	

凡购买中国社会科学出版社图书，如有质量问题请与本社营销中心联系调换
电话：010 - 84083683

目　　录

图表目录

第一章　导言

　　在传统的农业社会里，与农业生产息息相关的水利开发是历代王朝十分关注的事务。在水资源相对缺乏的华北地区，水利对于农业生产显得更为重要。不同历史时期灌溉技术和用水制度的差异使得一个地区的水利开发在时空上呈现出不同的面貌。尤其在明清时期，水资源与人口、土地之间的关系日益紧张，通过对一个地区水利开发过程以及用水制度的考察可以透视出社会的许多层面，诸如参与水利开发的群体、地方赋役制度的演变、乡村水利组织的结构以及水利系统运行的机制等等。本书就是在这样的思考下，以河南西北部的沁河下游流域为研究区域，以明清以来沁河的水利开发为切入点，将水利开发置于地方社会发展的脉络中加以考察，从不同时期控制水利开发的群体来透视明清以来地方社会权势转移的过程以及乡村水利组织结构的变化，以期探讨区域社会发展变迁的内在机制，从而深化明清以来华北地区基层社会的研究。

第一节　问题与学术史回顾

　　近代以来，通过对水利问题的研究来展现明清时期的社会关系是国内外学者关注的热点问题之一。学者们对水利所涉及的诸如自然环境的演变、乡村土地所有制、宗族、水利组织的结构、土地赋役制度与水利的关系等问题的讨论已经相当深入。

　　水利问题纳入明清社会经济史研究的学术脉络与 20 世纪 50、60

年代以来日本学界关注明清时期的社会经济问题有很大的关系，当时的学者们十分重视经济史与政治史、社会史之间的联系，由此引出对"乡绅""国家"及"共同体"等问题的讨论。在对明清时期"乡绅土地所有制"问题的讨论中，水利及赋役制度纳入学者们的研究视野之中。滨岛敦俊在继承"乡绅土地所有论"的基础上，着重从水利的角度揭示水利惯例与乡绅土地所有制之间的关系，他通过分析江南三角洲水利惯例的变化，阐明了水利与里甲徭役制度的内在联系，在对明前期参与江南地区水利疏浚及修筑组织的考察中，指出明初江南三角洲地域的"水利惯例"是以里甲制为基础而组织实施的，认为水利事务是由里甲制内的粮长、里长及里内的老人来负责；而到了明中后期由于乡绅群体的扩大带来赋役制度的崩溃，造成了江南地区水利机能的衰退，由此产生了对水利规范的再编，并形成了"照田派役""限制优免""业食佃力"等规范。① 滨岛敦俊的研究可谓是最早的概括了明末清初江南地区水利改革与徭役改革的历史，十分具有启发意义。② 川胜守也是在讨论"乡绅土地所有论"的基础上，通过考察明末长江三角洲地区"水利惯行"的变化，揭示出了乡绅土地所有制与"水利惯行"之间的关系。③

　　这种通过水利为媒介来讨论社会关系的研究取向在日本学界形成了一股研究明清水利史的潮流。④ 一些学者在此时期陆续发表了研究中国水利问题的著作，产生了一定的影响，其中对于"水利共同体"的讨论较为引人注目。森田明、好并隆寺等学者以此来讨论水

---

　　① ［日］滨岛敦俊：《明代江南农村社会の研究》，东京大学出版会，1982 年。滨岛敦俊自 20 世纪 60 年代开始就从事江南地区的水利与乡村社会的研究，其研究成果甚多，如《明代江南の水利の考察》，《东洋文化研究所纪要》第 47 册，1967 年；《业食佃力考》，《东洋史研究》第 39 卷第 1 号，1980 年等。

　　② ［日］岸本美绪：《滨岛敦俊的〈明代江南农村社会研究〉》，《中国史研究动态》1984 年第 8 期。

　　③ ［日］川胜守：《明末扬子江デルタ地带における水利惯行の变质》，《史渊》111，1974 年。

　　④ 有关日本学者中国水利史研究情况的概论，参见钞晓鸿主编《海外中国水利史研究：日本学者论集》的导言部分，人民出版社 2014 年版，第 1—9 页。

利组织、水利团体与村落之间的关系，试图解释中国传统社会的变迁。不过"水利共同体"理论的不足之处就是忽视了对动态的环境及社会结构变化的关注。

20世纪80年代，傅衣凌将"乡族"的概念引入水利史的研究之中，从社会结构的层面指出了水利史研究所要关注的问题，在其遗著《中国传统社会：多元的结构》一文中，他对传统时期中国的水利状况作了宏观的分析，他认为中国传统社会中很大一部分水利工程的建设和管理是在"乡族"社会中进行，不需要国家的干预。[①]"乡族"概念的提出，为我们研究水利与社会之间的关系提供了一个深富启发意义的视角。郑振满对明清福建沿海地区农田水利制度及与乡族组织关系的研究就是这一概念在水利史研究中的体现。[②]

自20世纪90年代以来，"华南研究"所倡导的区域社会研究的取向为水利史的研究提供了新的思路和方法，田野调查与水利文献的搜集利用逐渐被学者们所重视，无论是从水资源环境的角度还是通过新发掘的文献重新检讨"水利共同体"理论来研究明清时期水利与社会之间的复杂关系，都体现出重新思考水利史研究所要面对问题的研究趋势。

就水利与社会关系的研究而言，往往以水利作为讨论问题的出发点和落脚点，从而忽视了对社会发展内在机制的关注，忽视了对动态的、变化的社会结构与水利制度的研究，忽视了对具体时空下具体的人或人群活动的考察。因此，水利与社会关系的研究，还需要以人为本，将水利放置于社会历史发展的脉络里，关注具体时空下参与水利事务的具体的人或人群，关注水利制度在动态的社会发展中如何实施。

本书就是在这样的思考下，在前人研究的基础上，以区域的、

[①] 傅衣凌：《中国传统社会：多元的结构》，《中国社会经济史研究》1988年第3期。

[②] 郑振满：《明清福建沿海地区农田水利制度与乡族组织》，《中国社会经济史研究》1987年第4期。

个案的研究来探讨水利与区域社会之间的关系，将水利开发放置于地方社会发展的历史过程之中，通过对不同时空下参与和控制水利开发的群体的研究，揭示地方社会权势转变的过程；同时，将水利开发与变动的地方赋役制度联系起来，考察赋役制度的演变与水利制度变动之间的内在关系；通过对乡村水利运行机制的考察，揭示出明清以来乡村水利组织的结构变迁。

一般认为，传统中国社会里，水利与王朝历史密切相关，从历代正史与文献中的记录可以看到历代王朝对水利事业的关注。无论是王朝政府对大江大河的治理，还是地方政府对农田水利的开发，都为我们展现了水利事业在社会发展中的作用。

有关传统时期水利史的研究也是从水利与国家关系的层面展开。从宏观角度探讨水利与国家关系的德裔美籍学者魏特夫，在他1957年出版的《东方专制主义：对于集权力量的比较研究》一书中，以"治水社会"作为出发点，论述他的"东方专制主义"理论，他认为东方社会的形成和发展与"治水"是分不开。① 同期，在西方受过学术训练的冀朝鼎在20世纪30年代出版了《中国历史上的基本经济区与水利事业的发展》一书的英文版，他试图通过水利来揭示中国历史上经济区域的变迁，通过经济区域的转移，来解释中国历史上统一分裂现象的经济基础。②

在继承和批判魏氏理论的基础上，日本学者在20世纪60年代成立了中国水利史研究会，该会陆续发表和出版了多位学者关于中国水利史的论著，其中以水利政策在中国的历史研究为中心，吉冈信义的《宋代黄河水利史》及森田明的《清代水利社会史研究》先

---

① ［美］魏特夫著，徐式谷译：《东方专制主义：对于集权力量的比较研究》，中国社会科学出版社1989年版。
② ［美］冀朝鼎：《中国历史上的基本经济区与水利事业的发展》（中译本），中国社会科学出版社1981年版。

后出版。① 日本学者关于中国水利史研究的贡献，莫过于对"共同体理论"的推广，以此理论讨论水利组织、水利团体与村落之间的关系。② 其中丰岛静英以山西、绥远等地为例，论述了"水利共同体"理论：水利设施是共同体的公有财产，而耕地则为各成员私有；灌溉用水是根据成员土地面积来平等分配，并据以分担相应的费用和义务；于是在各自田地量、用水量、夫役费用等方面形成紧密联系，即地、夫、水之间形成有机的统一。③ 1965 年，森田明根据自己对浙江和山西地区的研究，对明清时期水利组织的共同体特征作了总结，他指出：水利社会中，水利设施"为共同体所共有；修浚所需要的夫役（劳力）、资金费用是以灌溉面积来计算，由用水户共同承担。地、夫、钱、水的结合是水利组织的基本原理"④。关于"水利共同体"的讨论和实证研究在 21 世纪初又为研究水利史学者所关注，多位学者撰文提出疑问或利用该理论作为讨论水利史问题的出发点。⑤

---

① ［日］森田明、铁山博：《日本中国水利史研究会简介》，《中国水利》1982 年第 3 期。

② 日本学者在此时期发表的有关共同体理论的文章较多，主要有丰岛静英《中国西北部における水利共同体について》，《历史学研究》第 201 号，1956 年；宫坂宏《华北水利共同体的实况——以〈中国农村例行调查〉水篇为中心》，《历史学研究》第 240 号、241 号，1960 年；好并隆寺《水利共同体中"镰"的历史意义——关于宫坂论文的疑问》，《历史学研究》第 244 号，1960 年；森田明《明清时代的水利团体——论其共同体性质》，《历史教育》第 13 卷第 9 号，1965 年，森田明《清代水利史研究》，东京：亚纪书房 1974 年版等等，不一一赘述。

③ ［日］丰岛静英：《中国西北部における水利共同体について》，《历史学研究》第 201 号，1956 年。转引自钞晓鸿《灌溉、环境与水利共同体：基于关中中部的分析》，《中国社会科学》2006 年第 4 期。

④ ［日］森田明：《明清时代的水利团体——论其共同体性质》，《历史教育》第 13 卷第 9 号，1965 年。转引自钞晓鸿《灌溉、环境与水利共同体：基于关中中部的分析》。

⑤ 如关中水利的研究，钞晓鸿：《灌溉、环境与水利共同体：基于关中中部的分析》；以及钱杭对湘湖水利的研究，参见《均包湖米：湘湖水利共同体的制度基础》，《浙江社会科学》2004 年第 6 期；谢湜：《利及邻封：明清豫北的灌溉水利开发与县际关系》，《清史研究》2007 年第 2 期。

20 世纪 80 年代，西方学者对华北地区乡村社会的关注也将水利问题纳入他们的研究视野。黄宗智在《华北的小农经济与社会变迁》一书中，通过分析华北地区两类不同的水利工程，即庞大的防洪工程与微小的水井，讨论了 19 世纪华北平原水利与政治经济结构的关系。他还以华北地区、长江下游三角洲与珠江三角洲等地区治水模式的不同，讨论自然环境与社会结构之间的相互关系。① 杜赞奇在《文化权力与国家：1900—1942 年的华北农村》中将权力的文化网络引入华北地区乡村社会的研究之中，他以 19 世纪河北邢台地区一个水利组织的研究说明文化网络是如何将国家政权与地方社会融合进一个权威系统（机构）。在邢台的水利体系中"闸会"是控制灌溉用水分配的水利组织，同时在"闸会"外还存在一个多层级的水利组织，而这些多层级的水利组织往往超越了村庄和市场体系，但这两个体系并不是截然分开。与这些不同层级的水利组织相并行的是不同等级的乡村祭祀体系，二者之间的关系揭示了文化网络中的重要特征。② 杜赞奇试图以权力的文化网络这一概念来超越施坚雅的区域市场体系理论对乡村社会的解释，他以水利组织作为例子就是想说明市场体系理论已经同化到文化网络之中。③

20 世纪 80 年代以来，区域社会史或历史人类学对于区域研究取向的追求，为水利史的研究提供了新的思路和方法。这一时期，区域社会史的兴起主要表现在国内学者与西方学者的合作研究，其中华南地区的研究最为学界瞩目。自 20 世纪 90 年代以来中山大学陈春声、刘志伟、厦门大学郑振满等国内学者与萧凤霞（Helen Siu）、科大卫（David Faure）、丁荷生（Kenneth Dean）等西方人类学家以

① ［美］黄宗智：《华北的小农经济与社会变迁》，中华书局 2000 年版。
② ［美］杜赞奇著，王福明译：《文化、权力与国家：1900—1942 年的华北农村》，江苏人民出版社 2006 年版。
③ 有关市场体系理论参见［美］施坚雅著，史建云、徐秀丽译《中国农村的市场和结构》，中国社会科学出版社 1998 年版。

华南地区为区域，开展了大规模的研究计划。① 他们所倡导的研究取向是将历史学的文献资料与人类学的田野调查方法结合起来，从而使得社会史的研究别开生面。陈春声在描述田野调查的感受时说："置身于乡村基层独特的历史氛围之中，踏勘史迹，采访耆老，尽量摆脱文化优越感和异文化感，努力从乡民的情感和立场出发去理解所见所闻的种种事件和现象，常常会有一种只可意会的文化体验，而这种体验又往往能带来新的学术思想的灵感。"②

在这种区域研究的取向和方法的影响下，近年来有关水利社会史研究的论著着眼于通过对地方文献和材料的挖掘和解读，通过区域的、具体的个案研究重新思考和建构水利社会史所要面对的问题。

具体到近年华北地区水利社会史的研究，主要集中在山西、陕西地区。山西大学行龙以"水"为中心，开展了人口、资源、环境、灾害等方面的研究，主要从水资源环境及水案、水利祭祀系统等方面探讨了明清以来山西地区晋水流域、汾水流域的社会变迁。③ 张俊峰的研究则主要以"水案"入手，通过对晋水流域具体水案的分析

① 这一研究计划主要在珠江三角洲、潮汕地区及福建莆田平原地区展开，并形成了一系列的研究成果。主要有陈春声教授关于樟林以及神明信仰等系列研究文章，刘志伟教授、科大卫教授关于华南宗族的系列研究文章，郑振满教授对福建家族组织及民间信仰的系列研究等。参见陈春声《社神崇拜与社区地域关系——樟林三山国王的研究》，《中山大学史学集刊》第二辑，广东人民出版社1994年版；《地方神明正统性的创造与认知——三山国王来历故事分析》，《潮州学国际研讨会论文集》，暨南大学出版社1994年版；《信仰空间与社区历史的演变——以樟林神庙系统的研究为中心》，《清史研究》1999年第2期；《正统性、地方化与文化的创制——潮州民间神信仰的象征与历史意义》，《史学月刊》2001年第1期；刘志伟：《宗族与沙田开发——番禺沙湾何族的个案研究》，《中国农史》1992年第4期；《传说、附会与历史真实：珠江三角洲族谱中宗族历史的叙事结构及其意义》，《中国谱牒研究》，上海古籍出版社1999年版；《宗族与地方社会的国家认同——明清华南地区宗族发展的意识形态基础》，《历史研究》2000年第3期等。

② 陈春声：《中国社会史研究必须重视田野调查》，《历史研究》1993年第2期。

③ 行龙：《明清以来山西水资源匮乏与水案初步研究》，《科学技术与辩证法》2000年第6期；《晋水流域36村水利祭祀系统个案研究》，《史林》2005年第4期；《从共享到争夺：晋水流域水资源日趋匮乏的历史考察——兼及区域社会史之比较研究》，载行龙、杨念群主编《区域社会史比较研究》，社会科学文献出版社2006年版；《明清以来晋水流域的环境与灾害：以"峪水为灾"为中心的田野考察和研究》，《史林》2006年第2期。

探讨国家与地方社会各方力量对乡村水权控制与争夺中的互动关系，并提出晋水流域以水为中心的社会运行模式。① 他的博士论文以山西洪洞县的水利为切入点，"从人口资源环境的相互关系出发，站在区域社会整体史的立场上，重新检讨水利在区域社会发展过程中所具有的地位和作用，藉此探讨区域社会历史变迁的内在逻辑"②。他根据不同的灌溉形式试图采用类型学的分类方法归纳出"泉域社会""流域社会""洪灌社会"等不同类型。

赵世瑜通过对山西汾水流域的分水传说、故事的解读，围绕几个分水案例，在一个区域性的、超地方的空间里，沿着传说故事的脉络，揭示人们在利用公共资源的过程中各种权力和象征的作用，从而加深其对社会历史情境的理解，同时也涉及对传统社会运行机制的评价。③ 沈艾娣（Henrietta Harrison）对晚清时期晋水流域的研究则揭示出了水利系统中所反映出来的道德价值观念。④

王锦萍在研究 13—17 世纪华北地方社会秩序的变迁时，关注到蒙元时期山西地区的宗教团体——主要是僧道团体如何渗透地方水利组织之中，并发挥主导作用的现象。她主要讨论了元代佛教僧团如何将其影响力拓展到寺观之外，在地方社会建立广泛的社会经济纽带，由僧道团体主导的水利组织负责水资源的管理分配，是山西乡村社会中势力强大的排他性地方组织，他们不仅积极参与水利工程建设，而且频繁担任地方水利组织负责人。⑤

钞晓鸿和佳宏伟分别从环境变迁的角度讨论清代汉中地区水利

---

① 张俊峰：《明清以来晋水流域之水案与乡村社会》，《中国社会经济史研究》2003年第 2 期。

② 张俊峰：《明清以来洪洞水利与地方社会：基于田野调查的分析和研究》，博士学位论文，山西大学，2006 年，未刊稿。

③ 赵世瑜：《分水之争：公共资源与乡土社会的权力与象征——明清山西汾水流域若干案例为中心》，《中国社会科学》2005 年第 2 期。

④ ［英］沈艾娣：《道德、权力与晋水水利系统》，《历史人类学学刊》第 1 卷第 1 期，2003 年 4 月。

⑤ 王锦萍著，陆骐、刘云军译：《蒙古征服之后：13—17 世纪华北地方社会秩序的变迁》，上海古籍出版社 2023 年版。

变化的环境背景及基层社会权力变化的关系。① 此外，对日本学者提出的"水利共同体"理论，钞晓鸿通过实地的田野考察和对民间水利文献资料的分析，以关中中部地区的渠堰灌溉水利系统为例作了实证性的研究，重新对"水利共同体"理论进行了反思。② 康欣平以陕西渭北地区泾渠的水利开发为研究对象，聚焦自明代至近代以来（1465—1940）围绕引泾工程过程中水利开发及管理模式的变化，探讨近代渭北泾渠水利开发及运作模式转型的内在因素。③

除了这些实证的研究之外，对民间水利文献的收集、整理与研究也成为水利社会史研究所关注的热点，法国远东研究院蓝克利（Christian Lamouroux）、吕敏（Marianne Bujard）与北京师范大学董晓萍等学者从1998—2002年开始对山西、陕西开展了大规模的水利文献资料的搜集和田野考察，其成果以《陕山地区水资源与民间社会资料调查集》的形式于2003年由中华书局先后出版了四册资料集。④ 在这批资料集的总序中他们说调查的目的"是由县以下的乡村水资源利用活动切入，并将之放在一定的历史、地理和社会环境中考察，了解广大村民的用水观念、分配和共用水资源的群体行为、村社水利组织和民间公益事业等，在此基础上，研究华北基层社会史"，"这些从山陕基层社会搜集到的大量水利资料，可以打破从前

---

① 钞晓鸿：《清代汉水上游的水资源环境与社会变迁》，《清史研究》2005年第5期；佳宏伟：《水资源环境变迁与乡村社会控制——以清代汉中府的堰渠水利为中心》，《史学月刊》2005年第4期。

② 钞晓鸿：《灌溉、环境与水利共同体：基于关中中部的分析》，《中国社会科学》2006年第4期。

③ 康欣平：《渭北水利及其近代转型（1465—1940）》，中国社会科学出版社2018年版。

④ 参见董晓萍、［法］蓝克利（Christian Lamouroux）：《不灌而治：山西四社五村水利文献与民俗》，中华书局2003年版；黄竹三、冯俊杰等编著《洪洞介休水利碑刻辑录》，中华书局2003年版；白尔恒、［法］蓝克利（Christian Lamouroux），［法］魏丕信（Pierre-Etienne Will）编著：《沟洫佚闻杂录》，中华书局2003年版；秦建明：《尧山圣母庙与神社》，中华书局2003年版。

认为华北地区缺乏水利资料的偏见"①。不过这批资料集并没有最大
限度搜集民间水利文献，尤其是对水利碑刻资料的收集缺漏很多，
如资料集第三集《洪洞介休水利碑刻辑录》中仅收录水神庙霍泉碑
刻三十五种，这显然是远远不够的。有鉴于此，张小军、卜永坚、
丁荷生（Kenneth Dean）等学者在 2004 年通过对介休源神庙、洪洞
水神庙、广胜上寺的考察，共收集到水利碑刻 7 通，以补该书之不
足。② 这些资料的整理和收集对华北地区尤其是山陕地区以"水"
为中心的社会史的研究十分重要，但到目前为止以这些资料为中心
的相关研究还不够充分。③

钞晓鸿将视角放在了对关中地区民间水利文献编造、传承历史
的考察，通过对《陕山地区水资源与民间社会资料调查集》中《沟
洫佚闻杂录》所收录的民国期间刘屏山编辑的《清峪河各渠记事
簿》底稿与刘氏所纂初稿及其他地方文献的对比与阐释，揭示了在
环境变迁、资源争夺的背景下，民间水利文献编纂者的行为方式与
心态的变化。④

在理论探讨方面，王铭铭、行龙提出水利史的研究应该由"治
水社会"转向"水利社会"，这样会使得区域社会史的比较研究能
够找到一个新的切入点。⑤ 而所谓的"水利社会"，就是"以水利为
中心延伸出来的区域性社会关系体系"。但什么是"区域性社会关系

---

① 董晓萍、[法] 蓝克利（Christian Lamouroux）、[法] 吕敏（Marianne Bujard）：
《陕山地区水资源与民间社会资料调查集》总序，收录于上述四册资料集内。
② 张小军、卜永坚、[加拿大] 丁荷生（Kenneth Dean）：《〈陕山地区水资源与民间
社会调查资料集〉补遗七则》，《华南研究资料中心通讯》第 42 期，2006 年。
③ 现在所见的具体研究成果如邓小南《追求用水秩序的努力：从前近代洪洞的水资
源管理看"民间"与"官方"》，收入行龙、杨念群主编《区域社会史比较研究》，会科
学文献出版社 2006 年版。
④ 钞晓鸿：《争夺水权、寻求证据：清至民国时期关中水利文献的传承与编造》，
《历史人类学学刊》第 5 卷第 1 期，2007 年 4 月。钞晓鸿、李辉：《〈清峪河各渠始末记〉
的发现与刊布》，《清史研究》2008 年第 2 期。
⑤ 王铭铭：《"水利社会"的类型》，《读书》2004 年第 11 期，行龙：《从"治水社
会"到"水利社会"》，《读书》2005 年第 8 期。

体系"，他们却没有更深入的论述。①

无论是王铭铭和行龙所提出的从"治水社会"到"水利社会"的转换，还是钱杭、张俊峰从类型学的角度所提出的"库域社会""泉域社会"等分析模式，都是基于对以往研究的反思。②钱杭说"'库域型'水利社会史，就可能比基于自然环境的水利社会史更集中地展现小社会（当地社会）与大社会（外部社会）的政治、经济、文化特质，同时也将更集中地展现出此一环境下人们之间的依存与对抗关系"③。

沿着已有的水利史研究的学术脉络，在已有的研究基础上，笔者通过对豫西北沁河下游区域的考察，试图从梳理沁水渠堰水利开发的历史过程入手，揭示出不同时期控制水利开发的群体以展现地方社会权力结构的变动；同时，将水利放在地方社会的结构中进行考察，渠堰兴废所展现的不仅是地方社会水资源环境的变化，更重要的是体现出水利与地方赋役制度之间的内在联系，只有把水利开发与具体时空中的人或人群的活动联系起来，才能真正地体现出水利与社会的关系。

第二节　研究区域的自然环境与历史沿革

本书所关注的区域位于河南省西北部，即今天焦作市所属的博爱县北部、沁阳市、孟州市北部以及济源市东部地区，也就是黄河在下游最大的一条支流——沁河在河南省境内所流经的下游地区。

① 行龙：《"水利社会史"探源：兼论以水为中心的山西社会》，《山西大学学报》2008年第1期。

② 钱杭：《共同体理论视野下的湘湖水利集团——兼论"库域型"水利社会》，《中国社会科学》2008年第2期；张俊峰：《介休水案与地方社会：对泉域社会的一种类型学分析》，《史林》2005年第3期；《明清时期介休水案与"泉域社会"分析》，《中国社会经济史研究》2006年第1期。

③ 钱杭：《共同体理论视野下的湘湖水利集团——兼论"库域型"水利社会》，《中国社会科学》2008年第2期。

这一地区地貌较为复杂，主要有山地、丘陵、扇形洼地、平原四种类型。整个地区地势北高南低，北依太行山余脉，南面为黄河主河道。北部地区主要以山地及山前丘陵为主，海拔在250—1160米之间；中部、南部为沁河、黄河冲积平原，海拔在110—130米之间，地势平坦，土壤肥沃，为主要粮食作物的产区，也是人口、村落最为稠密的地区。

这里属暖温带大陆性季风气候，四季分明，日照时间长，雨量适中，主要降雨集中在每年的夏、秋季节，常年平均降雨量600毫米左右，这些都为农业生产提供了很好的条件。此外，该地区河流众多，水资源丰富，水利条件优越，主要有发源于山西省境内的丹河、沁河、蟒河等主要河流，还有发源于境内的济河等。其中沁河是最主要的一条河流，对这一地区的历史发展产生了很大的影响。沁河发源于山西省沁源县，自北向南流经沁源县、阳城县，在济源市东北部流入河南境内，在济源市出五龙口向东南进入沁阳市，在沁阳市区西北部与丹河汇合流经温县、武陟县，注入黄河，全长450多千米，其中在河南境内近90千米，流域面积三千多平方千米。沁河在山西境内基本上在山地与台地之间穿行，自五龙口出山后，流经冲积平原之上，水流浑浊，含有大量泥沙，导致河床高于两岸，历史时期就曾在两岸修建堤防，防御沁河洪水。自20世纪90年代以来，随着生态环境的恶化及水资源利用的无序，导致常年河道内水量不足，即时在夏季多雨的汛期，其流量也很小，枯水季节甚至出现断流的情况。

沁河在历史时期所灌溉的地区包括沁阳市西部及南部、济源市东部、温县、武陟县，是这一地区最重要的灌溉水源。沁河从太行山区进入平原地区的济源市东北部的五龙口是最重要的引沁河水的水口，自秦、汉时期此处就有渠堰的兴建，从魏晋直到宋元，五龙口地方的水利开发一直不断。到明代万历末年，五龙口地方形成了三渠引水的格局，并一直延续到了近代。20世纪50年代，全国大兴农田水利建设，通过对五龙口三渠的疏浚和改建、扩建，形成了今天的广利干渠灌区系统，在 1957 年时广利灌区灌溉面积最高超过557000 亩，属国内大型的灌区之一，至今广利干渠依然发挥着很重要的作用。

良好的水利条件和自然条件为这里的农业生产奠定了很好的基础，自古以来这里就是重要粮食生产区，主要的粮食作物有冬小麦和玉米，其中冬小麦播种于秋冬之际，次年夏初收获，玉米是秋粮中最主要的作物。经济作物中主要以药材为主，怀山药、地黄、牛膝、菊花等药材并称"四大怀药"。清代怀药贸易一度十分发达，怀庆府商人曾将其贸易网络扩大到国内南北数省。

同样，这里有着悠久的历史和深厚的文化底蕴，自商、周时代，这里就是畿内之地。秦、汉时曾设立河内郡，隋唐时期这里一直是怀州、河内郡的治所。宋代这里属于河北西路，曾设置怀州，下辖六县，并设置节度使。元初这里曾作为忽必烈的封地，设置怀孟路总管府，后来元仁宗将其作为潜邸，元仁宗继位后改怀孟路为怀庆路，隶属于中书省管辖。明初改怀庆路为怀庆府，属河南布政司，统领六县，府治河内县即今天的沁阳市。清代依然继承明代的行政体系，雍正二年及乾隆四十八年，原属开封府的原武县、阳武县划归怀庆府管辖，府治河内县一直是豫西北地区的政治、经济与文化的中心。民国成立后，河内县改为沁阳县，并从沁阳析出部分乡镇成立博爱县，新中国成立后，原怀庆府属县属新成立的平原省新乡专区管辖，1953 年平原省撤销后，归河南省管辖。

第三节 文献、方法与结构

一 本书所用文献与方法

本书所依据的材料主要有正史、政书、明清时期的地方志以及明人、清人的文集笔记、地图，民国时期报纸、期刊等。就地方志来说，由于怀庆府及所属各县明代方志较多散佚，所存者也收藏在北京国家图书馆及上海图书馆，如正德年间的《怀庆府志》，只有抄本存上海图书馆，后经上海图书馆影印出版，孤本存在台北。还有一些方志修纂之后未及刻板印刷，如雍正年间所修《覃怀志》，未曾刊刻，稿本存于今焦作市博爱县档案馆，笔者在该档案馆所见是其复印本。

除了国内图书馆及档案馆所藏文献外，本书也较多采用了笔者数次前往沁阳市、济源市、孟州市、博爱县等地实地考察时所搜集到的民间文献，这些文献对于更好的理解这一区域历史的变迁极具价值。这些文献包括家谱，碑刻、水册、古画（复制品）等等。下面一一叙述这些民间文献的情况。

就家谱而言，除少数收藏于档案馆外，多数家谱是笔者在各市、县乡村中所收集，这些家谱多为明清及民国等时期编纂，还有一些为近年续修，这些家谱中也收录了前代所修的家谱。有些家谱与明清时期参与沁河水利开发的家族有关，如沁阳市柏香镇《杨氏家乘》，最早修于明末崇祯年间，现存的家谱则是经过康熙三十五年（1696）、雍正十年（1732）、乾隆四十六年（1781）、咸丰五年（1855）、民国十五年（1926）五次续修后的版本。还有济源市五龙口镇北官庄《葛氏族谱》，沁阳市紫陵镇《牛氏族谱》、济源市南官庄《牛氏族谱》等，这些家族都与明清时期地方水利开发有关。

除家谱之外，最大量的民间文献是碑刻，这样的碑刻分三类，一类是保存于博物馆内，如沁阳市博物馆内保存的明代怀庆卫军户的墓碑及墓志铭及与地方乡宦有关的碑铭；一类是保存于乡村祠堂、庙宇内的碑刻，这些碑刻又分作修建祠堂碑记、坟会碑记、祭田碑记、判案碑记等；还有一类就是水利碑刻，包括工程类、人物类、判案类等等。

还有一类就是水册。笔者在田野调查的两年期间仅发现了一份水册，保存在沁阳市李桥村，这份水册记载了一条水渠所利及的村庄内人户的名单和地亩数。这份水册对于揭示明清时期乡村水利运作的机制很有帮助。

通过对文献资料及民间所收集的资料的分析和解读，并在此基础上通过对乡民耆老访谈所记录之口述资料也加深了笔者对研究区域的进一步理解，在研究方法上坚持以历史学为本位，将文献与田野调查资料相结合，通过实地的考察体验，加深对文献资料的理解，希望能打通文献资料与田野调查资料之间的关联，将文献资料与田野资料有机地融合在一起。

二 篇章结构

本书共分七章，第一章作为导言，概括本书所研究区域的历史沿革及自然环境，并对本书所要提出和解决的问题及学术史进行系统论述，兼及本书的篇章结构和材料、研究方法等。

第二章主要论述本书的时代和社会历史背景，以明初怀庆卫的设立及其移民、军户、藩王为中心，讨论明初的移民和军户在入籍和寄籍的过程中，对地方社会的认同感如何在移民中被逐渐强化，军户如何通过科举成为影响和书写地方社会历史的重要因素，以此展现从明初到正、嘉之际军户逐渐崛起并对地方社会控制的历史过程。第一节关注明初王朝在华北地区组织的大规模移民，以河内县柏香镇杨氏、济源县南姚村王氏的例子来说明这些移民以"里甲制"被纳入地方社会中，成为明初怀庆府社会中很重要的群体。第二节主要以洪武六年怀庆卫的设立这一影响地方社会的重要事件为背景，讨论军户的不同来源及其屯营在各县的分布，屯营的设立不仅成为军户及其后代生聚的主要处所，也成为此后影响沁河水利开发格局很重要的因素。第三节以正统八年郑藩从陕西凤翔府移国到怀庆府这一事件为中心，关注较少论及的附属于明代藩王的军户，讨论藩王到来之后对地方社会权力格局所产生的影响。第四节主要论述正、嘉之际军户通过科举上的成功，军籍进士在地方社会上的崛起和以何瑭为中心的学术群体的形成，使军户成为影响书写地方社会历史的重要因素，而军籍乡宦对地方文化传统的塑造也是对地方社会认同的体现。

第三章将视角从府城转移到乡村，以明中叶怀庆府济源县五龙口引沁水渠的开发为线索，讨论水利开发的格局和水利秩序的确立过程。第一节通过对怀庆府、县乡村中与"雨水"相关的神明——汤帝、二仙的故事和传说的解析，梳理出明清时期汤帝、二仙信仰在地方社会发展过程中的变化，以此透视乡村民众的祈雨习俗及其"水"对乡民心理上所产生的影响。第二节以明初到明中叶隆、万之际，以济源县五龙口引沁水渠的兴废为中心，讨论水利开发的过程中，不同时期控制水利开发的群体背后所显现的地方社会的权利结构。明初到正、嘉之际，官方主导下的水利开发往往受到军户、藩府和乡官的影响，渠堰的分布要充分考虑到他们的利益；同时也看到移民的后代在经过百年后在地方社会逐渐崛起而成为地方大族，他们通过强大的经济实力以己之力参与到水利开发过程中，得以专享"水""田"之利。此外，通过对明代怀庆府河内县地方赋役制度的考察，分析水利开发与赋役制度的内在联系。第三节主要论述万历二十八年五龙口广济渠、永利渠的开凿修浚过程中所形成的用水制度。万历年间河内县实施"一条鞭法"所引起的地方赋役结构发生的改变成为地方官下决心一劳永逸解决引水渠口通塞不时弊端的契机，在河内县知县袁应泰与济源县知县史纪言率民开凿广济洞、永利洞的过程中，对"公直"率工凿洞贡献的优劳成为影响此后用水制度很重要的因素，官方励劳公直的帖文保证了公直及其后代在用水及其维护用水制度方面的特权和权威，而河内县知县袁应泰所制定的广济渠的用水制度成为日后维护水秩序的依据。第四节主要讨论河内、济源二县争夺水利的根源及其两县分水格局的最终确立。

第四章所要论述的是明清鼎革之际怀庆府乡官在地方自保及地方水利事务中的作用，以此展现从明末到清初经历李自成义军打击后怀庆府地方社会权力格局的变化以及这种变化对用水秩序产生的影响。第一节主要以河内县柏香镇杨嗣修为中心，通过对柏香镇杨氏谱系及杨嗣修生平的梳理，论述明初移民及其后裔在入籍地方社会后如何借助"水""田"之利逐渐崛起，并靠在科举上的成功于

明中后期成为地方上的大族。杨嗣修在致仕回乡的崇祯年间正值李
自成义军在晋豫两省纷扰之际，他通过兴建义学延香馆以作育后昆、
建柏香镇善建城以自保，在明清乱世中发挥了很大的作用，其中延
香馆所培养的人才中有的成为清初怀庆府第一批进士。其次，对杨
氏的地方网络的梳理也展现了明末清初地方社会的权力格局。第二
节围绕与柏香镇杨氏有姻亲关系的孟县乡宦薛所蕴在顺治年间与河
内乡宦杨嗣修之子杨挺生、济源县乡宦段国璋等人合作整顿孟县余
济渠以平衡三县水利不均的事例，反映出乡宦之间的网络关系成为
重新分配三县水利利益的决定性因素。第三节主要论述顺治年间以
薛所蕴为首的怀庆府乡宦豁除河内县月山寺僧的里甲的事例，揭示
清初怀庆府地方里甲赋役征派的无序，从而说明在社会局势不稳定
的清初由于里甲赋役征派的无序必然导致万历年间的水利规条皆成
具文，而在整顿地方赋役征派事务中，乡宦群体起到很大作用。第
四节以明中叶到明末清初控制水利开发的军户及乡宦通过编修家谱、
整理祖坟等活动为中心，探讨怀庆府乡村中宗族萌生的最初形态。

　　第五章以顺治至乾隆年间河内、济源二县在水利的争夺中所引
发的若干案例为中心，讨论二县争夺水利的利益博弈中如何恢复和
维护旧的用水秩序。第一节主要讨论在王朝鼎革的清初由于无利之
户的肆意破坏以及地方赋役征派的无序导致明代以来用水秩序的破
坏，以及怀庆府乡宦及地方官、公直后裔在整顿广济渠务中扮演的
角色。第二节通过对雍、乾时期河内县与济源县之间若干水利案件
的分析，透视出雍乾之际"摊丁入地"的实施后地方社会所表现出
的人地紧张的关系以及地方官在解决纠纷时所遵循的依据。同时关
注在激烈争水的社会背景下，公直后裔如何寻找证据维护自己的用
水特权。第四节主要考察在争水中处于弱势的济源县乡绅利户如何
通过塑造前朝县令重新叙述前朝的故事来宣示用水的权利，并以永
利渠十八村为例讨论以渠系为中心的乡村水利组织的结构。

　　第六章主要论述民国成立后到新中国成立初期广济渠水利系统
从衰落到广利灌区形成的过程中，沁河水利机构以及水利灌溉模式

的演变。第一节主要论述民国成立后，广济渠渠堰水利系统由于渠道淤塞，导致灌溉效益低下，并对下游造成水淹灾害；在可以用水灌溉的渠堰上下游，旧日"故事"依旧重演，因水利而兴讼不常，政府处理纠纷的判决依据依然是清代的碑文和水册、用水执照；第二节从民国时期沁河水利机构的演变着手，考察北洋军阀时期及国民政府时期沁河河务及地方水利机构的变化，在沁河管理体制的变化的同时，沁河下游乡村水利灌溉的模式也有所拓展，引沁水闸的修建和凿井工程的推广，有效提高水利灌溉面积；第三节主要论述新中国成立初期，人民政府对济源县五龙口旧有的广济渠、利丰渠、永利渠等进行修整和扩建，形成广利灌区。基层水利组织互助合作组、浇地队及相关用水制度也逐渐完善，由人民当家做主民主管理的灌溉秩序得以确立，在人民政府科学用水、经济用水的指导下，积极探索有效的灌溉方式和灌溉技术等经济用水来提高单位水量的灌溉面积，有效利用水资源，灌区灌溉面积不断扩大，真正实现了"渠润五封"。

最后是结语，主要聚焦到水利社会史的核心议题——"人"，把"人"作为水利社会史所关注的焦点，把人或人群的活动与水利开发、王朝制度、地方社会结构的变动紧密联系在一起，通过对明清以来华北地区这一特定区域水利开发过程的考察，以水利开发为经，不同时期的人和人群的活动为纬，串联出一个地方数百年来社会发展变迁的基本脉络，通过探讨水利制度在具体的时空下运行的实态，关注在具体的时空下围绕"水利"的人的活动所体现地方社会的权势转移以及社会结构的变化，以期加深对华北地区水利社会史的研究。

第二章 移民、卫所与藩府：明代前中期怀庆府地方社会的结构

《过怀庆》

千顷膏腴壤，群峰紫翠岚。

人言大河北，此是小江南。

竹树深亭馆，岩泉响洞潭。

客衣尘土满，晚路屡停骖。

——（元）周伯琦

元末明初的战乱造成了华北地区人口大量减少，为了恢复这些地区的社会生产，洪武年间，朝廷有组织的从山西将大量人口迁往华北各地，河南西北部的怀庆府是移民目的地之一。这些来到怀庆府的移民被编入里甲之中，纳粮当差，从事农业生产，他们在明初怀庆府人口中是较为重要的组成部分。由于怀庆府地处要冲，军事战略位置重要。洪武初年，朝廷在此设立怀庆卫，一批军户调入怀庆府，其中一些军户还驻扎在各县的屯营中，从事屯田生产。此后的正统年间，郑藩从陕西移国至怀庆府，同时带来了一批护卫，怀庆府地方社会的权力结构也因此而发生了改变。

移民的到来及卫所的建立，河南怀庆府地方社会的秩序得以重新建立。在移民及军户落地生根的历史过程中，他乡即故乡的认同感在军户及移民后裔中被逐渐强化。明中期，军籍儒生在科举上的成功以及对地方事务的参与使得军户成为书写地方社会历史的重要

群体，军籍乡宦对地方文化传统的塑造也是对地方社会认同的体现。

第一节　明初怀庆府的移民

元代的怀孟路也称作怀庆路，因其具有较为良好的自然条件，一向是富庶之区，素有"河北小江南"之称。蒙元初期，怀、孟二州就曾作为忽必烈的"汤沐邑"，此后则是元仁宗登基前的"潜邸"。① 元顺帝至正年间，曾羁旅怀庆路的江西人周伯琦作诗来描绘这里的风物："千顷膏腴壤，群峰紫翠岚。人言大河北，此是小江南。竹树深亭馆，岩泉响涧潭。客衣尘土满，晚路屡停骖。"② 在周伯琦的笔下，怀庆路被描绘成一幅有着江南图景的乐土。的确如周伯琦诗中所描绘的那样，这里北倚太行山脉，南靠黄河，境内丹、沁二河顺太行山势而下，带来丰沛的水量；太行山下，泉眼众多，汇流成渠，灌溉着怀庆路的千顷沃壤。不过，在官方志书的记载中，元朝末年这里如同许多北方地区一样，屡受蝗旱之灾，经常出现饿殍遍野的景象。③

除了天灾外，元末江淮群雄并起，战乱频仍，天下大乱，怀庆路也屡遭战火，常常被"贼寇"袭扰。至正十八年（1358），红巾军王士诚部自益都犯怀庆路，怀庆路守将周全将其击败。同年，刘福通率红巾军攻占汴梁路，将小明王韩林儿迁往汴梁，并将汴梁作为都城。是年七月，周全就发动"叛乱"，投降了刘福通，《元史》卷四十五载：

> （至正十八年）秋七月丁酉，朔，周全据怀庆路以叛附于刘福通。时察罕帖木儿驻军洛阳，遣伯帖木儿以兵守碗子城。周全来战，伯帖木儿为其所杀，周全遂尽驱怀庆民渡河入汴梁。④

① （明）宋濂等：《元史》卷85《地理志一》，中华书局1976年版，第1362页。
② （元）周伯琦：《近光集》卷3，《过怀庆》，四库全书本，第9页上。
③ 《元史》卷33《本纪第三十三》，第755—756页。
④ 《元史》卷45《本纪第四十五》，第941、944页。

这次周全的"叛乱"导致了怀庆路人口的大量外迁。此后，怀庆路又为元朝所控制，直到洪武元年朱元璋派军北伐。

洪武元年（1368）八月，明太祖朱元璋在定都应天府后便派徐达带兵北伐，攻克元大都之后，便下诏徐达、常遇春征讨元朝在山西、河南的残余势力。[①] 此时的山西、河南在元河南王、太傅、中书左丞相扩廓帖木儿的控制之下。徐达派冯胜、汤和进占河南西北部的怀庆路，并以此作为跳板，进入山西消灭扩廓帖木儿的军队。明军首先从汴梁渡黄河，取道怀庆路武陟县攻取怀庆路治所河内县，驻守河内县的怀庆路守官白锁住不战而逃，前往山西泽州。《明太祖实录》卷三十五中记载：

> （洪武元年九月）右副将军冯宗异、偏将军汤和兵至武陟，遇怀庆逻骑百余人，获之。明日，兵抵怀庆，故元平章白琐住等已弃城，遁入泽州。官军遂入城，获将士八百人，马五十匹，以指挥纪斌等守之。[②]

从这则材料上看，明军似乎很容易就占领了怀庆城并稳定了城内的局势。[③] 之后，明军经怀庆过太行山进入山西泽州继续剿灭扩廓帖木儿的元朝军队。

---

① （清）张廷玉等：《明史》卷2《本纪二》，中华书局1974年版，第21页。

② 《明太祖实录》卷35，洪武元年九月已巳，台北："中央研究院"历史语言研究所校印本，1966年，第631页。

③ 有关元末明初怀庆府的地方局势，王兴亚曾在《明代河南怀庆府粮重考实》（载于《河南师范大学学报》1992年第4期，第83页）一文引用明代怀庆府知府纪诚《均粮疏》中所说明初"独怀庆一府，向未蒙乱"，并用《明太祖实录》卷38中洪武二年正月"孟州复叛，官吏皆滔没"这一条资料来说明明军占领怀庆府后，怀庆府所属孟州又发生叛乱使社会遭受较大破坏，以此来否定纪诚的说法。其实仔细检视《明太祖实录》中的这一材料，王先生误将"盂州"作"孟州"，"盂州"属山西太原府管辖，洪武七年才降为盂县，而洪武二年"盂州复叛"实则是发生在山西的事件，而非发生在孟州。"盂州复叛"这一事件之前是洪武元年春正月"大将军徐达遣指挥张焕将兵万人取盂州山寨"（同书卷37），"复叛"则发生在次年，在洪武二年明军在山西的军事行动主要是针对山西境内的元军残部及众多山寨内的山寇。

历经兵戈后的怀庆路地区，除了由明军驻守外，朝廷很快在这里建立了一套行政机构。洪武元年十月，朝廷改元怀庆路为怀庆府，并遣官设职，将此地区正式纳入王朝的统治之下。新任怀庆府知府王兴宗所面临的是一幅"干戈甫定，闾里萧条"的景象。① 由于元末的自然灾害及战乱，怀庆府所属州县人口多有逃亡，大片土地荒芜。在局势稳定之后的洪武四年（1371），时任怀庆府同知的郑士原统计怀庆府一州五县兵民著籍者才三万家。他刚到任便开始"招徕安辑，谕诱有恩。平赋役，简追逮，禁吏不得为奸，召其耆耋告以法，意使力作敦本。越三年，流逋四归，田野垦辟，户与税增十余倍"②。这次郑士原所统计的怀庆府户口数字应该是朱元璋在洪武三年（1370）实行户贴制度籍天下户口时上报的数字。③ 虽然这是方孝孺为郑士原撰写的墓志铭中的话，可能有溢美和夸张的成分，但明初怀庆府的地方官为恢复生产还是实施了许多政策和措施。④

在地方官招抚流亡的同时，朝廷在华北地区组织大规模的移民迁移到人少地多的地区。洪武二十一年（1388），户部郎中刘九皋建议迁山东、山西之民到黄河以北地区屯种，《明太祖实录》卷一百九十三记载：

> 古者，狭乡之民迁于宽乡；盖欲地不失利，民有恒业。今河北诸处，自兵后田多荒芜，居民鲜少。山东、西之民，自入

---

① （明）周举修、何瑭纂：正德《怀庆府志》卷8《职官》，上海图书馆藏抄本。

② （明）方孝孺：《逊志斋集》卷22，《郑处士墓碣铭》，四部丛刊景印本。

③ 有关户贴制度的研究，参见梁方仲《明代的户贴》，载《梁方仲经济史论文集》，中华书局1989年版。

④ 曹树基在《中国人口史》第五卷（复旦大学出版社2000年版，第38页）中比较了元代和明初怀庆府的人口数字。其中元代怀庆路"34993户，170926口"，资料来源于《元史·地理志》，此一数字乃延祐六年（1319）怀孟路刚以仁宗潜邸改为怀庆路时的数据，此时怀庆路下辖三县一州，其中这一州又下辖三县，因此这是怀庆路六县的人口数字。明初的人口数字"31194户，186690口"，资料来源于成化《河南总志》卷8、卷9，这一数字是洪武二十四年第二次大造黄册时的数据。郑士原所统计的怀庆府五县兵民著籍者三万家，这里面既包括民户也包括军户的数量，而洪武二十四年的数字只是民户的数量。因此，单就民户数量来讲，明初民户户数肯定低于三万，甚至更少。

国朝，生齿日繁，宜令分丁，徙居宽闲之地，开种田亩，如此则国赋增而民生遂矣。上谕户部侍郎杨靖曰：山东地广，民不必迁；山西民众，宜如其言。于是，迁山西泽、潞二州民之无田者，往彰德、真定、临清、归德、太康诸处闲旷之地，令自便置屯耕种，免其赋役三年，仍户给钞二十锭，以备农具。①

这是研究明代移民史中经常被引用的史料。这种带有屯田性质的移民旨在增加纳税土地的数量，一方面可以增加朝廷税收，另一方面可以使得战乱破坏严重的地区恢复生产。同时，朝廷也给予这些移民优免赋税的优待，以鼓励他们从事农业生产。

洪武二十五年（1392）十二月，朝廷再次从山西迁徙大批移民到河南等地的七个府，而怀庆府就是移民目的地之一。《明太祖实录》卷二百二十三记载：

（洪武二十五年十二月）后军都督府都督佥事李恪、徐礼还京。先是，命恪等往谕山西，民愿徙居彰德者听。至是，还报。彰德、卫辉、广平、大名、东昌、开封、怀庆七府民徙居者凡五百九十八户，计今年所收谷粟麦三百余万石，绵花千一百八十万三千余斤，见种麦苗万二千一百八十余顷。②

这则资料中所说的移民仅仅五百八十九户，但却耕种一万余顷的田地，显然不太合理，徐泓在《明洪武年间的人口迁徙》一文中详细讨论，他认为可能是实录编纂者的笔误，将"屯"字误写为"民"字，因此，五百八十九户应为五百八十九屯才较为合理。③

这些移民在"迁民分屯之地，以屯分里甲"的方式被编入地方

---

① 《明太祖实录》卷193，洪武二十一年八月，第2895页。
② 《明太祖实录》卷223，洪武二十五年十二月，第3263—3264页。
③ 徐泓：《明洪武年间的人口迁徙》，载《第一届历史与中国社会变迁研讨会论文集》，台北："中央"研究院1982年版，第244—246页。

社会之中。① 例如，卫辉府汲县迁民碑中就记载了洪武二十四年山西泽州建兴乡大阳都村民迁往卫辉府汲县西城南社双兰屯开荒屯种的历史。碑文中详细列出了一个里的里长、甲首和一百一十户户主的名字，其中里长郭全名下有一百一十户。② 卫辉府的汲县与怀庆府相邻，也是山西移民主要的目的地之一。因此，明初迁移到怀庆府的移民也应该采用里甲制度被编入地方户籍之中。下面这则材料中所展现的就是移民后裔在怀庆府河内县充当里长的个案。河内县柏香镇《杨氏家乘》中康熙三十五年杨赐昌所作序言这样写道：

> 尝闻予祖于洪武年间始迁居河南怀庆府河内县，民籍，其乡号曰杨五老，又号九老，讳茂。茂生仲良，仲良生克成。宅居于柏香，开垦于史村，……，为宽平一图七甲里长，生子二，长通承本甲，次兴则为九甲里长，世继以□，耕读不厌，诗书传家，科甲世出，荣迭膺诚，皆祖德所致。③

柏香镇《杨氏家乘》记载，杨氏始祖为杨茂，茂生仲良，仲良生克成，克成在洪武年间由山西迁居到了河内县，隶民籍，被编入里甲之中，成为明王朝的编户。④ 洪武十四年实施的里甲制度规定

---

① 《明史》卷77《食货志一》，第1883页。有关明代里甲赋役制度的研究，参见韦庆远《明代黄册制度》，中华书局1965年版；刘志伟《在国家与社会之间：明清广东里甲赋役制度研究》，中山大学出版社1997年版；栾成显《明代黄册研究》，中国社会科学出版社1998年版。

② 该碑现存河南省卫辉市博物馆，许多研究明初移民史的学者在论著中多有引用。

③ 沁阳市柏香镇《杨氏家乘》第一卷，页七，民国稿本，河南省沁阳市柏香镇杨叙富先生收藏。笔者第一次到访柏香镇时，甫一下车，正值墟日，街上摩肩接踵，在人流中，我随意找人打听，杨叙富先生就是第一个我访问的人，他热情地接待我，并带我回家，拿出族谱让我拍照，和我聊了半天，讲了许多家族故事。

④ 《杨氏家乘》第1卷《中丞公创修家乘原序》说："吾族明初迁自晋之洪洞，迁之故不能详，迁之祖亦不能详，从来相传则始自祖克成云。祀先轴内注有九老、五老，茂、仲良者，或（缺字）或始迁之祖乎？或祀在洪之祖乎？以向来无谱不敢妄拟，自克成祖及嗣七世可得而次第也。"第1、2页。作序者杨嗣修，明末清初人，崇祯元年任宁夏巡抚，后回乡，有关河内县柏香镇杨氏的历史，详见本书第四章。

"以一百十户为一里,推丁粮多者十户为长,余百户为十甲,甲凡十人。岁役里长一人,甲首一人,董一里一甲之事。先后以丁粮多寡为序,凡十年一周,曰排年"[①]。杨克成定居于柏香镇,在柏香镇西边的史村开垦田地,充任宽平一图七甲的排年里长。杨克成两子分别在不同的甲内纳粮当差,长子杨通仍在七甲,而次子杨兴则充任了九甲内的排年里长。明代河内县宽平乡共有七图,宽平一图就是河内县所管一百零二图之一,这里的"图"即"里"。[②] 按照标准化的里甲制度模式,宽平一图应有十甲,应有十名里长轮流应役,而杨通、杨兴兄弟二人在不同甲内应役则或许可能是分户后,里甲重新整顿后的结果。因此,兄弟二人被编入了不同的甲内。

另外一个例子是怀庆府济源县南姚村王氏,王氏先是元末从山西迁民到河南府新安县,明初又渡黄河迁居济源县石槽村,《王氏族谱》载弘治六年《显祖创修家谱序》中说:

> 粤稽先世原籍山西太原府洪洞县十字街大槐树下人也,因乱后迁民,徙居河南新安县白崖村住,及后族繁土狭,一支徙东石井村,一支徙碗窑,另一支徙孙都村,一支徙新安城西门内并城西七里堑、王家庄,俱以耕土为业。迨元末避兵,我始祖十四公讳武字和甫及弟十六公偕侄景忠、景先北渡黄流,迁居石槽村,遂家焉。后为山居窎远,差粮纳税,往来甚艰,因置庄南姚镇,以为应差之便。余始祖族差粮在九甲,十六祖族差粮在十甲,景忠祖族差粮在四甲,景先祖族差粮在七甲。传至四代,余凤祖、鸾祖、杰祖由石槽迁居南姚,景先祖族迁

---

① 《明史》卷77《食货志》,第1879页。
② (明)正德《怀庆府志》卷3《郊野·乡村》,第13页上。明代怀庆府河内县基层行政的架构是县—乡—图—村,河内县共有八乡,每个乡下分作若干图,每图有若干村。关于里甲制度与州县基层组织的关系,参见刘志伟《在国家与社会之间:明清广东里甲赋役制度研究》,第45—57页。

居下南，十六祖族迁居逢石，各迁异地。①

　　暂且不论这段序文中前半部分王氏迁徙的历史是否真实，因为序文作者将"洪洞县"误认为是太原府属县，笔者怀疑这份家谱上的序文是后来编修家谱的过程中不断累积叠加修改而成的，后面大部分讲的是明初迁民后的情况，而前面则是在华北地区流传很广的"洪洞大槐树移民"的传说故事。② 但序文中所透露出的王氏迁到济源之后的故事则显然是说王氏被编入里甲制度之内，承担赋税徭役的历史事实。

　　像以上这样的例子还有很多，由此可以看出明初政府组织的移民，到了移民目的地后很容易根据里甲制度被编入地方社会的户籍之中。除了政府有目的的组织移民外，我们看到的还有自发的迁徙。如河内谢唐臣原本是元朝大名路官员，为了躲避元末的战乱，迁往河内县清化镇。③ 除了这些政府有目的的组织移民和自发迁徙的移民外，因明初怀庆卫的设立而到来的军户移民也是移民中很重要的群体。

第二节　怀庆卫的设立及移民军户

　　明初，在怀庆府局势逐渐稳定，怀庆府同知郑士原招徕流逋、发展生产的同时，怀庆府因其地处要冲，朝廷在此设立军事卫所。《明太祖实录》卷八十一载：

　　　　洪武六年夏四月，设立怀庆卫，以广西护卫指挥佥事阎鉴

---

　　① 济源市南姚村《王氏族谱》不分卷，《显祖创修家谱序》，谱存济源市承留镇南姚村。

　　② 明初洪洞大槐树移民的故事在华北地区流传很广，参见赵世瑜《祖先记忆、家园象征与族群历史：山西洪洞大槐树传说解析》，《历史研究》2006年第1期；李留文《宗族大众化与洪洞移民的传说：以怀庆府为中心》，《北方论丛》2005年第6期。

　　③ （明）党以平：《明故光禄寺大官署丞丹泉谢公墓志铭》，嘉靖四十二年，碑存博爱县博物馆。

权卫事。①

明初，朝廷在全国战略要地普遍设立卫所，使之"外统之都司，内统于五军都督府"，②卫所军士组成了明王朝主要的军事力量。怀庆卫军士主要以守御及屯田为主，但在明初尤其是永乐年间对蒙古的战争中，怀庆卫等内地卫所的卫军经常被征召从征；此外，怀庆卫军士作为班军，每年春、秋二季还要前往北京和宣府操练。

一般认为明代军户的来源有"从征""归附""谪发""垛集""抽籍"等。③怀庆卫的军户来源也比较复杂。洪武元年（1368），在冯胜、汤和占据怀庆府城后，留下指挥纪斌率领归附的八百多元军守城，这八百多人无资料记载其下落。因此，在洪武六年（1373）设立怀庆卫时，这些军士很有可能被编入怀庆卫。明朝的卫所制度规定，一个卫所下设五个千户所，每个千户所下辖十个百户所，一个百户所下辖两个总旗，一总旗下辖五个小旗，一个小旗有十名旗军，因此，一个卫所应该有五千六百名旗军。④但实际运作起来往往不能按此标准。明初，怀庆卫设立时只辖前后左右四个千户所，其中前千户所在洪武二十三年（1390）时调往邻近的卫辉府守御。⑤因此，留在怀庆府的只剩下三个千户所，这三个千户所应有旗军三千六百名。据嘉靖《怀庆府志》记载，洪武年间怀庆卫三所军户有"三千九十二户，九千六十四丁口"⑥。较之郑士原在洪武四年（1371）所统计的怀庆府军民著籍者为三万户，军户几乎占十分之一左右。可见，在明初怀庆卫的军户是比较大的一个群体。

---

① 《明太祖实录》卷81，洪武六年夏四月丁亥条，第1461页。
② 《明史》卷89《志第六十五·兵一》，第2176页。
③ 于志嘉：《明代军户世袭制度》，台北学生书局1987年版，第2—10页。
④ 《明史》卷76《职官志》，第1874—1875页。
⑤ （明）佚名：万历《卫辉府志》卷3《兵防》，万历刻增修补刻本，中国科学院图书馆选编《稀见中国地方志汇刊》第三册，中国书店1992年版。
⑥ （明）孟重纂，刘泾修：嘉靖《怀庆府志》卷6《军伍志》，国家图书馆藏明嘉靖间刻本，第10页上。

笔者在河南省沁阳市（即明、清时期怀庆府城）做调查时，发现了一批与怀庆卫军户有关的家谱、墓志铭等资料，下面的讨论即围绕这些资料展开。

从现存的家谱、墓志铭来看，明初怀庆卫设立时的军户有从征者、有归附后从征者、有自他卫改调者，而其中大多来自于南直隶地区。明中叶这些军户后代的墓志铭或家谱在追述祖先时，都会提到原籍乡贯。如河内县军户贾文洪妻杜氏墓志铭记载：

> （贾氏）先世为扬州府通州人，高祖讳斌，生四子，曰政、曰德、曰信、曰俊。太祖高皇帝起义兵，募壮士，政昆弟四人预焉。洪武初，徙怀庆，故今为怀庆卫人。信生整，整生三子，曰海、曰宽、曰深，宽即文洪。①

贾文洪高祖贾斌的四个儿子是在朱元璋起兵时加入了朱元璋的军队，在洪武初年迁到怀庆，这应该是怀庆卫成立时作为旗军或者军官落籍怀庆的，到贾文洪已经是第三代军户。

又如军户刘胤吾的墓志铭载：

> 公（刘胤吾，笔者注）之始祖直隶靖江人。国初，从天兵北定，编伍我怀，迄今子姓蕃衍，称巨族焉。②

刘氏始祖原本是直隶常州府靖江县人，也是在明初随明军北征，后被编入怀庆卫。这样的例子还有，如河内县何氏原籍在扬州府泰州如皋县，《何氏家谱》记载：

> （何氏）始祖忠一公，明初从戎，擢红旗头目，始居怀城察院东。③

---

① （明）何瑭：《明贾氏杜孺人墓志铭》，嘉靖十二年，碑存沁阳市博物馆。
② （明）杨初东：《明邑庠生胤吾刘公墓志铭》，万历三十六年，碑存沁阳市博物馆。
③ 沁阳市《何氏家谱》不分卷，沁阳市档案馆藏清咸丰抄本。

除从征外，也有明初归附后从太祖北征，后经改调寄籍怀庆卫者，如河内县萧生墓志铭记载：

> （萧生）其先为云梦人，初祖曰荣，仕伪汉陈友谅八卫指挥使，后归附我太祖高皇帝。累以战功授黄州卫百户，升太原卫左所副千户，卒葬黄冈县。荣子曰忠，袭官历升河南都指挥同知掌印，卒葬岳州。忠子曰诚，袭任怀庆卫指挥佥事，卒葬怀城之东。诚子曰敬，袭职，中正统八年武举状元，授总戎副帅；敬次子曰礼，人物丰硕，有大度，隐德不仕，以财雄乡里，尝遇凶岁出谷千余石，以赈饥，人皆德之。礼生三子，孟曰锐、仲曰鑑、季曰鋐，娶武氏，本卫指挥俊之孙，此则生之父母也。[①]

洪武六年（1373）任怀庆卫副千户的陈兴则由他卫改调到怀庆卫。陈兴墓志铭云：

> 公讳兴，字伯起，姓陈氏，襄阳均州人，家世素富裕，父祖俱隐处不仕。公幼有气节，挺然拔萃，及长，勇略过人。元季，襄阳兵起，公时年二十□，为众所推，聚义徒，保闾里，闾里德之。及襄阳归附，天子闻其材名，选入宿卫，以谨饬称□。从都督□公征取山东、河北、浙江；又从平章李公征取北平、应昌、马邑等处，所至辄夺旗斩将，……。洪武三年，授昭信校尉、濠梁卫百户；四年，升授武略将军、金吾左卫副千户；六年，从宣武将军佥事纪公守镇怀庆。[②]

洪武四年（1371），陈兴还在金吾左卫任副千户。之后，陈兴改

---

① （明）何瑭：《柏斋集》卷10《碑铭》，《萧生墓志铭》，四库全书本，第30页上、下。

② （明）郑士原：《大明故武略将军怀庆卫副千户陈公墓志铭》，洪武八年，碑存沁阳市博物馆。

调到怀庆卫任职时是在洪武六年（1373），此年正是怀庆卫设立之年。

以上所举这些例子虽然只涉及很少一部分军户，但明初一般会把籍贯相同的军户编在同一卫所里。① 因此，怀庆卫刚设立时，可能大部分军户来自南方的府州县，尤其以直隶扬州府为最多。下面这则材料就说明怀庆卫卒多为扬州人。正统年间，曾任怀庆府知府的李湘在上任之前，河南布政使李昌祺和他的一段对话中说：

> 怀庆卫卒最喜生事，扰府县。又尝有恶妇人与其子婿皆工为诬词，以构害善良，故有一虎、三彪、母大虫之谚，今其风犹在。李知府能慑服其心，斯可矣。君闻之，曰：吾知其卫卒多扬州人，向之薛守以乡郡之故与之狎，是以败。今吾以正道驭之，彼当自戢。不然，吾知有法而已。吾何惮？既至，文武之吏及军民无赖者，闻君之言与东平之治，皆曰：是不可欺也。皆帖服无敢哗，而君亦以治东平者治其民，民大悦，郡以治称然。②

李湘到怀庆府出任知府时已是正统年间了，距离洪武六年怀庆卫设立时已近百年，而怀庆卫的卫军依然以扬州府人为主。同时，这则材料里面也讲到了卫所军卒与地方有司之间的纠葛。可见，到了明中期随着军户在卫所所在地的寄籍，落地生根，人丁繁衍，群体逐渐扩大，成为影响地方社会的重要群体。

怀庆卫军除守御、应召北征、每年春秋京操、宣府操外，大批军士屯驻在怀庆府及周围府县的屯营中。怀庆卫屯营分布十分广泛，不仅在怀庆府属六县之中，其他如卫辉府、大名府等府县中也有屯营，形成犬牙交错的形势。正德《怀庆府志》记载，怀庆卫屯营共计五十三处，其中怀庆府河内县、温县各七屯、修武县十屯、武陟

---

① 于志嘉：《试论明代卫军原籍与卫所分配的关系》，《"中央"研究院历史语言研究所集刊》第 60 期第 2 分，1989 年，第 367—450 页。

② （明）王直：《抑菴文后集》卷 31《墓铭》，《知府李君墓志铭》，四库全书本，第 2 页下—第 3 页上。

县五屯，济源县、孟县各一屯，卫辉府辉县四屯、大名府东明县十八屯。[①] 下表是怀庆卫屯营在各府县的分布情况。

表 2 - 1　　　　　　　　　　怀庆卫屯营

府	县	屯营名称	所处乡、里	屯营名称	所处乡、里
怀庆府	河内县（七屯）	官庄屯	利下乡	南七里屯	崇下乡
		东承官屯	万南乡	中七里屯	
		西承官屯		碑子屯	清下乡
		北七里屯	利上乡		
	修武县（十屯）	荆里屯	六真乡	五里院屯	六真乡
		磨头屯		孔庄屯	
		东吊台屯		狗泉碑屯	
		西吊台屯		乐安屯	七贤乡
		板桥屯		王坊屯	
	济源县	郭付屯		训掌里	
	武陟县（五屯）	南贾屯	永宁乡	二铺屯	永宁乡
		辛庄屯		头铺屯	千秋上乡
		水寨屯			
	孟　县	马营屯		立义乡	
	温　县②（七屯）	驼邬屯	温邑乡	平皋屯	太平乡
		马村屯		吉村屯	礼义乡
		吾章屯		伍里院屯	
		伍郡屯	太平乡		

① 正德《怀庆府志》卷3《郊野》，第53页上—第55页上。

② 顺治《温县志》卷上："怀庆卫军士在温县屯田者凡七营，曰杨家营、曰马营、曰牛营、曰展家营、曰楼子营、曰纪家营、曰范大夫营，屯营络绎，俱在县南沿河一带边滩中"。这里表中所载屯营名称有些差别。顺治《温县志》实为万历间所修方志之底本，所改甚少，因此屯营名称最迟也是万历年间的名称，正德间屯营名称与村落名称相一致，且分布在三个不同的乡，而万历时则多以姓氏命名，且只分布在县南黄河滩中，这种变化因无资料，所以无法考证。明代军屯管理机构与卫所机构设置相同，卫设管屯金书一名，其下设管屯千户及百户，百户下设总旗、小旗。因此，此后屯营名称的改变可能是以督种屯田的千户、百户等军官姓氏而重新命名的，参见王毓铨《明代的军屯》，中华书局1965年版，第194—196页。

续表

府	县	屯营名称	所处乡、里	屯营名称	所处乡、里
卫辉府	辉县（四屯）	乱塚屯	善福乡	焦泉屯	龙泉乡
		孟村屯		圈子屯	
大名府	东明县（十八屯）①	赵官屯	西台乡	李长屯	紫荆乡
		袁旗屯		姚旗屯	
		马军屯		吴旗屯	
		郑旗屯		祝家屯	
		包旗屯		江家屯	
		高官屯		西夏屯	
		纪官屯		东夏屯	
		袁长官屯		展家屯	
		平岗屯	紫荆乡	段磨屯	

资料来源：正德《怀庆府志》卷三《郊野》。

怀庆卫在这些县共有屯田二千三十四顷八十六亩五分，屯粮一万二千二百九石一斗九升三合。弘治元年（1488），屯田原额新增地二千五百一十四顷四十亩，共夏秋籽粒一万五千八百六十石四斗二升七勺。②经营如此众多的屯地，需要大批正军或军余等人来耕种。明代的军屯分为边屯和营屯，屯田的组织形式分为"正军"屯种和"军余""舍余"以户为单位屯种。③怀庆卫属于内地卫所，自然以营屯的形式组织军户屯种，明初还由正军及余丁以家庭为单位屯种，但后来随着正军的逃亡，正军数量不足，屯田基本上以余丁或以佃户耕种为主了。

---

① 乾隆《东明县志》卷3《屯卫》载怀庆卫屯营有：赵官营、东夏营、包旗营、西夏营、袁索营、李长营、任郑营，展家营、吴旗营、江家营、祝家营、姚旗营、段磨营、袁长官营、高官营、平岗营、纪官营、马毛营，另还有彰德卫八屯。
② 正德《怀庆府志》卷5《田赋》，第8页下—第9页上；嘉靖《怀庆府志》卷六《军伍志》，第8页上。
③ 李龙潜：《明代军屯制度的组织形式》，《历史教学》1962年第12期。

第三节　郑藩移国中的军户

怀庆卫的设立，使得军户成为怀庆府地方社会中的重要群体。随着正统八年从陕西凤翔府移国到怀庆府的郑王的到来，怀庆府地方社会的结构发生了比较大的改变。

怀庆府最早的封藩是在明永乐二十二年（1424），是年卫王就藩，怀庆府兴建了卫王府。正统三年（1438），卫藩国除。① 之后不久，郑藩由陕西凤翔府迁来。明代郑藩第一代藩王朱瞻埈是明仁宗第二子，生于永乐二年（1404）二月。永乐二十二年（1424），被封为郑王，封国在陕西凤翔府。凤翔府位于陕西西部，距离西安府城三百四十里，下辖一州七县。作为周秦故土、汉唐王畿重地，这里"上应井络，南通褒斜，西达伊京，背岐山，面渭水，亦关西一都会也"②。凤翔府不仅地理位置重要，而且其地民风忠厚，物产富饶。乾隆《凤翔府志》引用前代志书对该地民风物产的论述说："居民习俗忠厚，不好华靡，勤稼穑，务本业，有先王之遗风；又云，士皆儒雅；旧志云，习俗忠厚，物产富饶。"③

明初，藩王就藩之前朝廷赐给养赡田、香火地等。就藩之后，收回土地改赐岁禄，赐予庄田的事例不多。仁、宣时期，藩王就藩或之国后赐田的例子也不常见，因"稽之祖训，亦无拨赐田地之例"④。郑王就藩后，宣宗未赐田给他。不过，郑王却试图通过奏

① 《明史》卷42《地理志三》，第989页。

② 雍正《凤翔县志》卷1《舆地志》，雍正十一年刻本，第9a页。

③ 乾隆《重修凤翔府志》卷1《风俗》，《中国方志丛书·华北地方·第292号》，成文出版社有限公司1970年版，第52页。

④ 洪熙元年，赵王朱高燧就藩彰德府时，仁宗拨赐庄田八十顷，但明初这样的例子并不多。此后，有的藩王试图侵占封国内的民田，请求皇帝将这些田拨赐给他，却被皇帝拒绝。如宣德年间，宣宗叔祖宁王朱权想侵占封国所在地南昌"灌城一乡田土与庶子耕牧"，宣宗书与宁王权说："今户部言，灌城之田共一千六百一十七顷六十余亩，乡民所赖以足衣食，别非荒闲之田，况庶子郡王自有岁禄，稽之祖训，亦无拨赐田地之例，若从叔祖所言，百姓失业必从怨朝廷，亦必归怨叔祖矣。……。故拨田之喻，不能曲从，惟叔祖亮之。"《明宣宗实录》卷54，宣德四年五月丁巳，第1293—1294页。

讨、侵占等方式来占有土地，其行为虽然不合礼法，但宣宗采取纵容态度，默许了郑王的行为。

首先，郑王奏讨韩王所占安王竹园。宣德五年（1430）五月，郑王上奏说凤翔府城外四十里有安王曾经拥有的竹园，韩王却派人守护，希望皇帝将竹园赐给郑府作为牧地。宣宗说："二王皆亲，朕无所厚薄，当以远近为断。韩王在平凉，去凤翔远，且平凉多旷土，宜畜牧，竹园既凤翔地，当与郑王。乃遣书谕韩王，俾与郑王。"①郑王奏疏中所提到的安王即朱楹，为朱元璋第二十二子，洪武二十四年（1391）封安王，永乐六年就藩平凉府。永乐十五年（1417），朱楹去世后，因无子，国除。永乐二十二年（1424），第二代韩王朱冲𤊶就藩平凉府，以安王府为府邸，并占有了安王的土地庄园。郑王就藩后，发现韩王在凤翔府内占有竹园。因此，他上书宣宗，请求将韩王所占竹园赐给自己。

其次，郑王试图侵占秦藩护卫闲田。宣德五年（1430）六月，朱瞻埈又上奏道："秦府护卫既调去，弃其所种凤翔府岐山等县麦田，今芟刈以俟命。上语行在户部臣曰：此其意欲得之，虽于明言，令陕西都司、布政司覆勘，果是护卫弃田，即与王。若有违碍，具实以闻。"②此后，陕西都、布二司是否前往覆勘，郑王所占是不是秦府护卫调去后遗留的屯田，郑王是否侵占了这些屯田，文献虽未记载，但关于秦藩护卫调去及护卫屯田却有迹可循。

郑王所说秦府护卫调去一事发生在宣德五年（1430）三月。宣德四年（1429），秦府护卫张嵩及潼关卫李凯等四名千百户上书告发秦王朱志𡒄，但宣宗却不认同，他去书告诉秦王说："王自嗣封以来，安分无过，朕所知者。岂彼小人所能离间？王其安心，凯等亦必不恕。但王存远虑，欲□小人之口，恳辞三护卫，言之切至，今姑强从。然王不可无侍卫之人，听留一卫以备使令，其二护卫令兵

---

① 《明宣宗实录》卷66，宣德五年五月庚戌，第1554页。
② 《明宣宗实录》卷67，宣德五年六月乙未，第1587—1588页。

部调来北京。"① 朱志遭上奏要求将王府三护卫撤去，但宣宗认为是张嵩等人故意离间，只同意撤去两个护卫，其中被裁撤的二个护卫调往京城。于是，宣德五年（1430）三月，"改新调陕西中护卫官军为神武前卫，居定州；左护卫为神武右卫，居真定"②。这里提到的陕西中护卫、左护卫即西安中护卫和西安左护卫，俱为秦王护卫。其中，西安左护卫的前身为华州卫，洪武二十六年（1393）改为西安左护卫，"宣德五年（1430）起赴调京，改今名移置真定，是年四月内建"③。西安左护卫本应调往京城，但又移往真定府。万历年间，赵南星在《重修神武卫公署记》中说："洪武初，天下甫定，分隶诸官军于凤阳锦衣等卫。厥后，分封诸藩，调神武卫为秦藩护卫。至宣德中革去护卫，悉赴京师。其时，独有真定卫守土者上疏，得请留神武卫于真定。"④西安中护卫在宣德五年移驻定州后，军士因缺乏耕牛农器，来不及耕种，无法上缴当年屯田子粒，神武卫指挥使冯洪上奏说："以西安中护卫军士置本卫驻定州，创造营房未能悉备，每军与闲地五十亩，俱无耕牛、农器，种不及时，近皆缺食，乞优免今年子粒。上谕行在户部臣曰：新置卫军士远来，未有产业，屯粮须免之。"⑤ 因此，郑王所说的秦府护卫在凤翔府的屯田应该就是西安左护卫或中护卫调离后遗下的屯田。关于西安中护卫、左护卫所占有的屯田，崇祯年间户部尚书毕自严编纂的《度支奏议》中收录的《覆西安四卫隐占屯田疏》说：

> 西安屯田之制，国初设有左右前后四卫，兼以首建秦藩，又设左右中三护卫，诚重之也。嗣于宣德年间，秦藩具疏，辞

---

① 《明宣宗实录》卷60，宣德四年十二月庚寅，第1434页。
② 《明宣宗实录》卷64，宣德五年三月戊午，第1513页。
③ 嘉靖《真定府志》卷16《兵防》，《四库全书存目丛书》史部第192册，齐鲁书社1996年版，第215页。
④ 雍正《畿辅通志》卷98《艺文》，清雍正十三年刻本，第39页上。
⑤ 《明宣宗实录》卷73，宣德五年十二月戊子，第1711页。

中左二护卫。查《会典》内载右卫改为中护卫，左护卫改为神武右卫，中护卫改为神武前卫，此与玺书内调京操备之语相符。……，盖军已调去而地留入四卫，……，兹臣等奉旨清核查出所遗地共六千一百二十二顷零，内各军自种三千五百二顷零，盖不为少矣！……。秦地为三省冲要之区，故国初设立西安左右前后四卫，以为固围之计。秦藩乃桐封首建之邦，复设左右中三护卫，以重带砺之盟。……。迨宣德年间，秦藩控辞中左二护卫，止留一右护卫，以供使令，已征该藩谦让之诚。所辞二卫，一改为神武右卫，一改为神武前卫，所谓调京操备者是也。然军去屯留，且地至六千顷之多。……。今查西安等四卫共多查出地六千余顷，适与前项目遗留地额相同，则所遗之地分隶于四卫，明矣！①

可见，秦府中护卫与左护卫撤走后，留下六千余顷的屯田被划拨给西安四卫所有。因此，这次郑王试图侵占秦府护卫弃田可能并没有成功，只是收割走了当年的麦子。这六千余顷屯田具体分布在何处，不是很清楚，但西安诸卫所占屯田分布广泛。据雍正《陕西通志》记载，西安诸卫的屯田分布在西安府长安县、咸宁县等十四个县；在凤翔府则分布在宝鸡、郿县、扶风、岐山等四个县；在乾州、华州、同州也分布有大量屯田。②

再次，郑王强占官军退闲屯田。宣德七年（1432），郑王又强占凤翔、宝鸡二县官军退闲屯田六十五顷，令人耕种。郑王担心事发，于是上奏皇帝。"上复书曰：虽是闲田，非无主者，贤弟此后宜谨礼法，不得踰分。若宗室诸王皆仿傚来求，朝廷何以应之？不应，

① （明）毕自严：《度支奏议·陕西司卷三》，《覆西安四卫隐占屯田疏》，《续修四库全书》史部第485册，上海古籍出版社1995年版，第689—691页。
② 雍正《陕西通志》卷37《屯运一》，雍正十三年刻本，第5页上、6页上、19页下、20页下、21页下、22页下、39页上、40页下、44页下。

则失亲亲；应之，则失公道，处之甚难，吾弟宜体兄心，毋蹈前过。"① 这次郑王强占官军退闲屯田，皇帝实际上是默认了郑王对土地的占有。这里提到的凤翔、宝鸡二县官军退闲屯田可能是西安诸卫所拥有的屯田。前引《覆西安四卫隐占屯田疏》中亦有"其宁夏中卫或即西安中卫，亦于宣德年间调去者"之语，② 西安中卫被调去，其所遗留屯田被郑王占有也是很可能的。

郑王就藩后，通过不同手段占有田地，具体数量及分布从清初被清查出来的藩王庄田即更名田中可以看出一些端倪。清代雍正、乾隆时期编纂的地方志中记载了凤翔府及其附属州县更名田的数额，其中，凤翔府更名田"除荒免外实熟地叁百壹拾柒顷玖拾伍亩玖分玖厘零"③，这其中既包括郑藩更名田，也包括韩藩、秦藩更名田（表 2 - 2）。

表 2 - 2 　　　　　　　　　清代凤翔府更名田

州县	原额与实在	资料来源
凤翔	废郑藩更名原额各等并清丈溢额共地 30 顷 7 亩 2 分 8 厘 3 毫，除荒外实熟地 25 顷 94 亩 5 分 4 厘	雍正《陕西通志》卷 26《贡赋三》
	原额更名地 30 顷 7 亩 2 分 8 厘零，内除荒地加增开垦现在地 26 顷 9 亩 5 分 2 厘	乾隆《重修凤翔府志》卷 4《田赋》
宝鸡	废郑藩更名原额各等并清查溢额共地 86 顷 90 亩 3 分 1 厘，除荒并豁免外，实熟地 48 顷 48 亩 2 分 4 厘 6 毫	雍正《陕西通志》卷 26《贡赋三》
	更名原额（旧志故名秦藩庄田，省志废郑藩故田）各等并清查溢额共地 86 顷 90 亩 3 分，……，实熟地 49 顷 82 亩 3 分 9 厘④	乾隆《宝鸡县志》卷 5《赋役》

---

① 《明宣宗实录》卷 95，宣德七年九月壬午，第 2160 页。

② 《度支奏议·陕西司卷三》，《覆西安四卫隐占屯田疏》，第 689 页。

③ 乾隆《重修凤翔府志》卷 4《田赋》，第 97 页。

④ 雍正《陕西通志》所记载的宝鸡县更名田为废郑藩更名田，而乾隆《宝鸡县志》中却提到旧县志记载的宝鸡县更名田为明代秦藩庄田。因此，为厘清更名田的来源，乾隆《宝鸡县志》卷 5《赋役》中有一段按语说："按：《明史·食货志》有军屯，有民屯，民屯皆领之有司；军屯则领之卫所，即西安五卫及凤翔各所之属是也。其更名各额，则废前明诸藩各庄地，而宝鸡则废郑藩之更名也。"因此，宝鸡县更名田在明代应该只为郑藩所有。

州县	原额与实在	资料来源
陇州	旧韩藩、郑藩地今编入里甲，曰更名。韩地为东更名，征折色银；郑地为西更名，征本色粮，校丁三丁，……。东更名原额地 12 顷 20 亩 6 分 9 厘 9 毫，……，内除荒地 5 顷 95 亩 9 分 3 厘，……，止实熟地 6 顷 25 亩 7 分 6 厘 9 毫，……。西更名原额地 38 顷 98 亩 5 分 6 厘 9 毫，……。内除荒地 22 顷 10 亩 9 分 2 厘 6 毫 9 丝，……，止实熟地 16 顷 87 亩 6 分 4 厘 2 毫 1 丝	康熙《陇州志》卷 3《田赋志》
汧阳	废郑藩更名原额各等共地 14 顷 12 亩，除荒外实熟地 5 顷 4 亩 7 分 7 厘	雍正《陕西通志》卷 26《贡赋三》
	原额更名并节年开垦实熟地 6 顷 93 亩	乾隆《凤翔府志》卷 4《田赋》
郿县	废秦藩王田，共水地 15 顷 24 亩 1 分 5 厘，……；共旱地 192 顷 54 亩 8 分 9 厘零，……。以上水旱二等地 207 顷 79 亩 4 分零	雍正《郿县志》卷 2《政略》
岐山	更名田原额（今无增减）接收乾州二等旱田 1 顷 14 亩 4 分 5 厘，武功一等田 1 顷 54 亩 8 分 2 厘 2 毫，二等旱田 1 顷 36 亩，共 4 顷 5 亩 2 分 7 厘 2 毫①	乾隆《岐山县志》卷 4《田赋》
	原额更名并接收实熟地 4 顷 5 亩 2 分 7 厘 2 毫	乾隆《凤翔府志》卷 4《田赋》

从上表可以看出，除扶风县和麟游县没有更名田外，其他六个州县都有，其中郑藩更名田坐落在凤翔、宝鸡、陇州、汧阳等四个州县，合计原额共一百七十顷八亩。王毓铨先生的研究中也提到郑

---

① 雍正《陕西通志》卷 26《贡赋三》记载："乾州，废秦藩更名旱地各等共实熟地三百二十一顷三十六亩九分二厘九毫五丝"；"武功县，废秦藩更名旱地并河崩旱地各等共实熟地三百二十八顷二十六亩七分七厘七毫"；雍正《武功县后志》卷 2《田赋》也记载："更名田，明时秦藩汤沐地也。旧名王田，……。原额旱地共三百二十八顷二十六亩七分七厘七毫。"可见岐山县的更名田是接收秦藩在乾州和武功县的更名田，并无郑藩更名田。

藩在凤翔府"原额各等地共一百七十顷八亩"，① 占凤翔府所有更名田的三分之一左右，比秦藩要少一些。虽然更名田并不是藩王实际占有土地的数量，却也能体现出郑王在就藩之后，将占有土地作为扩大经济利益的主要手段。除占有土地，朝廷每年还赐给郑府的亲王、郡王、郡主、仪宾等宗室成员大量的岁禄。在如此优厚待遇下，郑王却要求移国他处，并得到皇帝的同意。因此，在凤翔府就藩十五年之后的正统九年（1444），郑王从陕西凤翔府迁到河南怀庆府。

关于郑藩移国的原因，明代官方文献的记载并不一致，但都与郑王到凤翔后健康状况不佳有关。

一种说法是郑王患"风疾"，可能是中风后半身不遂的症状。英宗曾多次派良医前往凤翔府为郑王诊治，但郑王病情未见好转。正统七年（1442）三月，英宗再次致书郑王说："顷（闻）叔患风疾，已二次遣医去视。今闻叔疾增剧，必医者药未进服，左右侍奉未至，以致迄今未愈。叔宜善自保，爱定心安，意不可因小事辄生眩惑，勉进药食，早遂痊安，用副予亲亲之望。"② 这里提到郑王患有"风疾"，因小事就会头晕目眩，可能与郑王平日脾气暴躁有关。郑王到凤翔府后，经常暴怒"杖人至死"，宣宗曾遣书谕王曰："闻叔近颇多怒，内外官员人等稍不如意，辄射击之，几无虚日。左右微有谏者，则怒益甚。"③

另外一种说法是郑王"以陇地多生瘿，请改国于怀庆"④。瘿，即脖子上的瘤子，俗称大脖子病。英宗在给郑王的一封书信中曾提到"叔瘿疾日久"，⑤ 可见，郑王可能患有甲状腺疾病，这种病会导致脾气暴躁，容易动怒。直接导致郑王移国的原因，可能与正统七

① 王毓铨：《明代的王府庄田》，《莱芜集》，中华书局1983年版，第234页。
② 《明英宗实录》卷90，正统七年三月丁卯，第1806页。
③ 《明英宗实录》卷72，正统五年冬十月辛巳，第1395页。
④ 《明宪宗实录》卷30，成化二年五月乙酉，第600页。
⑤ 《明英宗实录》卷309，天顺四年九月己卯，第6644页。

年（1442）二月郑王妃张氏病故有关。① 正统八年（1443）二月，英宗再次致书郑王说："近闻叔有疾及子女宫眷亦多不安，此必水土不相宜也。叔往年欲移国怀庆，今命有司于怀庆建立王府，待其完日，奉报移居。"② 郑王所患瘿病可能与体内缺乏某种元素的摄入有关，但通过移国到水土相宜之地对病情好转似乎并没有太大帮助。英宗朝，以水土不相宜为借口提出移国的不仅有郑王，淮王、荆王、襄王也以水土气候不宜为由向皇帝提出移国他处，如仁宗第七子淮王朱瞻墺，最初封藩在韶州府，以韶州多瘴疠，在正统元年移国到江西饶州府。③

怀庆府位于河南西北部，府治为河内县（即今河南省沁阳市）。这里北依太行山，南临黄河，丹、沁二河自太行山南下汇入黄河，为怀庆府带来丰沛的水资源，并且土壤肥沃，物产丰富，在河南诸府中为富庶的地区。郑王到来之前，怀庆府曾作为郑王弟卫王朱瞻埏的封国。永乐二十二年（1424），朱瞻埏被封为卫王，但因体弱多病，未到怀庆府就藩。正统三年（1438），卫王去世，因无子，卫藩被废除。④郑王从凤翔府迁到怀庆府要途经陕西、河南多个府县，王府搬迁所需的人力由途经的府县地方官府负责，在怀庆府的王府则由河南有司以怀庆卫公署为基础扩建而成，嘉靖《怀庆府志》记载："怀庆卫第旧在府东，后改为郑府。"⑤

跟随郑王到怀庆府的随从主要有王府所属机构，如长史司的官员，还有仪卫司、群牧所等护卫军士，需要在王府服役。有些护卫军户家族在此落地生根，逐渐成为怀庆府有影响的家族。如祖籍山东巨野的冯氏，其二世祖冯胜在正统八年（1443）随郑王来到怀庆府，任郑藩仪卫司仪卫正，此后这一职位一直由其后裔承袭。河南

① 《明英宗实录》卷99，正统七年十二月戊子，第1985页。
② 《明英宗实录》卷101，正统八年二月癸丑，第2048页。
③ 《明史》卷119《列传第七》，中华书局1974年版，第3626页。
④ 《明史》卷42《地理志三》，第989页。
⑤ 嘉靖《怀庆府志》卷6《军伍志》，嘉靖四十五年刻本，第3页上。

省沁阳市出土并保存在朱载堉纪念馆的《大明郑藩武德将军仪卫正东池冯公墓志铭》记载："我冯姓山东钜野籍。洪武间，始祖瑃以武功历升南京豹韬卫水军所正千户。二世祖胜袭，正统八年，改授郑藩仪卫司仪卫正，从王之怀庆，遂家焉。"① 冯东池，即冯胤，于万历六年去世，他生前承袭祖职，担任郑藩仪卫司仪卫正，其父母冯世昌及萧氏合葬墓志铭也提到，冯世昌的"高祖宣，曾祖忠，祖继祖，官悉如初。父汝迁，……，被恩进阶"②。自冯胜担任郑藩仪卫司仪卫正并随郑王移国怀庆后，到冯世昌去世时的万历年间，冯氏家族历经六代，一直承袭郑藩仪卫司仪卫正的职务，逐渐成为怀庆府较为显赫的家族。从冯世昌后裔的婚姻网络就可以看出，冯世昌有四子，二女，四孙，六孙女，其中"长胤，心行淳实，承祖职方五载，四十六岁而卒，娶怀庆卫千户傅应麒女，……；次即祚，以例代袭，……。初娶处士张显祖女，继娶庠生张溁女；次祉，娶指挥舍人刘仪女；次祗，生员，……，娶处士韩范女。女二，一适肥乡主簿孟永增子生员知言，一适怀庆卫指挥武守节子应袭绥国。孙四，曰学京，祉出，聘处士张一贯女；曰启京，祚出，应袭，聘百户舍人周焕女；曰念京，祉出；曰延年，祗出。孙女六，一适怀庆卫千户葛言志子应袭芬，胤出。一聘于庠生李蕡子鹤龄，一聘于散官姚尚友子承祖，俱祗出"③。从中可以看出冯世昌子孙的婚姻关系，承袭军职的子孙辈，多与怀庆卫军户之家通婚，而不用承袭军职的子孙，则多与官宦或普通人家通婚。如冯胤承袭冯世昌军职，娶怀庆卫千户傅应麒的女儿，其女也许配给怀庆卫千户葛言志之子、以后要承袭军职的葛芬。从冯世昌后代的婚姻关系可以看出，冯氏作

① （明）冯稔：《大明郑藩武德将军仪卫正东池冯公墓志铭》，万历六年，现存沁阳市朱载堉纪念馆，笔者抄录。

② （明）何永庆：《大明郑藩武德将军进阶武节将军骁骑尉仪卫司仪卫正清庵冯公配宜人萧氏合葬墓志铭》，现存沁阳市博物馆，笔者抄录。

③ （明）何永庆：《大明郑藩武德将军进阶武节将军骁骑尉仪卫司仪卫正清庵冯公配宜人萧氏合葬墓志铭》，现存沁阳市博物馆。

为军户家族，与怀庆卫军户通婚比较普遍。

除了冯氏，还有一些军户也随着郑王来到怀庆府，如宋锦，"先世顺天大兴人，始祖友以前明开国功封武略将军，后随藩封由陕西至怀庆"①。"沈嘉显，字岫杨，先世吴江人。明初，戍燕京左卫，随郑邸之藩，遂为河内人。……。中崇正（祯）甲戌进士。"② 另外，张氏先祖也随郑藩来到怀庆府并任郑藩群牧所千户。正德年间，怀庆府河内县乡宦何瑭在为郑藩群牧所张千户袭职的序文中提到："（郑藩）群牧所千户张侯受命袭职，归自京师，……。侯之先顺天府之大兴人，高祖始从戎，以靖难功累升至金吾左卫副千户，改郑府群牧所千户。传曾祖、祖父以及于侯，其世远矣。"③ 张氏高祖参加了靖难之役，因军功升任金吾左卫副千户，改任郑藩群牧所千户后，应该跟随着郑王前往凤翔府之国，然后又随郑王移国到怀庆府，并在此落地生根。

从凤翔到怀庆，表面上是郑王封地的转换，实际上，通过移国郑王获得了更多的利益，对凤翔府和怀庆府都产生了较大的影响。

就怀庆府而言，郑王及随从的到来在一定程度上改变了地方社会结构。郑王到来后，通过婚姻网络与地方社会建立联系。郑王移国怀庆府时刚好四十岁，已有四个儿子以及郡主若干，有的尚未婚配。正统十一年（1446），郑藩世子朱祁镇上奏皇帝说："姊新安郡主、弟新平王祁锐俱未婚配，尝选怀庆府、卫良家子女无堪中者，今欲于河南境内开封等府、宣武等卫所选取。"④ 之后，郑藩诸郡王及郡主陆续婚配，如"正统十二年（1447）九月，庚戌，东城兵马指挥韩俊女为郑世子祁镇妃"⑤。"景泰三年（1452）九月，己酉，

---

① 乾隆《怀庆府志》卷21《人物》，乾隆五十四年刻本，第30页下。
② 乾隆《怀庆府志》卷21《人物》，第17页上。
③ （明）何瑭：《柏斋集》卷4《张千户袭职序》，《影印文渊阁四库全书》集部第1266册，台湾商务印书馆1986年版，第520页。
④ 《明英宗实录》卷140，正统十一年夏四月甲辰，第2771页。
⑤ 《明英宗实录》卷158，正统十二年九月庚戌，第3082页。

封郑王瞻埈第二女为氾水郡主，配怀庆府知府崔谦之子铭，命铭为仪宾。"① "景泰三年十一月，癸酉，命成安侯郭晟为正使，兵科右给事中王铉为副使，持节册封东城兵马指挥司副指挥张斌女为泾阳王祁铣妃，群牧千户所副千户呼斌女为朝邑王祁镕妃。"② 从以上几例郑王子女的婚姻关系可以看出，移国之初的郑藩宗室成员的通婚范围基本集中在怀庆府及王府护卫。这样的现象在此后郑藩宗室成员的婚姻关系中也有所体现，如上文提到的郑藩仪卫司冯氏家族，冯世昌高祖冯宣的次子冯恕娶泾阳王朱祁铣的长女汝北县主。③ 曾官至南京都察院右都御史的怀庆府乡宦何瑭的孙女嫁给了郑藩第六代世子朱载堉，而何瑭是怀庆卫军户出身，祖籍扬州如皋县。④ 此外，郑藩庐江王之女兰县县主嫁给吴守经，吴氏则是怀庆大族。吴氏家族从吴守经之父吴道宁考中进士起家，他后来出任山西按察司副使。吴道宁的先祖为浙江温州潭头人，明初徙居南京晚市，其父吴维，成化初任怀庆府温县教谕，后来落籍河内县。吴道宁先后考中成化丁酉榜河南乡试礼魁（即举人第一名），又考中成化戊戌榜进士。吴道宁之妻金氏，也就是吴守经的母亲则出身军户，金氏"讳妙秀，南京水军百户讳旺次女"，吴道宁生有五子，"长守诚，引礼舍人；次守敬，郡庠生；次守中，由进士历官知府；次守和早卒；次守经，更名模，为庐江王女兰县县主仪宾"⑤。其中长子吴守诚为引礼舍人，则是郑府的官员。

其次，郑藩宗室禄米改派给怀庆府来办纳，加重了怀庆府百姓的负担。郑藩在凤翔府时，其禄米由陕西布政司拨给，郑藩移国到怀庆府后，其禄米则改由河南布政司来承担，具体则由怀庆府地方

---

① 《明英宗实录》卷220，景泰三年九月己酉，第4764页。
② 《明英宗实录》卷223，景泰三年十一月癸酉，第4829页。
③ 《柏斋集》卷10《汝北县主墓志铭》，第610页。
④ 康熙《河内县志》卷5《碑记下》，《何文定公神道碑》；《郑端清世子赐葬神道碑》，康熙三十二年刻本，第15页上、23页上。
⑤ （明）何瑭：《明封恭人宪副吴先生之配金氏墓志铭》，嘉靖八年，现存沁阳市博物馆。

有司及属县来办纳。本来怀庆府"居山河之间，较河各府最狭，而税粮最多，其民之困亦可知矣"①，因此，办纳禄米，进一步加重了怀庆府及属县百姓的负担。以温县为例，温县是怀庆府六县中最小的属县，但每年夏、秋要为郑藩办纳禄米、禄麦，夏税中存留的小麦中要拨给"郑王禄麦本色六百五十石"；秋粮存留中拨给"郑府禄米六百五十二石六斗六升，内粳米五十石"、"郑府德庆王禄米三百石，崇德王禄米三十三石三斗三升三合三勺三抄四撮"②。随着郑藩宗室人员的增加，怀庆府办纳郑府禄米的负担会越来越重。

再次，郑藩的到来，不断扩大对怀庆府土地的占有，通过"奏讨"的方式占有荒闲田作为牧地。景泰三年（1452）五月，郑藩世子朱祁镆上书皇帝说："牧给牧地，以黄河退滩被水冲没，介修武、获嘉二县间，有地二百余顷，于内八十余顷荒闲，堪为牧地，乞恩给与。命户部核实，给之。"③此外，郑藩还在怀庆府下辖的一些县内自置民田，当然，这些自置民田是郑藩通过不同方式、在不同时期获得的。清初清查更名田时，怀庆府下辖的河内、济源、修武、武陟、温县、孟县等六县都清查出数量不等的藩王庄田（见表2-3、表2-4），这些更名田分属于郑藩、福藩和潞藩，潞王和福王是明代万历年间就藩河南卫辉府（今新乡市汲县）的万历皇帝同母弟朱翊镠和就藩河南府（今洛阳市）的万历皇帝第三子朱常洵，他们就藩河南时万历皇帝都赐予他们万顷庄田。从表2-4中可以看出，郑藩自置民田主要分布在除孟县外的其他五县，其中武陟县的425顷94亩更名田分属郑藩和潞藩，其中郑藩所占份额不详。除武陟县外，郑藩在河内县自置的民田数量最多，原额有125顷多，到清初时还有100多顷。在修武县，"郑府赡田凤城坡鹅鸭草厂地"，可能就是朱祁镆"奏讨"的牧地。与上文表2-2相比，郑藩在怀庆府所

① 正德《怀庆府志》卷5《田赋》，正德十三年抄本，第1页上。
② 顺治《温县志》上卷《贡赋》，顺治十六年刻本，第41页下、42页上。
③ 《明英宗实录》卷216，景泰三年五月乙巳，第4660页。

占有的田地远多于在凤翔府所占有的土地。此外,郑藩宗室陵墓也占有不少土地。隆庆年间,怀庆府知府纪诚面临地狭粮重的情况向朝廷奏报,他通过与河南其他府的对比,分析怀庆府税粮繁重的现实,其中提到怀庆府土地减少的原因。他说:"思惟国初定赋,止据一时土地之荒熟起科,初未尝有所厚薄于其间也。彼开封、汝宁、归德、南阳等府先俱遭兵,其时地荒,故其粮颇少。独怀庆一府,向未蒙乱,比其地方熟,故其粮颇多。……。但年久势异,而各府之荒芜皆尽开垦,……。至于怀庆,北枕行山,南环黄河,中流丹、沁,年年冲压,则膏腴变成咸荒者,不下百十余顷;又且有封藩各坟址之开占,是以粮有包空之说,而人之逃者相继。"① 这里提到的郑藩宗室的坟址位于河内县北部,其所占用的土地本来是要缴纳税粮的良田。因此,坟址占用无法耕种,但土地所附带的税粮却没减免,导致所谓的"包空"现象,使得河内县一些百姓无力承担沉重的粮税,只能逃亡,造成土地撂荒,朝廷更加无法获得稳定的税收,从而造成恶性循环。

表 2 – 3　　　　　　　　清初怀庆府更名田②

属县	原额	荒地及其他开除地	实在
河内	125 顷 48 亩	19 顷 38 亩	106 顷 10 亩
济源	3 顷 18 亩	2 顷 58 亩	60 亩
修武	156 顷 76 亩	135 顷 3 亩	21 顷 73 亩
武陟	425 顷 94 亩	73 顷 67 亩	352 顷 27 亩
孟县	62 顷	16 顷 68 亩	45 顷 32 亩
温县	283 顷 41 亩(其中,福、潞二府赡田 279 顷 1 亩 5 分 4 厘)	169 顷 28 亩	114 顷 13 亩(109 顷 73 亩 3 分 4 厘)

① 康熙《怀庆府志》卷 2《田赋》,康熙三十四年刻本,第 11 页。
② 郭松义:《清初的更名田》,《清史论丛》第 8 辑,中华书局 1991 年版。

表 2 - 4　　　　　　　　　　清初怀庆府郑藩更名田①

属县	原额	实在
河内	郑府自置民田 125 顷 15 亩 8 分 1 厘 9 丝	100 顷 77 亩 6 分 2 厘 8 毫
济源	郑府自置民田 3 顷 18 亩	60 亩
修武	郑府赡田凤城坡鹅鸭草厂地 149 顷 3 亩	15 顷 50 亩
	郑府自置民田 7 顷 73 亩	6 顷 23 亩 8 分 8 厘
武陟	郑潞二府赡田 425 顷 94 亩 9 分 9 厘 6 毫	352 顷 27 亩 3 分 3 厘
温县	郑府并保平王府自置民田 4 顷 40 亩 2 分 3 厘 8 毫	4 顷 40 亩 2 分 3 厘 8 毫

　　就凤翔府而言，郑王虽然离开，但并不代表郑藩与凤翔府再无瓜葛。前文已经提到，郑藩在凤翔府时占有大量官民田，移国怀庆府的当年即正统九年（1444）三月，镇守陕西都督同知郑铭上奏英宗，要求收回郑王在凤翔府所占官民田，他说："郑府今既移国怀庆，请将凤翔、宝鸡二县官田并所买民人田园退还官民承种，起科纳粮"，但英宗没有同意，并"以亲亲故，仍以与王"②，而且"所遗庄田，校尉岁遣官征租赋焉"③。郑藩移国怀庆后，郑王在凤翔占有的官民田本应退还，并缴纳税粮，但英宗以亲情为由，仍将这些土地给郑王，这些土地一般是由所在州县民户承种，并向郑王缴纳租赋。如前文表 2 - 2 所列的郑藩在陇州的"郑藩租地，坐落咸宜关水滩庄并涧浴沟原，今丈共地三十八顷九十八亩五分六厘九毫，总计坐落二处，俱地户张朝贵等二百五十六石佃种"④。直到明末，在怀庆府的郑藩还一直向在凤翔府所占有的官民田征收租赋。此外，直到明末，凤翔县还要向郑藩缴纳禄米。顺治二年（1645），凤翔县令舒向第就上书朝廷，要求豁免丁粮，他说："凤翔一县丁粮，在

---

　　① 康熙《怀庆府志》卷 2《田赋》，第 3 页下—6 页上。

　　② 《明英宗实录》卷 114，正统九年三月戊午，第 2296 页。

　　③ 雍正《凤翔县志》卷 4《爵秩志》，第 5 页上。

　　④ 康熙《陇州志》卷 3《田赋志》，《中国方志丛书·华北地方·第二五五号》，成文出版社有限公司 1968 年版，康熙五十二年刊本，第 164 页。

故明洪武原有定额，赋簿徭轻，民生易遂。及其后世，则有藩封禄米之增，又有邻郡协济之增，又有辽练二饷之增。……。今日屡遭兵荒之后，罹兵刃而死者，受征比而死者，转沟壑而死者，十分已去七八，所存仅一二孑遗之民，而丁数犹未大减，一人而完四五人之丁银，小民已不堪命。……；藩封禄米当日与王俱增，自应与王俱减，是亦其宜去者也。"① 在丁少税多，土地抛荒严重，同时还要承担协济邻郡、藩王禄米、辽练二饷等三大负担的形势下，舒向第强烈要求免除此三项不合理的负担。由此可见，到明末，凤翔县还要办纳藩王禄米，这些藩王禄米应该是向郑藩缴纳。

尽管郑藩移国时皇帝已经明确要求郑藩禄米由陕西布政司改为河南布政司办纳，但实际上并未得到完全落实。郑藩通过移国不仅在陕西凤翔府和河南怀庆府都占有更多土地，而且还得到两地缴纳的禄米。因此，在明中后期河南各藩宗禄发生拖欠的现象越来越严重的时候，郑府居然还能有盈余。万历十一年（1583），给事中万象春到河南与在豫诸藩商议永定岁禄事宜，② 他在向皇帝的奏疏中说："郑府除岁用外，亦尚积有赢余。"③ 这虽然与郑藩宗室人口数量有关，但郑藩在凤翔、怀庆两"善地"都有不菲的禄米和地租收入也是主要原因。

第四节　他乡亦故乡：军户对地方社会文化传统的认同与塑造

怀庆卫的设立对怀庆府地方社会的影响很大，在许多地方事务

---

① （明）舒向第：《详请豁除丁粮议》，雍正《凤翔县志》卷 9 中《艺文中》，第 44 页上—45 页下。
② 陈旭：《明朝万历、天启年间宗禄定为永额新考》，《西南大学学报》（社会科学版）2012 年第 4 期。
③ （明）万象春：《题为酌议宗藩事宜疏》，陈子龙等选辑：《皇明经世文编》卷 410，中华书局 1962 年版，第 4454 页。

中，诸如城池的修缮、河渠的疏浚、寺庙的重修，怀庆卫官及军户都参与其中。正统以后，军户寄籍政策的改变使得军户可以携带妻小在卫所落地生根，军户后裔逐渐在各县屯营生息繁衍。除了应军役的军士外，在卫余丁许多从事儒业，以耕读传家，许多军户子弟参加科举考试，这也促使明中叶怀庆卫军户人才辈出，科第联名，其中一批军籍进士崛起，由此改变了地方社会的权力关系；同时，在地方文教的振兴及社会风化转变的过程中均可以见到军户的身影。

一 军籍进士的兴起：何瑭及其弟子

到了嘉靖年间，明初屯驻怀庆府的军户人口有了一定的增长。洪武年间，怀庆卫军户有三千九十二户，九千四百六十四丁口；到了嘉靖四十年，怀庆卫所辖三所有舍、余、军八百四十七户，一万四千三十六丁口。① 从这一组数字中可以发现，在洪武年间卫所建立初期时每户平均合 3.3 丁口，比较符合正军加军舍和余丁的模式。嘉靖四十年，军户数量从三千多减少到八百多，每户平均居然合 16.6 丁口，虽然军户数量严重下降，但总的军户丁口数量却增加五千余名。嘉靖《怀庆府志》中讲到了军户逃亡的原因时说：

> 庶人在官者，在有司则有府、吏、胥、徒、门、禁、隶、快，在军职则有军伴，详味□之一字义可见矣。日夕供用，在有司则有里甲，而军卫屯粮、军装可责问于余丁，近年卫所事事欲比有司。考洪武年间军户三千有余，今止八百，逃去十之七八，虽扶绥之犹恐缺伍，矧如是奈何其不穷且逃哉?②

---

① 嘉靖《怀庆府志》卷 6《军伍志》，第 10 页上。
② 嘉靖《怀庆府志》卷 6《军伍志》，第 11 页上、下。

编修府志的作者刘泾即怀庆卫的军户，前文已经提到刘泾始祖在明初从征，之后编伍怀庆卫，其后代便在怀庆府居住。刘泾在嘉靖《怀庆府志》中花了很多笔墨来记载怀庆卫的情况。他把"近年卫所事事欲比有司"作为军户逃亡的症结所在。这其中所反映的应该是正军及余丁因不堪忍受繁重的军役而大批逃亡的事实。从明初到明中期卫所军役的内容发生了较大的变化，在明初正军只有屯田、操练、制造军器等正役，而在营的余丁则不用服军役。到了弘治年间不论是卫所的正役和杂役所役使的对象都已经不分正军和余丁了。①

具体到怀庆卫的军役在明中叶所发生的变化来讲，嘉靖年间怀庆卫军户除了负担正役外，还要负担诸多名色的杂役，以力差为例：

> 供军余丁一千二百四十五名（正军二千余名，每军一丁，尚欠一半）。奇兵并帮丁一千二百名，局匠二百名，今金三百名守把城门一百二十名，以上四役皆不可无。此外又有直卫所厅、军牢、门子、禁子、巡捕、催差、斗级、军吏、军伴、举监生员供丁二十样名色，共役余丁二千余名。②

这些增加的名色与地方有司的徭役很多类似，而役使余丁的数量也很惊人。因此，正军大量逃亡也在所难免了。

再来讨论明中叶怀庆卫每个军户家庭平均人口的问题。明初规定军户不能分户的政策是导致单个军户家庭日益庞大的根本原因。正统以后，为防止卫所军户的逃亡，朝廷逐渐调整政策，允许军户在服役卫所落地生根，卫所军户可以将原籍家属带到卫所。因此，

---

① 关于明代卫所军役的变化，参见于志嘉：《明代江西卫所军役的演变》《"中央研究院"历史语言研究所集刊》第68本第1分，1997年。

② 嘉靖《怀庆府志》卷6《军伍志》，第10页下。

单个军户家庭的丁口数量急剧增加也就可以理解。卫所军户除一丁照例应存留帮贴正军外，在营余丁很多在卫所所在府县购置田产，政府允许这些人附籍地方有司办纳粮差。因此，在营余丁的寄籍使得军户人口迅速地增长。到了嘉靖年间，留在怀庆府的军户家庭中的在营余丁已经是正军的数倍了。如上文中所讲的刘氏到了明中期，人丁众多，已经成为地方上的大族了。

军户除选一丁充当正军应役当差，其余军户余丁等人与州县民户没什么差别。那些无需应役充军的余丁，除了在卫所州县屯田耕种或经商外，许多军籍子弟积极参加科举考试。除了能获得功名提升社会地位外，免除军役等各种优待的诱惑也是一大推动力。因此，明代中叶随着寄籍军户人口的增多，许多军籍子弟入府学、县学读书，参加科举考试。明中叶，怀庆卫军籍子弟在科举上颇有成就，多人考中进士、举人，其中，何瑭成为第一个考取进士的军籍子弟。

上文已经提到何氏军户原籍在扬州府泰州如皋县，明初何瑭始祖何忠一"以总旗从天兵北定中原，隶河南怀庆卫编管，三传至森，配刘氏，以成化甲午十月生公于武陟县千秋乡屯舍"[1]。据《何氏家谱》记载：

> （何氏）始祖忠一公，明初从戎，擢红旗头目，始居怀城察院东，有向东庄一段二亩二分，价买，向南庄二段，在老庄南，共地八亩。[2]

明初作为从征军士，何氏先祖何忠一因战功擢升为总旗，此后定居在怀庆府城，并购置了田产。何忠一生四子，长子荣一回原籍

---

① （明）焦竑：《国朝征献录》卷64，《南京右都御史何文定公瑭传》，万历年间刻本，第18页上。
② 《何氏家谱》。

如皋县守祖，次子荣二则被勾签为正军接替其父充任总旗。明初，怀庆卫的军士由于要经常被征召北方边境外与蒙古人作战，流动性很大，何荣二就经常被征调各处，《何氏家谱》中这样记载何荣二：

> 永乐元年，捕役赴京并枪得胜仍充总旗。二年，宁夏备御，七月，哨至断头梧桐山。七年，北京听调。八年，选跟大营，随驾北征，杀败免开十里，本年六月七日，杀败阿鲁台。八月，回京，钦赏纱帽，回卫。十二年，升充总旗；十三年，随驾征进逦北。六月初五日，双泉海哨马杀败北兵；初七日，于蛤喇撒儿得胜；十三日，于九龙口报捷，回京，赏赉甚厚。①

这段介绍何荣二的简单文字基本上将其从军的经过讲得很清楚。在永乐初年北方边境尚不稳定的情况下，永乐皇帝曾数次出兵亲征蒙古部阿鲁台，内地卫所军兵常常要应召北征。《何氏家谱》关于何瑭先祖从军的情况仅此寥寥数语，此后何人充任正军便无记载。从下表何氏世系中可以看出，很可能何氏这一军户家族的军役是由何荣二及其后代来承担。何荣二有二子、二孙及三重孙，完全有足够多的男丁充任正军。何忠一的第三子名富，第四子名贵。何贵生有二子即何森、何楫，何瑭便是何森之子。

从何氏这一军户家庭的世系中，我们可以看出明初卫所军户与原籍军户之间的关系。作为军户，何忠一仅让次子充任正军，承担军役，而长子回原籍守祖。可见，明初卫所军户与原籍的关系还很紧密，因缺乏如皋何氏的资料，因此，无法深入探讨。到了三世、四世，人丁渐多，这一军户家族有足够的军丁可以应役，想必无须从原籍勾补，因此，作为在营余丁，何瑭的父祖辈屯田于武陟县千秋乡，上表2-1中武陟县千秋乡只有一屯即头铺屯，同样的记载见于《何文定公神道碑》：

---

① 《何氏家谱》。

表2-5　怀庆卫何氏世系表（本表据《何氏家谱》整理而成）

一世	二世	三世	四世	五世
何忠一	荣一，回原籍如皋守祖	洞，留如皋		
		汶	通	钺
	荣二，从军	洪		
		溥	子仁	瑚
				珍
			子贤	琚
	富	海	能	锐
				钦
				铜
				镡
		汉	松	镰
				鋉
		润	棨	钊
				铠
				钦
				録
			林	
			椿	
			桓	
	贵	滨	森	瑭
				璋
			楫	

公讳瑭，字粹夫，号虚舟，一号柏斋，世惟称曰柏斋先生云。其先扬州如皋人，高祖讳忠一。国初，从天兵北定中原，遂编怀庆卫籍，屯田武陟千秋乡之头铺营，子孙家焉，后乃居郡城。忠一生贵，贵生滨，滨生封君森，质直不华，配刘淑人。成化甲午十月二十九日公生于营中，七岁入郡城。①

————————

① （清）刘维世、乔腾凤纂修：康熙《怀庆府志》卷15《艺文下》，马理《何文定公神道碑》，上海图书馆藏康熙间刻本，第25页上、下。

　　这里的头铺营即头铺屯。到了明中叶，明初的军屯制度因各种弊端逐渐被破坏，在屯营与卫所之间，在营余丁也可以迁徙。何瑭在七岁时随家人迁往怀庆府城，于弘治元年（1488）入河内县学，十四年（1501）河南乡试第一，次年考中进士。此后，历任翰林院庶吉士、南京工部右侍郎、礼部右侍郎、南京都察院右都御史等职。嘉靖八年（1529），致仕，回到怀庆府城，"居家十五年，不通要地人书，书至，亦不答，惟与四方林下同志及门人问答讲学而已，台谏相继，论荐者累数十人"①。受学于何瑭门下的军户子弟在嘉靖年间有四人成进士，一人成举人并在卒后入祀乡贤祠（见下表）。下举数例：

　　　　周道，字大经，号竹溪，受学何文定。嘉靖丙戌进士，授蠡县令。②

　　　　娄枢，字子静，少为诸生，师事何文定……。嘉靖乙酉领乡荐。③

　　　　萧守身，字尚本，怀庆卫人，少受业于外祖何瑭，以嘉靖壬戌进士，授襄垣令。④

　　前文所提到的刘氏军户中的刘泾也曾受业于何瑭，其墓表云：

　　　　公讳泾，字叔清，别号次山。其先常州靖江人也。国初，讳子荣者从征迤北，编伍怀庆卫，故今为河南人。父纲，母何氏，以正德庚午生公。公自祖父以上世业耕读，至公始起家进士。余

---

　　① 康熙《怀庆府志》卷15《艺文下》，马理《何文定公神道碑》，第27页下—第28页上。

　　② （清）袁通纂修：道光《河内县志》卷26《先贤传下》，清道光刻本，第17页下。

　　③ 道光《河内县志》卷25《先贤传上》，第18页上。

　　④ （清）唐侍璧纂，洪亮吉修：乾隆《怀庆府志》卷21《人物志》，乾隆五十四年刻本，第8页上。

初校士礼闱，得公卷，脱去浮华而体要具存，心奇之。既数从燕
见访公家世，父固朴茂长者，公少承父训，长游柏斋何公之门，
讲性命之学，乃知公之惇厚不浮，得之父师者固多也。①

可见何瑭对刘泾的影响，而刘氏在刘泾成进士后，其家"益
显"，成为怀庆大族。刘泾本是军籍，但从其祖父辈就以耕读为业，
显然也不需要充当正军或以余丁服军役，可以入读府学或县学，参
加科举考试。关于明代军户参加科举考试的研究，王毓铨先生认为
明代由于军户地位低下，因此，朝廷对于军户子弟参加科举考试有
严格的限制。他引用《大明会典》及叶盛的话说军户丁男只许一人
充生员，想要充吏也须户下有五丁以上方准一名。② 但于志嘉先生及
刘志伟先生对此提出疑问。③ 刘泾长兄刘汉的例子便能很好的说明明
中期军户参加科举并无太多限制，而所谓的明代军户只能一丁充生
员的规定似乎也并非绝对，刘泾在为其兄撰写的墓志铭云：

兄讳汉，字伯清，号一山，祖籍怀庆卫右所，曾祖通，祖
宽，世尚忠厚。父纲，封御史，母亲何氏，孺人，正德丙寅九
月五日生。兄为长，渭、泾、溱皆弟也。天性严毅，虽至亲厚
友不得轻亵。孝于亲，友于诸弟，有所怒于人，后即相忘，泾
尝以为清者之量如此。幼学从郭先生镇治书经。嘉靖壬午，督
学南京王公选充河内庠生。甲申，督学山阴萧公试补增广。家
业中衰，教授生徒，从学者众。癸卯，督学德平葛公试补廪膳，

---

① （明）瞿景淳：《瞿文懿公集》卷 12，《山西按察司副使次山刘公墓表》，万历瞿
汝稷刻本。
② 王毓铨：《明代的军户：明代配户当差之一例》，参见氏著《莱芜集》，中华书局
1983 年版，第 358 页。
③ 参见刘志伟《从乡豪历史到世人记忆：由黄佐〈自叙先世行状〉看地方势力的转
变》，载《历史研究》2006 年第 6 期，第 65—66 页。刘志伟认为明朝的政策是偏向于军
户子弟仕进的，文中还以香山县黄氏为例来说明明代中期广东地方大族多为军户的事实。

应试累科不第，渐置田产，家业复兴。①

　　刘泾在其兄墓志铭中已不再提先祖的原籍乡贯，而将怀庆卫右所作为祖籍。可见，从明初到嘉靖年间，经历百年后，军户后裔对原籍已经淡忘，作为他乡的卫所已经成为故乡。其兄刘汉虽是家中长子，但似乎已经无须承担军役，很早就能得到督学的赏识而入县学就读，其后又补增广生员、廪膳生员。尽管他没能在科举上有所成就，教授生徒、购置田产就成为他主要的生计了。

表 2 - 6　　　　　　　　怀庆卫军籍进士、举人表

姓名	年代	原籍	宦途
何瑭	弘治壬戌科进士（1502 年）	扬州如皋县	南京都察院右都御史
娄枢	嘉靖乙酉科举人（1525 年）	不详	广宗县知县
周道	嘉靖丙戌科进士（1526 年）	不详	巡按真定
刘泾	嘉靖丁未科进士（1547 年）	直隶靖江	山西按察司副使
何永庆	嘉靖己未科进士（1559 年）	不详	通政司参议
萧守身	嘉靖壬戌年进士（1562 年）	湖广云梦	盐运使
高世芳	万历癸未科进士（1583 年）	不详	陕西按察司副使
高荐	万历庚辰科进士（1580 年）	不详	嘉定知县
顾师会	万历庚戌科进士（1610 年）	不详	刑部主事
李政修	万历丙辰科进士（1616 年）	不详	淮海道
史应选	万历丙辰科进士（郑藩群牧所）	不详	南瑞道
沈嘉显	崇祯甲戌科进士（1634 年）	不详	西宁道

　　资料来源：雍正《河南通志》卷45《选举二》；乾隆《怀庆府志》卷17《选举志》，卷21《人物志》。

_____

　　①　（明）刘泾：《明故邑庠士刘先生配高氏合葬墓志铭》，嘉靖四十二年（1563），碑存沁阳市博物馆。

嘉靖年间，军户子弟科第联名，显然与何瑭的影响及授业有关系。自弘治至嘉靖三朝近八十年中，怀庆府县、卫共有进士十六名，其中军籍进士有五位，占总数近三分之一。从明初到明中叶，怀庆卫军户中的士子逐渐成为地方社会很重要的群体。何瑭在科举上的成功影响了一大批军籍子弟，许多军户子弟从事儒业，投身何瑭门下，许多人得以跻身府县学生员之列，而一旦军籍子弟入学，便请何瑭为其入学作序以示庆祝及勉励。如前文所引军户贾文洪之子贾应奎在嘉靖元年以府学生员补入儒学弟子员，其岳父许舜民请何瑭为其入学作序文曰：

> 贾生应奎，文洪先生之子也。天性聪颖，而文洪教之甚勤，其纂言为文，清丽可爱。今年，提学宪副王先生试士怀庆，选子弟之俊秀者补儒学弟子员，府学凡补三十三人，应奎是为之首。许舜民先生其外父也，惧其骄而不进，征予言以赠之。①

许舜民又名许泰和，是贾应奎的岳父，元代大儒许衡的七世孙，曾任武功县县令。虽然此后贾应奎屡试不第，但"课二子一元、一贯以素业。元、贯寻补增廪，公尝谕之曰：金百炼然后精，文久习然后熟，卤莽从事鲜有济也。元、贯奉谕惟谨，行将第巍科、振家声，而公不待矣"②。贾应奎两子都补增廪生员，入府学读书，以竟父志，这同样也说明了军户子弟充生员并无限制。

二 褒崇"烈女"与重祀"先贤"：军户对地方文化传统的塑造

怀庆卫军籍士子在科举上的成功，使得军户在地方社会中逐渐拥有了较多的话语权。因此，在正德、嘉靖之际，怀庆府地方上的

---

① （明）何瑭：《柏斋集》卷4，《萧生入学序》，第十二页上、下。
② （明）宁□撰：《明故庠生□□贾公暨孺人许氏合葬墓志铭》，嘉靖四十年（1561），碑存沁阳市博物馆。

文教建设多见军籍乡宦的身影。在很多与文教、地方风化相关的事务中，军籍乡宦多有所推动和助力。其中，地方志书的书写成为扩大军户影响很重要的渠道。何瑭和刘泾分别参与主持编纂了怀庆府最早的两部府志。[1] 同时，地方社会崇儒的风气也变得愈加浓厚。一方面，怀庆府地方官员十分重视学宫的建设，陆续修复了怀庆府、河内县学宫，各属县也纷纷修建本县学宫；另一方面，则是地方有司对本地烈女、先贤的大力表彰，其中，何瑭及弟子娄枢对怀庆府赵氏"烈女"形象的塑造助力颇多。赵氏烈女未嫁即殉的故事与儒家伦理的标准十分契合，因而经乡邻上报有司、有司上报朝廷，经数年而得旌表，何瑭为其作碑记云：

> 烈女姓赵氏，怀庆之河内县人。幼，父许聘同县儒学生王子聪之子锦。未几，子聪卒，家贫，锦甫数岁，鞠于母张氏，辛苦成立，学为诗文，往往有奇句可诵，不幸夭死。赵女方在室，闻讣，痛曰：吾既聘王氏，王氏即吾夫也。夫死，曷归？乃往哭，尽哀将殉死，顾姑老在堂，无他子侍养，义不可弃去。既殡，乃留养姑，破屋萧然，不蔽风雨，尺帛斗粟，皆无宿储，朝夕甘旨，取给女红，傍人见闻者皆颦蹙不自得，赵氏怡然也。弘治十三年冬，姑以寿终。赵氏并启舅暨夫之殡返祖茔，归自经死。邻里上其事于府，将图奏请旌表，历数年未能得也。长山徐公由工部尚书郎来守怀庆，政教既修，百废皆举，有以赵氏事告者，公戚然曰：世有志行卓异而沉没如此者乎？是吾责也，力闻于朝，请加旌表，以风示四方。制既可，乃建祠于郡治之东，祀赵氏焉。外又为石坊，使人可望见而思也。河内尹李侯赞相甚力，既落成，请记于石以示久远，乃叙其事而铭之辞。[2]

---

① 即本书前引正德《怀庆府志》及嘉靖《怀庆府志》。

② （明）何瑭：《柏斋集》卷7，《赵烈女祠碑记》，第20页下—第21页下。

　　经过地方士大夫及有司的推荐，赵氏烈女得到朝廷的旌表，甚至嘉靖皇帝也作诗《挽赵烈女》。[①] 在赵氏烈女被朝廷旌表之后，何瑭弟子娄枢因嫌祠宇位于闹市，极力建议地方官将烈女祠改建僻静之处，娄枢说：

　　　　……。逮我圣朝，河内赵氏，仓大使刚之女，未笄而父母许聘同邑庠生王聪子锦。锦父早卒，而母孀居，恒产渐薄，六礼不备，许聘十年而未归。锦以疾卒，贞女往哭尽哀，及葬，欲殉，顾姑老在堂义不可舍，遂归于王之室，以事其姑。闭门毁容，勤女工，以为养。后数年，姑以寿终，营葬毕而自缢于寝室，时弘治十三年也。远近闻而赴吊者以千数，题咏珠联。前太守长山徐公奏祈旌表，既得旨为之立祠。祠止二楹，在怀庆府前谯楼之下，临街衢而无门垣，已越六十年矣。郡人娄枢每过其祠，辄喟然叹曰：坤主静而□尚幽。贞女生在闺闱，人罕一见，□□□□□衙市喧嚣，是非所以崇神，乃所以渎神也。……，移置贞女像于穷僻之处，或赎取王氏、赵氏之旧宅，建置四楹，周匝以垣，启闭以门，则我愿执笔以随其后，豫撰祠记以助风化。……。文上太守关西孟公，公即日赎取赵氏旧宅，计僻地比府第价廉三倍。[②]

　　经过何瑭及其弟子娄枢撰文对赵氏烈女的持续关注，赵氏烈女成为怀庆府地方官宣扬地方教化的典型。

　　另外，地方有司对先贤的表彰尤以前代的韩愈和许衡最为重要，因此，重修先贤祠堂成为地方有司十分重视的事情。正德十一年

---

　　① 乾隆《怀庆府志》卷28《艺文志》，第20页上。
　　② （明）娄枢：《娄子静文集》卷3，《怀庆赵贞女祠堂记》，第26页上—第28页上，北京图书馆分馆藏明王元登刻重修本，《四库全书存目丛书》集部第85册，齐鲁书社1997年版，第543页下—第544页下。

（1518 年），怀庆府重新修缮了元代大儒许衡的祠堂，并重新赎回先前的祀田，何瑭专门作记曰：

公祠凡三，一在河内县儒学之侧；一在县东北李封村，公坟墓、子孙在焉；一在景贤村，公别墅也。景贤村故有祀田二十八亩，后为乡民所有，公子孙诉于官，则曰：汝先世尝鬻于我，有券契存焉。岁远人亡，真伪无所考证，官府亦不得以其田归之。正德丙子，钦差巡抚河南地方都察院右副都御史西蜀李公檄下有司表章（彰）先贤，祠墓倾败者修葺之，祠田浸没者理出之，公七世孙儒学生泰和乃具公祠田始末以告，李公慨然曰：公道德功业师表天下，后世宜世世祀，祀田刱置不为过，况故有乎？特念其田久为民所有，一旦夺之，恐民不堪，乃议赎取之。于是，分巡按察司佥宪东吴韩公濂命怀庆府知府郯城周公举、河内县知县平凉高侯杰出库藏官银二十两，尽召田主归其值，收其券契，取其田畀，许氏子孙泰和辈使世守焉，以奉公祀。……。斯田也，今虽归许氏矣，安知他日不复为乡民所有，子孙不复鬻之于人也，不可以无戒，乃命有司纪之于石，以示久远。于是，知县高侯杰乃来征言。予窃惟文正公道德功业昭然在天下，后世祀田之有无，似无大损益，而事体所在，则有不可不书者。①

许衡，字仲平，河内人，金大安元年（亦即泰和九年，1209）生于新郑县，金末北方丧乱之际，"隐徂徕山，迁泰安之东馆镇，寻迁大名，扁其斋曰鲁，世因号曰鲁斋先生"②。后出仕元朝，成为辅佐忽必烈行汉法的重要人物。他晚年居河内，卒后于元仁宗皇庆二

① （明）何瑭：《柏斋集》卷7《复许文正公祀田记》，第七页上—第八页下。
② （元）欧阳玄撰：《圭斋文集》卷9，《元中书左丞集贤大学士国子祭酒赠正学垂宪佐理功臣大传开府仪同三司上柱国追封魏国公谥文正许先生神道碑》，《四部丛刊》影印明成化刻本。

年（1313）从祀孔庙。① 作为一代大儒，许衡在怀庆府士人心目中拥有很高的地位，怀庆府自元代以来建有三座祠堂就说明了许衡在怀庆府所受到的尊崇。但到了明中叶，有些儒者对许衡仕元提出非议，认为不应建祠祭祀，因而在怀庆府城的祠堂"岁久不治"，而仅仅在此前的正德六年朝廷批准了怀庆府知府臧凤的请求，仅仅将许衡从祀于乡贤祠。② 位于景贤村祠堂的祀田也为村民所有，许衡后裔虽然控之于有司，但因乡民有买卖地契，有司也因时间太久，无法分辨真伪，而不能判决。正德十一年（1516），许衡七世孙许泰和，即前文军户贾应奎之岳父借有司表彰先贤的契机，重新提出了对祀田的所有权，最终得到了怀庆府及河内县官员的支持，拨官银赎回，并借此重新修缮了怀庆府城内的许文正公祠，何瑭在记文中对儒者认为许衡不应仕元的观点进行了有力的驳斥，何瑭说：

> 独近世儒者谓公不当仕元，不能不疑于其说。予尝著论辨之，大略谓舜、文皆生于夷，而道德功业万世仰赖。元主虽未可以舜、文比，然敬天勤民，用贤图治，盖亦骎骎乎道矣！况当时生民糜烂已极，元主乃能知公之贤，而以行道济时望之，公亦安忍不为之出哉？夫作春秋者非孔子乎？春秋所外莫大于楚昭王之聘，孔子亦往拜焉。使不沮于子西，孔子固将为楚之臣矣。孔子，鲁人也，尚可以臣楚；公，元人也，乃独不可以臣元乎？然则，儒者之说谬矣。由是观之，公之道德功业既皆可法，而出处进退亦无所悖，其秩之常祀无可疑矣。③

何瑭曾专门撰文与"近世儒者"辩论，并以孔子作为先例，极力维护许衡的道德功业。许文正公祠及其祀田的重新整理，标志着

---

① 《元史》卷24《本纪第二十四》，第557页。
② 《明武宗实录》卷74，正德六年夏四月，丙申，第1636页。
③ （明）何瑭：《柏斋集》卷7《元魏国许文正公庙祀记》，第10页下—第11页上。

许衡道德功业在地方社会中的重新肯定，此后怀庆府士子对其崇祀历久不衰，而后世士人每讲起何瑭必与许衡相提并论，明末清初孟县人乔腾凤为河内县进士萧家芝之父所撰写的墓表中说：

> 吾郡自许文正、何文定两大儒以道德崛起，后先辉映，讲学教授于怀孟之间，濡染所渐，结为风气，士生其乡虽三数百年，往往有巨人长者，忠信魁特，即名位不必甚显，而姱节独行，足使闻之者过庐生敬，过墓生哀。①

可见，许衡及何瑭对明中叶以后怀庆府地方社会风气所产生的影响，许多地方儒生以何瑭的道德功业作为自身的榜样。

何瑭及其弟子对于本地烈女及先贤的表彰，一方面是对地方传统的认同，另一方面则是他们在积极地塑造地方的文化传统，在认同与塑造本地传统的过程中，已经士大夫化的这些军户在其中扮演重要的角色，他们也成为明中叶以后影响地方士人的重要人物。

本章小结

本章主要讨论了明初到明中叶，随着移民、军户及藩王的到来，怀庆府地方社会结构所发生的变化。移民和军户是构成明初怀庆府地方社会的重要群体。明初一系列鼓励移民的优惠政策和措施将大量的移民从山西迁往河南、山东等地区，这些移民被安置下来，开垦土地，从事农业生产，纳粮当差，对战乱之后的华北地区的社会发展起到了重要的作用。

怀庆卫设立后，大批军户在怀庆府服役，由于军役的需要，他们往往到远离祖籍的地方应役。在屯七守三的制度安排下，一些军

---

① （清）萧家芝：《丹林集》附录，《诰赠奉直大夫萧公墓表》，第1页上，国家图书馆藏清康熙间刻本。

户屯驻在府、县的屯营中，他们占有大量的土地，这些屯营的分布也影响到明中叶引沁水渠的走向。明初，郑藩移国及其带来的护卫军户改变了怀庆府的权力结构，他们不仅占有地方府县的土地，也加重了怀庆府各县的负担，而婚姻网络成为宗室与地方社会建立联系的手段。到了明中叶，随着军役内容的变化，军户及其后代在服役的卫所、屯营逐渐落地生根，继之，军户家庭人口规模也逐渐扩大，这些在营余丁的生计也多元化起来，除了在屯营耕作外，遇到签发军役，余丁也会被征发，但更多在城的余丁在当地寄籍，与普通民户并无二致，他们对寄籍卫所的认同感逐渐增强，几代之后便将卫所作为祖籍之地。对土地的占有使得一批军户得以致富，其子弟既可以经商，亦可业儒，为怀庆卫军籍儒生的科举入仕打下良好的基础。军籍进士在明中叶的兴起，使他们成为影响本地历史的重要因素，军户群体拥有了更多书写本地历史的话语权，而在书写本地的历史过程中，对地方文化传统的认同与塑造，也加深了军户群体对地方社会的认同感。

第三章 元、明时期沁河的水利开发与水利秩序的达成

凿山通渠润五封，不殊霖雨渥三农。

声名卓卓行山峻，惠泽涓涓沁水溶。

豸府已能惊事业，麟台应许尽形容。

即令底绩追神禹，天下谁当第一功。

——（明）唐时雍

　　怀庆府的地理位置优越，它北倚太行山，南临黄河，济水、丹河、沁河等水系纵贯南北，从这些河流所引水渠纵横交错，遍布在济源、河内、温、武陟等属县境内，灌溉着这里平原地区的千顷良田。因此，在文献中怀庆府常常被描绘成膏腴之地。对丹、沁二河的水利开发早已有之，主要是在两河出太行山处修建支渠引水以灌溉下游土地。沁河水利开发的历史，最早可追溯至魏晋时期济源五龙口开凿的秦渠。① 此后，历代对沁河的开发渐趋重视，尤其到了明中期，沁河水利的开发日益成为地方社会关注的焦点，围绕水利的开发、利用、控制所形成的各种关系，成为明清以来地方社会发展的一条主线。将水利开发置于地方社会发展的脉络里来讨论与之相关的诸如用水制度等问题，会让我们更加清晰地把握明清以来地方社会变迁的关键。

---

① 道光《河内县志》卷13《水利志》，第1页下。

　　同纵横交错的水渠所形成的乡村景观相呼应的是遍布乡村中与水或雨有关的庙宇，这些庙宇不仅分布在怀庆府县境内，与怀庆府隔太行山相邻的山西泽州的乡村也同样遍布同一类的庙宇，这些庙宇里供奉的大多是上古圣王或与他们相关的人物，其中最为普遍的神明是和祈雨有关的殷祖成汤和真泽二仙，这里关于他们的传说故事历代传诵不绝，如殷祖成汤"桑林祷雨"的故事在乡村社会中就曾广泛流传。与祷雨相关的汤帝及二仙的崇祀，其历史可追溯至宋、元时期，今天在乡村中能看到的汤帝庙、二仙庙大多是肇建于宋、元而重修于明、清时期的建筑。

　　本章从梳理宋、元以来汤帝、二仙信仰从泽州到怀庆地区的变迁着手，意在揭示汤帝、二仙信仰在传到怀庆地区之后所发生的变化与两地自然环境及灌溉方式的差异有关，而怀庆地区道教传统的影响也起到很大的作用。与乡村中神明信仰变迁相随的是元代以来济源县五龙口地方引沁水渠的开发，从明初到万历年间五龙口水利开发格局经历了从官方主导到大姓专利的转变，这种转变与怀庆府地方权力格局的演变相一致。明初怀庆卫在河内县乡村分布的屯田影响到了引沁水渠的分布和流向，这与怀庆卫军户在明中叶在地方上的崛起有关。明代怀庆府较重的赋役负担也导致地方官对水利建设的关注。但由于在五龙口引水口选择不当，渠堰兴废不时，极大影响了水利的利用效益。万历中期，怀庆府的河内县、济源县均实行了以"一条鞭法"为主的赋役制度改革，此后，为解决引水口通塞不时的弊病，河内县令袁应泰和济源县令史纪言下决心在五龙口南峰凿山开洞，想一劳永逸解决引水的问题。到万历末年，五龙口三洞引水的格局终于形成，这也奠定了两县用水的格局，但也埋下了此后两县争夺利水的隐患。

第一节 附会传说与乡村庙宇：宋、元 以来汤帝和二仙信仰的变迁

一 从圣王到社神：汤帝信仰的转变

自宋、元以来对殷祖成汤的崇祀在晋东南的泽、潞地区和豫西北的怀庆府、卫辉府等地区十分普遍，数量众多的汤帝庙及其行宫分布在这些地区的乡村中，其中山西的泽州一度成为其信仰中心。据杜正贞的研究，早在宋初，泽州民间就有汤帝信仰。熙宁九年（1076），神宗派人前往析城山汤王庙祈雨有应，加封析城山神为诚应侯。到了徽宗政和六年（1116）、宣和七年（1125）间，朝廷通过增建析城山汤王庙，并以赐额、封爵的方式使得汤帝信仰纳入国家正祀，得到了朝廷的认可，从而扩大了汤帝信仰在泽州地区的影响。因此，对汤帝的崇祀在析城山附近的阳城、晋城、沁水等地传布开来，乡村中纷纷修建汤帝庙。① 元代至元十七年（1280）析城山汤帝庙所立的《汤王行宫碑记》，开列了到此祷雨的晋、豫两省二十二个县八十九道汤王行宫。其中最多的就是怀庆路河内县，有二十道行宫。② 可见，元代中期汤帝信仰在怀庆地区已经传播很广泛了，而且怀庆地区与泽州地区的汤帝庙有着很紧密的关系。道光《河内县志》中这么描述河内县遍布乡村的汤帝庙：

> 河内于殷时为畿内地，故祀成汤甚严，几于村村有庙，至今尚然。虽圣王之功烈远而不忘，亦未免为矣。③

村村有汤帝庙即使在清代显然也是夸张的说法，只不过是说到

---

① 有关汤帝信仰在山西泽州的传播，参见杜正贞《村社传统与明清士绅：山西泽州乡土社会的制度变迁》，上海辞书出版社 2007 年版，第 29 页。
② 杜正贞：《村社传统与明清士绅：山西泽州乡土社会的制度变迁》，第 30 页。
③ 道光《河内县志》卷21《金石志下》，第 3 页上。

了清代，怀庆府乡村中对汤帝的崇祀依然保持不衰。

怀庆府乡村中的汤帝信仰深受泽州地区的影响，最早的汤帝庙可追溯到宋代。北宋庆历六年（1046），怀州武德县清期乡张武村（明代属河内县，今属博爱县）朱德诚重修了该村的汤帝庙。到了元祐二年（1087），该村又再次重修了汤帝庙，而参与捐修的村民则来自不同的村庄，计有沁阳村、南张如村、西张如村、张武村、耿村、金城村。① 从捐修村庄来看，它应该是本地若干个村社村民信仰汤帝的中心。不过，到了元代，成汤庙不仅是村民在旱季祷雨的场所，而且还成为村社内部举行重要祭祀活动的社庙。河内县北部的许良村在宋徽宗宣和七年（1125）开始创建汤帝庙，这一年正是增建泽州析城山汤帝庙的年份。但此时正值宋末靖康之乱，此庙并未建成，在金兵占据怀州之后，人口大量逃亡，局势稳定后的许良村与周围其他村庄重新整合成一寨，以应对众多的"盗贼"。碑记中说：

> ……。稽之于古，成汤之有天下也，受箓自天，……，乃圣四海之内，困而穷者莫不如子而惠之。岁既旱旰，念彼编民，所以焦心默虑，敕躬斋宿，昭告于上帝，甲未及燃而密云四合，甘泽大沛。………，民之戴商，今犹古也。……，卜地建祠，四时致祭，而未尝少息焉。河内之北有村名曰许良巷，地尽膏腴，人类富庶，筑居于水竹之间，远眺遥岑，增明滴翠，真胜游之所也。粤自宋朝宣和七年（1125），本村有税户张乡做维那头，于本村创修其庙，不意庙基方就而□甲马至。天会四年（1126）十一月十二日，大军到此，攻围怀郡。至当月二十四日城破，人民投拜之后，螽蝻炽生，盗贼蜂起，老幼荡析，率皆惊窜，田野之□尽成荆棘。迄天会七年，官中召人归业，勒许良巷、上省庄、狄家林、齐家庄、西吴村并为一寨，众举上省

---

① 道光《河内县志》卷20《金石志上》，第49—50页。

庄贾进充为捉杀，因此荒田复耕，颓垣再筑，不期年而居民安堵，遂并力修完，本庙告成，……。

天会十四年十月二十八日进士王定国撰

一、勅修暖帐维那头上省庄税户张渚、男张迪并立石

一、部众修庙殿人杨升、张在、丁元

一、管献殿大木人张权、贾准、齐寿、丁元

一、修献殿管椽木结瓦人张实、张义、贾谨、崔志

一、管墁献殿地面人邵概、贾全、甄立

一、口地修口行廊人狄家林程度①

许良村位于河内县东北三十里，紧靠太行山和丹河，山下盛产竹木，充沛的水源使这里"地尽膏腴"并且可以"筑居于水竹之间"，因此，这座汤帝庙并非只是作为祷雨的庙宇。从宋末到金初，主持修庙的张姓税户从名字上来看可能是父子相继，他们锲而不舍坚持十几年终于将庙宇修成，可见，这座汤帝庙对这些村社而言何其重要。张姓税户在宋末及金初都充任维那头，维那本为佛教寺院管理僧众事务之人，在这里虽然不能说汤帝庙受佛教传统的影响，但佛教中的一些组织形式被村民所采用。这样的例子在元代河内县其他汤帝庙中也有出现。② 由金入元，这座汤帝庙发生了很大的变化。元至元二十二年（1285），许良村这座汤帝庙又重新修缮，碑记中说："河内行山之阳，丹水之左，有里曰许良。旧有成汤庙，里人社长扈德每朔望率里中耆老焚香于祠，拜毕，举酒而祝。"捐资及修庙的人有"本店前司竹监提举王良辅、副使贾继谊、税使监办张

---

① 道光《河内县志》卷21《金石志下》，第2页上—第3页下。

② 如至元十七年，河内县和武陟县村民联合重修汤帝庙，参与捐资修庙的有"河内县沁阳村都维那首、副维那首沁阳村众人、南张茹村众人、北张茹村、张武村众人、武陟县副维那首"。而撰写碑记的则是知洞真观事张道远，显然到了元代汤帝庙已经被纳入了道教的系统，但在村民中依然使用佛教中的"维那"一词。参见道光《河内县志》卷21《金石志下》，《重修成汤庙记》，第32页下—第33页上。

澍、税使司大使刘居义、副使刘□；……；木匠郭仲、王仁；塑圣帝张瑞；塑太子韩元；塑圣后李二；塑妃后常成；塑力士余荣；□盆贺福；塑土地巩聚；塑速报司李□；塑子孙司元立、元真；塑神子四尊李从、吴情、董成、巩聚；塑宫监张山；修三门赵彦、修行廊李从、修土地庙任□、修路台人李成、李宽、郭钦；刜取妃后水常成"。还有周围村社的社长，如"李董东村社长王瑞、社长刘福、社长黄用；李董中村社长赵珋、社长齐荣祖、李荣、齐保和；陈范东北村社长管、社长郭从、杨立、唐德、常变；狄家林社长刘恩、赵成；上省庄社长张仁、莱恩、张全、田德成。"①

可以看出在元代汤帝庙由原来的旱时祷雨的场所逐渐演变成为村社内部每月朔望由社长主持定期祭祀仪式的场所，这种变化与元代基层社会的组织制度有很大关系。元代乡村普遍实行村社制，②《元典章》卷二三《劝农立社事理》中规定："诸县所属村疃，凡五十家立为一社，不以是何诸色人等并行立社。令社众推举年高通晓农事，有兼丁者立为社长。如一村五十家以上，只为一社，增至百家者，另设社长一员。如不及五十家者，与附近村分相并为一社。如地远人稀不能相并者，斟酌各处地画，各村各为一社者听，或三四村五村并为一社，仍于酌中村内选立社长。"③元代在乡村中实行的村社制，其目的为劝课农桑，充任社长之人也需以熟悉农事为首要，但到了元朝后期，社长在村社间的职责大大扩展，与村社相关的各方面事务都要社长来处理。至正年间这次修庙，我们就看到的许多村社社长的名字，就是社长参与村社祭祀事务的体现。这些村社有的一村一个社长，而更多的是一村数个社长。从庙内所塑神像也可以看出，作为社庙的汤帝庙被村民赋予了更多的职能，而不仅仅是祷雨。

---

① 道光《河内县志》卷21《金石志下》，第35页上—第36页上。
② 参见杨讷《元代村社制研究》，《历史研究》1965年第4期。
③ 《元典章》卷23，台北：文海出版社1964年版，第3页下。

与怀庆一山之隔的泽州虽然境内也同样有丹、沁二河穿过,但这两条河流多在山谷中,由于山川的阻隔,无法引用丹、沁河的水源,因而泽州地区缺乏发达的灌溉系统,农业用水多靠自然降雨为主,因此,与祷雨相关的神明信仰较为普遍,诸如龙王、二仙、玉皇等庙宇星罗棋布,这与怀庆地区有很大的不同。怀庆地处丹、沁下游,太行山下多为平原沃壤,引丹、沁水灌溉较泽州地区为易,因此这里自魏晋时期就形成比较发达的水渠灌溉系统。元代怀庆路河内县以二十道汤帝行宫为诸县之冠,也说明因良好的水利条件,河内县得以成为富庶之区,乡村中有足够的财力来修建和维持这些庙宇。如捐修许良村这座汤帝庙中的"司竹监提举""税使监办""税使司大使"等管理竹木事务的官员,则反映出元代许良村一带较为繁荣的竹木贸易。《元史》卷九十四载:

> 竹之所产虽不一,而腹里之河南、怀孟,陕西之京兆、凤翔,皆有在官竹园。国初,皆立司竹监掌之,每岁令税课所官以时采斫,定其价为三等,易于民间。至元四年,始命制国用使司印造怀孟等路司竹监竹引一万道,每道取工墨一钱,凡发卖皆给引。至二十二年,罢司竹监,听民自卖输税。[1]

元代,怀孟路的竹园多分布在河内县东北许良村一带,这里位于太行山下,气候温和,又靠近丹河,故能得到较为充足的水量,很适合竹木的生长。因此,早在元初怀孟路就有官办竹园,并设有司竹监来管理竹木贸易,朝廷每年派给怀孟路的竹课也很惊人,一时成为负担。"怀孟竹课,岁办千九十三锭,尚书省分赋于民,人实苦之,宜停其税。"[2]

从梳理怀庆地区宋、金、元以来汤帝信仰的演变中可以看出不

---

① 《元史》卷94《食货志二》,第2382页。
② 《元史》卷17《世祖纪十四》,第367页。

同时期信仰汤帝的人群一直在发生变化，这其中有佛教因素的影响，也有道教因素的影响，这种变化也与地方社会佛、道二教力量的消长相一致。在地方社会历史的发展中可以看出，金代这里佛、道势力都很强大，道观、禅院林立，由金入元，道教势力崛起，因此在地方信仰中，道教势力的渗透，使得许多神灵被纳入道教系统，下文的二仙便是一例。

二　二仙信仰在怀庆与泽州地方历史中的演变

　　怀庆地区乡村中的二仙也是深受泽州地区影响的神祇，元代这里与晋东南地区同属中书省管辖，因此，这两个地区文化和经济的交流十分频繁。但明清以来关于二仙的传说在怀庆和泽州则有不同的版本，其故事背后则显示出自宋元以来地方社会神明信仰的变迁轨迹。泽州地区的二仙庙祭祀紫团山乐氏二女，怀庆地区的二仙庙又名静应庙，则祭祀紫虚元君魏华存。真泽二仙的传说来自泽州陵川县，最早可追溯到唐代，其庙始建在潞安壶关县，但在后世地方历史发展过程中却演变出不同的版本。宋崇宁四年（1105），壶关县二仙庙被朝廷赐额"真泽"。① 之后的大观三年因地方官祷二仙求雨有应，朝廷在政和元年封赐乐氏二女冲惠、冲淑真人之号，时任壶关县县令、济源人李元儒在政和元年（1111）撰文曰：

　　大观三年，岁在己丑秋七月，祷旱于真泽之祠，至诚感通，其应如响。于是，退述二女慕仙之意，请于府丐奏仙号，以旌嘉应。府以事上于漕台，漕台覆实，俾具灵迹。乃询邑民得先后祷感应之状，复于漕台。旋蒙保奏，如县所请，既达宸听，即赐俞（谕）旨。太常定议，禁袯命词。越政和辛卯夏四月丙辰（1111），敕封二女真人之号，长曰冲惠，次曰冲淑。……。谨按二真人本乐氏子，图经所载，丰碑所书，第云微子之后，

① （清）胡聘之撰：《山右石刻丛编》卷17《真泽庙牒》，清光绪二十七年刻本。

皆略不详，屡加博询，莫究其始。比于祠之东南幽谷间曰樱桃掌，得真人父母之墓，其碣乃乾宁甲寅所作。是时，真人之亲丧久矣。真人降神于巫，命改此兆，符验之应，其事有五。虽纪父母讳氏，而不及其他。至于真人仙去之由，亦莫得闻，乃喟然叹曰：真人感应之迹如此，当时纪事之人不遇作者，使后世无考焉，可为太息者也。……。政和元年六月初一日，县令通仕郎济源李元儒谨撰。①

政和元年得到朝廷封赐之后，李元儒试图考证出乐氏二女的身世，但无论是图经还是碑刻均语焉不详，其成仙的故事后世便无从考查，留下许多叹息和遗憾，但从这个故事中可以看到乐氏二女具有女巫的特征。正是乐氏二女身世的扑朔迷离，使得后世之人有了更多的空间来塑造二仙的形象。时隔不久的金天德年间（1149—1153），关于乐氏二女成仙的故事便在壶关县相邻的陵川县有了很详细的版本。金正隆年间状元、陵川人赵安时作《重修真泽二仙祠传》中详细叙述了乐氏二女成仙及被敕封的经过：

真泽二仙显圣迹于上党郡之东南陵川县之界北，地号赤壤山，名紫团洞。……，姓乐氏，父讳山宝，母杨氏，诞二女，………，继母吕氏酷虐害妒，单衣跣足，冬使采菇，泣血漫土，化生苦苣，共得一筐，母犹发怒。热令拾麦，外氏弗与，遗穗无得，畏母捶楚，踬地凌兢，仰天号诉，忽感黄云，二娘腾举，次降黄龙，大娘乘去，……。贞元元年（785）六月十五，田野见之，惊叹弗顾，远近闻之，骇异歆慕，声播三京，名传九府，……，自后赫灵显圣，兴云致雨，凡有感求，应而

①（清）茹金、申瑶纂修：道光《壶关县志》卷9《艺文上》，《乐氏二真人封号记》，第10页下—第11页下，《中国地方志集成·山西府县志辑》，凤凰出版社·上海书店出版社·巴蜀书社2005年版，第118页下—第119页上。

不拒。亢旱者祈之，遥见山顶云起，甘霖必霆；……。求男者生智慧之男，求女者得端正之女，苟至诚以恳祝，必随心而俾予。至宋崇宁间（1102—1106），曾显灵于边戍，西夏弗靖，久屯军旅，阙于粮食，转输艰阻。忽二女入，鬻饭救度，钱无多寡，皆令餍饫，饭瓮虽小，不竭所取，军将欣跃。二仙遭遇，验实师司，经略奏举，于时取旨，丝纶褒誉，遂加封冲惠、冲淑真人，庙号真泽。岁时官为奉祀，勒功丰碑，至今犹存。……。先是百年前，陵川县岭西庄张志母亲秦氏因浣衣于东南涧，见二女人服纯红衣，凤冠俨然，至涧南弗见。夜见梦曰：汝前所睹红衣者，乃我姊妹二仙也。汝家立庙于化现处，令汝子孙蕃富。秦氏因与子志创建庙于涧南，自尔家道日兴，良田至数十顷，积谷至数千斛，聚钱至数百万，子孙眷属至百余口，则神之报应信不诬矣。逮至本朝皇统二年四月，因县境亢旱，官民躬诣本庙，迎神来邑中祷雨。未及浃旬，甘雨霡霂，百谷复生。及送神登途，大风飘幡，屡进不前，莫有喻其意者。乃讬女巫而言曰：我本庙因红巾践毁，人烟萧条，荒芜不堪。今观县岭西灵山之阴，郁秀幽寂，乃福地也。邑众可广我旧庙而居之。……。张志子权与子侄举、愿等敬奉神意，又不忘祖父之肯堂，乃率谕乡县增修阔之，庙未及成而权化。权之子举与侄愿等从而肯构之。先舍资财，次率化于乡村及邻邑。于时神赫厥灵，处处明语。近者施其材木，远者施其金帛，有愿施功力者，无有远近，咸云奔而雾集，不数年而庙大成。[①]

从宋末二仙身世的语焉不详到赵安时所述堪为完整的故事，我们可以看出二仙形象被逐步塑造的过程。与宋末地方官祷二仙求雨

① （清）朱樟修，田嘉谷纂：雍正《泽州府志》卷46《杂著》，第14页下—第17页上，雍正十三年刻本，《中国地方志集成·山西府县志辑》，凤凰出版社·上海书店出版社·巴蜀书社2005年版，第537页下、第538页上。

灵应被封不同，金代的二仙被塑造成在宋夏战争中对王朝功劳更大的神灵。陵川县的二仙庙在宋末及金代被张氏族人很好地利用了起来，使得家族日益兴旺。宋末，岭西村张秦氏借二仙托梦后与其子张志修建此庙，在金代逐渐成为该县地方官及乡民祷雨的庙宇，并演变出将二仙神像从庙中抬入县城内祷雨的游神仪式，张志的后人很好地利用了游神仪式，以此作为扩大二仙庙影响的契机，进一步扩建了二仙庙。可见，从二仙庙的鼎建到后来的扩建，张氏族人一直是该庙的实际控制者，他们利用二仙庙实现了家道兴旺的目的，而赵安时所听闻的二仙及二仙庙的故事或许就是张氏及其后人逐渐附会演绎的结果。因此，在宋末二仙被朝廷敕封，成为正统化神灵之后，不同地方的人将二仙的故事逐渐演绎、塑造并加以利用，这背后其实是一群人在不断重新书写和建构二仙的历史。

　　金、元以来，二仙信仰逐步扩大至周围地区，怀庆地区的乡村中也出现了二仙庙，怀庆路修武县有两座二仙庙，其中在王褚村的一座重修于元代延祐元年（1314），曾在大德四年（1300）初任修武县主簿的张辂到王褚村督税时祭祀过庙里的二仙，他从先年碑刻上所看到的二仙故事，基本上就是陵川县的版本。[1] 不过由于道教势力的强大，有的祭祀二仙的庙宇并不称为二仙庙，而以宋代所赐庙额"真泽"名之，因而在元代，怀庆地区的二仙庙大都只称为"真泽庙"。如在河内县北三十五里的赵寨村"兑方古有真泽庙一所。自皇朝（指元朝）开基以来，居民繁盛，农桑务本，风俗清朴，……。自中统壬戌间（1262），有本村耆老人等议立社首，请会管下十有三村赴祖庙拜祈圣水，社友不辞山路之遥，约有四百余里，……。若遇旱干、水溢，祀之无不应验，屡沾甘泽，比之他方澍雨濡盛。

---

① （清）冯继照修，金皋、袁俊纂：道光《修武县志》卷10《金石志》，《大元国怀庆路修武县王褚邨新店士林富仁屯马家涧等重修二仙庙碑》，道光二十年刊本，第44页上—第45页上。

岁无虫蝗之伤，年有西成之喜，神之佑也"①。赵寨村的真泽庙同样祭祀乐氏二仙，但只以真泽名其庙，在元世祖中统三年成立了会社来管理该庙的事务，这一会社应该是下辖的十三个乡村联合起来的祈雨组织，文中所说的四百里外的祖庙当指壶关县的二仙本庙。元代初年，赵寨的二仙庙还需要到壶关的本庙获取圣水，以作为本地二仙庙灵应的象征，因此，赵寨真泽庙明显是属于壶关二仙庙的系统。之后的大德元年（1297），河内县发生大地震，这座庙宇成为一堆瓦砾，附近玉泉观的道士赵道遵与村民刘润等人重修了此庙。

元代，道教对怀庆路地方社会中的影响很大，从济源县王屋山到河内县北部的太行山区，道观林立，其中位于紫陵镇北部阳洛山中的静应庙是怀庆地区信仰紫虚元君的中心之一。紫虚元君名魏华存，相传是晋朝剧阳侯魏舒之女，幼而好道，后嫁给刘幼彦，幼彦曾任修武县令，她随夫前往，因虔诚修道，感动上帝，遂敕封紫虚元君，掌管南岳衡山，成为道教上清派的第一代祖师，其修炼之地阳洛山中亦建魏夫人祠。② 宋崇宁三年（1104），怀州河内县知县陈崇因在此祷雨有应，魏夫人祠被朝廷颁赐庙额：

> 尚书省牒怀州静应庙，礼部状承都省付下怀州奏知河内县事陈崇状有上清紫虚元君、南岳魏夫人庙，祈雨应验，乞赐颜额。寻下太常寺看详。据本寺状：本寺令节文诸神祠，应旌封者先赐额，合取自朝廷指挥牒。奉敕，宜赐静应庙为额。牒至，准敕，故牒。崇宁三年五月十五日牒。③

河内县的魏夫人庙获得朝廷所赐庙额尚早于壶关县二仙庙一年，但其后再也不见朝廷对魏夫人有任何的封赐了。至少在元代，我们

---

① 道光《河内县志》卷21《金石志》补遗，《重修真泽庙记》，第34页上、下，碑存沁阳市博物馆。
② 乾隆《怀庆府志》卷26《金石志》，《唐沐涧魏夫人祠碑铭》，第6页上、下。
③ 道光《河内县志》卷20《金石志上》，第54页上、下。

还看不出二仙庙和静应庙之间有何联系，不过有相同的一点就是都是作为祷雨的庙宇，但其背后的传统是不同的，很明显从前文的分析中可以看出，壶关二仙明显带有巫的成分，而魏华存的影响主要是随着元代道教势力在河内县乡村中的扩张而逐渐扩大。不过到了明清时期，二仙庙与静应庙之间的关系发生了非常大的变化。笔者在沁阳、济源等地作调查时，发现乡村的二仙庙中全是供奉的"紫虚元君"魏华存的神像或牌位，将魏华存又称作"二仙奶奶"。在沁阳紫陵镇北部沐涧山上供奉紫虚元君的静应庙当地人都称作"二仙庙"，庙内大殿叫紫虚宫。把二仙与紫虚元君混在一起始于何时，已经无从考证。不过当地民间流传关于二仙奶奶的传说中却颇有意思，最著名的就是她和唐太宗李世民之间的故事。这个故事说在隋末，李世民率军攻打王仁则，路过怀庆，人困马乏，没有粮食，部队就停在了山下。忽然二仙奶奶下凡，左手提着竹篮，右手提着罐子，到了李世民面前，说是给士兵送饭，李世民说这点粮食根本不够，二仙奶奶笑着说，你让士兵来拿。没想到这么多士兵怎么也拿不完篮子里的食物，李世民大惊，二仙奶奶却不知去向。后来李世民当了皇帝，就派尉迟敬德在这里大修庙宇，报答二仙奶奶。① 传说的荒诞不经没必要去考证，有意思的是这个故事与乐氏二仙鬻食给宋夏战争中的宋兵的故事有异曲同工之妙，其故事背后隐含的是二仙和魏华存的传说故事在流传的过程中逐渐融合的事实，甚至可能在河内县乡村民众将乐氏二仙的传说移植、改造成后来的紫虚元君的故事。在清乾隆年间的府志中，沐涧山上的二仙庙依然被称作魏夫人祠。② 而道光年间编修的《河内县志》则说："仙神口上有二仙庙，岁二月，士女云集，四方来会，颇称胜观。"③ 这个仙神口就位

① 笔者在沁阳市紫陵镇北山上的二仙庙作调查时，紫虚宫内的道长给我讲述了这个故事，紫虚宫内的壁画也讲述着二仙人奶奶提罐挎篮送粮给李世民军队的故事。这个传说在沁阳、济源的乡村内也广为流传。
② 乾隆《怀庆府志》卷5《建置志·祠庙》，第17页下—第18页上。
③ 道光《河内县志》卷9《山川志》，第2页下。

于沐涧山二仙庙旁。乡村中的民众何时将魏华存称作"二仙奶奶"已无从考证。

自宋代以来沐涧山上的这座魏夫人祠一直作为地方官及民众祷雨的场所，而乡村中众多的供奉魏夫人的二仙庙则多为明清时代所建。济源县大许村的二仙庙在明嘉靖、万历年间屡次重修。河内县大位村的二仙庙在康熙十一年进行了重修。① 这些乡村的二仙庙一般都把沐涧山上的二仙庙作为本庙，而每年从济源县大许村二仙庙抬二仙奶奶的神像到沐涧山二仙庙的游神活动直到"文化大革命"前还在进行。

晋东南的泽、潞地区与豫西北的怀庆地区由于地缘的接近、交通网络的连接，使得这些地区之间有种天然的联系，因此，无论是对汤帝，还是对二仙的崇祀，我们能看出地方社会中自宋代以来所形成的祈雨传统与地方社会的自然和经济条件密切相关；同时，二仙信仰在怀庆地区的变迁也透视出地方社会中道教传统对民间信仰的渗透与改造。

第二节 从官方主导到大姓专利：元至明中叶沁河水利开发格局的变迁

宋、元以来，怀庆地区乡村与祈雨有关的神明不仅反映出村落之间的关系，更能反映的是这一地区的自然环境。从汤帝、二仙在泽州与怀庆二地间传播所发生的转变——即在怀庆地区祈雨功能的弱化，就可以从一个侧面反映出两个地区在灌溉方式及水利条件上的不同。元代以来，神明信仰变迁的过程也是怀庆地区大规模水利

① 笔者在沁阳市柏香镇西冯桥村采访张积泰先生，张先生对乡村中的二仙信仰及二仙庙有所研究，他统计了沁阳市、济源市的乡村现存及消失的二仙庙，其数量众多，计有济源市：梨林村、大许村、大位村、史村等村。沁阳市：西冯桥村、高村、郑村、萧寺、柏香镇、紫陵、窑头、西王占、东王占、西向村、解住村、小南村、东王曲、于台村、义庄、水运村、东王召、冯、上辇、西紫陵、葛村等。

开发的时期，二者是否有直接的关系？笔者不敢断言，但从梳理怀庆地区引沁水渠开发的过程，或许可以得到一些启示。

沁河自山西泽州阳城县出太行山，由济源县进入现在的河南境内，出山之处的五龙口即汉魏时期的枋口，为怀庆地区利用沁河水资源的枢纽。自汉魏以来，怀庆地区的水渠多自此处引水，浇灌下游平原内的土地。曹魏时期，魏典农中郎将司马孚开凿秦渠，并在引沁河水之处修枋口堰。康熙《怀庆府志》记载："五龙口即古枋口。秦渠，晋司马孚垒石为门者。"① 秦渠的开凿和枋口堰的修建，一方面是充分利用沁河之水利，另一方面兼具调配和控制水量的功能。枋口堰"累方石为门，若天赐旱，增堰进水；若天霖雨，陂泽充溢，则闭防断水，空渠衍涝，足以成河，云雨由人。……。于是，夹岸累石，结以为门，用代木门枋，故石门旧有枋口之称矣。溉田顷亩之数，间关岁月之功，事见门侧石铭"②。在秦渠两岸边垒石门代替木门，石堰的功能就是因时开启或闭合，引水或断水，成为调解渠内水量的一个小型枢纽，这种做法一直为后世所采用。不过，渠堰的引水口处经常会被沁水从山中所携带的泥土沙石所淤塞，从而造成无法从沁河中引水的局面。因此，这一类的水利工程在后世经常是时废时修，成为地方有司十分关注的事务。如唐代河阳节度使崔弘礼、温造、怀州刺史李元淳曾先后修浚秦渠。《旧唐书》卷一百六十五云："（大和）五年（831），……，九月，……（温）造以河内膏腴，民户凋瘵，奏开浚怀州古秦渠枋口堰，役工四万，溉济源、河内、温、武陟四县田五千余顷。"③可见，这条水渠所发挥的巨大作用，自此以后这条引沁水渠便称作温渠。直到元代，温渠通塞不时，朝廷设立了专门的机构来开凿和管理怀庆地区的水渠。

---

① 康熙《怀庆府志》卷3《河渠》，第16页下。
② （北魏）郦道元：《水经》卷9《沁水》，明嘉靖十三年刻本。
③ （后晋）刘昫等：《旧唐书》卷165《列传一百一十六》，中华书局标点本1975年版，第4318页。

一 官方主导下的水利开发：元代怀孟路广济渠的开凿与用水
制度

元有天下之后，朝廷十分重视各地的水利建设，设立都水监及
各地河渠司管理地方水利及河渠事务。元初的中统元年（1260），
怀孟路枋口的温渠已经湮废，难以引水。时任怀孟路总管的谭澄
"令民凿唐温渠引沁水以溉田，民用不饥"[①]。同时，设立怀孟路广
济河渠司，负责广济渠的开凿。《元史》卷六十五《河渠志二》
记载：

> 广济渠在怀孟路，引沁水以达于河。世祖中统二年（1261
> 年），（广济河渠司）提举王允中、大使杨端仁奉诏开河渠，凡
> 募夫千六百五十一人，内有相合为夫者，通计使水之家六千七
> 百余户，一百三十余日工毕。所修石隄，长一百余步，阔三十
> 余步，高一丈三尺。石斗门桥，高二丈，长十步，阔六步。渠
> 四道，长阔不一，计六百七十七里，经济源、河内、河阳、温、
> 武陟五县，村坊计四百六十三处。渠成甚益于民，名曰广济。
> 三年八月，中书省臣忽鲁不花等奏："广济渠司言，沁水渠成，
> 今已验工分水，恐久远权豪侵夺。"乃下诏依本司所定水分，已
> 后诸人毋得侵夺。[②]

广济渠的开凿基本上集中了五县的民力，因此，在渠成之后，
广济渠司规定了用水的"水分"和用水的"人户"，并防止"权豪"
对水渠的霸占，这基本上是一套很完整的用水制度，可惜因无法看
到广济渠司所定制度，我们就无法窥得整个制度的全貌。怀孟路广
济河渠司的设立乃是将长久以来地方政府管理水渠的权利收回到朝

---

① 《元史》卷一百九十一《列传第七十八》，第 4356 页。
② 《元史》卷六十五《河渠志二》，第 1627—1628 页。

廷手中，以加强朝廷对水的有效控制。这种有效控制在至元年间进一步强化，但此后朝廷管理地方水利的机构却被完全废除。元世祖至元十五年（1278），怀孟路设置了河渠使、副使各一员。① 不过三年之后，任怀孟路河渠副使的尚野"会遣使问民疾苦，（尚）野建言：'水利有成法，宜隶有司，不宜复置河渠官。'事闻于朝，河渠官遂罢"②。地方水利事务依然归地方有司管理。不过，尚野所说的"水利有成法"的确不是虚言，怀孟路这里由于水利系统较为发达，地方社会早已形成了一套很有效的制度和方法来管理农田水利事务。早在宋熙宁三年（1070），正值王安石实施变法之际，时任提举京西路常平广惠仓兼管司农田水利差役事的陈知俭在实行农田水利法时就订立了严密的"科条"，对济源县内的济水千仓渠实行了有效的管理。③

至元十八年（1281），河渠司革罢之后，由于"权豪之家"在上游设置水碾肆意取水，广济渠下游使水人户便无水可取，尤其是在雨水不足的季节。加之渠口经常性的淤塞，也使得整个水渠引水的功能大大降低，最终导致整个广济渠的废弃。因此，天历三年（1330）三月，怀孟路同知阿合马上奏朝廷请求疏浚广济渠：

> 天久亢旱，夏麦枯槁，秋谷种不入土，民匮于食。近因访问耆老，咸称丹水浇溉近山田土，居民深得其利，沁水亦可灌田，中统间王学士亦为天旱，奉诏开此渠（即广济渠，笔者注）。……。二十余年后，因豪家截河起堰，立碾磨，壅遏水势。又经霖雨，渠口淤塞，陉堰颓圮。河渠司寻亦革罢，有司不为整治，因致废坏。今五十余年，分水渠口及旧渠迹俱有可考，若蒙依前浚治，引水溉田，于民大便。可令河阳、河内、

---

① 《元史》卷十二《世祖本纪九》，第242页。
② 《元史》卷164《列传第五十一》，第3861页。
③ 乾隆《济源县志》卷6《水利》，《千仓渠水利奏立科条碑记》，第2页下—第7页上。

济源、温、武陟五县使水人户，自备工力，疏通分水渠口，立
牐起堰，仍委谙知水利之人，对方区画，遇旱，视水缓急，撤
牐通流，验工分水以灌溉；若霖雨泛涨，闭牐退还正流。禁治
不得截水置碾磨，栽种稻田，如此，则涝旱有备，民乐趋利。
请移文孟州、河内、武陟县委官讲议。寻据孟州等处申，亲诣
沁口，咨询耆老。言旧日沁水正河内筑土堰，遮水入广济渠。
岸北虽有减水河道，不能吞伏。后值霖雨，荡没田禾，以此堵
闭。今若枋口上连上岸及于浸水正河置立石堰，与枋口相平，
如遇水溢，闭塞牐口，使水漫流石堰，复还本河；又从减水河
分杀其势，如此庶不为害。约会河阳、武陟县尹与耆老等议，
若将旧广济渠依前开浚，减水河亦增开深阔，禁安磨碾，设立
牐堰，自下使水，遇旱放牐浇田，值涝闭牐退水，公私便宜。①

上游"豪家"的肆意截取，破坏了整个渠系用水的制度。因此，
这次重新疏浚广济渠就作出了不许架设碾磨及栽种稻田等规定，同
时规定了"自下使水"的用水制度，即下游各县使水人户优先取水，
取水完毕后，上游使水人户方可取水，禁止上游肆意拦截，这种轮
灌式的用水制度是为了保证所有使水人户均衡用水，避免上、下游
使水人户之间的纠纷，这些规定奠定了此后明清时期广济渠用水制
度的基础。

二 明代中期济源县五龙口地方渠系的整合

元代对五龙口的开发奠定了此后沁河引水渠系的格局。明初，
怀庆府在经历战乱后，人口大批逃亡，经地方官的招徕以及明初移
民的到来，人口逐渐恢复。由于明初怀庆卫的设立及正统年间郑藩
移国至怀庆府，卫所及藩府占有大片的土地，因此，导致地方社会
用水的格局发生了较大的变化。前文已述，怀庆卫屯田遍及怀庆府

_____
① 道光《河内县志》卷13《水利志》，第2页下—第4页上。

各县及周边府县，因此，在沁河的水利开发中，地方有司与卫所会共同承担诸如疏浚河渠、修理渠堰的任务，而军户则时常要出人出力与民夫一起开挖渠道。明初，怀庆府河内县的官民田地基本上还是靠元代开挖的广济渠来灌溉，但之后渠口淤塞的难题依然没有得到很好的解决，因此，广济渠疏浚后又遭废弃也难以避免。到弘治年间，地方官已经搞不清楚广济渠废弃于何时。由于疏浚工程的浩大，非数村或一县所能完成，因此，只有在地方有司主导下才能整合渠系的所有乡村共同完成渠道的疏浚。明中叶对河渠的整饬自弘治六年（1493）开始，一直持续到了明朝末年。何瑭《重修广济渠记》记载：

> 沁水自山西来，至怀庆府济源县王寨里出山，地名朽口。嬴秦时，于上流凿为五渠，分引其水以灌民田，岁久湮塞。弘治六年，河内县崇下乡民张志奏开广济渠，以灌济源、河内、温、孟、武陟民田。①

万历《河内县志》卷一记载：

> 弘治间，乡民张志奏于城西北六十里开五龙口，置闸分沁水，经城东南复入于沁，灌田数千顷，民甚利焉。②

张志所在的崇下乡位于怀庆府城南部，正德年间下管九图，共二十九座村庄。③ 按照方位，崇下乡所管乡村多数位于广济渠的下游，广济渠水对于下游能够使水的村庄比对上游的村庄更加重要。因此，在弘治六年，值天亢旱时，水渠下游村民更加迫切希望重新

---

① 《柏斋集》卷7《重修广济渠记》，第25页上。
② （明）卢梦麟、王所用修纂：万历《河内县志》卷1《地理志·水利》，国家图书馆藏明万历刻本。
③ 正德《怀庆府志》卷3《郊野·乡村》，第12页上、下。

疏浚广济渠，以引水灌田。时任河南巡抚的徐恪在巡视怀庆府时，张志奏请开渠，于是，徐恪委任河南布政司右参政朱瑄具体负责广济渠的疏浚。此次开渠，形成了以广济渠为中心，上、下游渠堰纵横的水利系统。明人张寅《重修广济渠记》记载：

> 怀西有古秦广济渠枋口堰，自济源县五龙口引沁河水而东之，抵武陟县董宋村而止，可溉田五千顷。济、河、温、武四邑之民（缺字）。不知其废于何时。至唐之温造修复之，有传可考也。厥后又废，延至于今。……。连年亢旱，民窘衣食。时巡抚河南地方都察院右副都御史海虞徐公恪抚临是郡，民皆以灾告，……，耆民张志亦以此奏，公意遂决，以功费浩大，非专人不可。于是，奏俞（谕）允之，饬河南布政司右参政四明朱公瑄总领众职，求底于成。朱公不自恃聪明，而必咨之于人。推本府通判甬东施公应麒（缺字）委任之，与怀庆卫指挥薛君宗元各督属分工而作……。工兴于明年春二月，毕于秋之八月。……。怀庆并河、济、武、温四县军民夫六千五百名，广济渠一道起于济源县之枋口，终于武陟县董宋村，渠阔四丈，长一百五十三里。①

开渠所立石碑中详细列出了广济渠各渠堰的名称及里程，见下表：

表 3 - 1   沁河广济渠水利系统（弘治九年，1496）

堰名及里程	所在县乡	堰名及里程	所在县乡
王寨堰长八里	济源县沁阳乡	武家作堰长七里	河内县利上乡
官庄西堰长十五里	济源县沁阳乡	郑村堰长□□里	河内县利上乡

① （明）张寅：《重修广济渠记》，弘治九年八月，碑存河南省济源市五龙口广利渠首草丛中。

续表

堰名及里程	所在县乡	堰名及里程	所在县乡
官庄东堰长七里	济源县沁阳乡	阎村堰长□□里	河内县利上乡
许村堰长五十里	济源县乐安乡	魏村堰长□□里	河内县利下乡
许村南堰长八十五里	济源县乐安乡	北冷村堰长□□里	河内县崇上乡
七里屯堰长八十六里	怀庆卫	北冷村南堰长□□里	河内县崇上乡
七里屯支堰长二里	怀庆卫	南五王村堰长一十里	河内县崇下乡
中七里屯堰长五里	怀庆卫	□□村堰长□□里	不详
南寻村南堰长□□里	河内县利上乡	金塜村堰长□□里	不详
南寻村北堰长一十里	河内县利上乡		

资料来源：据此碑及正德《怀庆府志》卷3《郊野·乡村》。

从上表中可以看出，这次整饬广济渠所形成的水利系统由广济渠、众多支堰以及干渠与支堰交汇处的桥闸等组成。所建的众多支堰主要是照顾到了河内县、济源县及怀庆卫的用水，而下游的温、武二县却没有修建一支渠堰，虽然在修渠所派四县军民夫役中，温县、武陟县也在其中。另外，在修渠中怀庆卫指挥亲自督率军户参与。因此，在渠堰的设置方面，也充分照顾到屯营田地的用水。在广济渠流经怀庆卫所属的七里屯及中七里屯等屯营所在地方也开挖了三支渠堰以引渠水灌溉，还在七里屯修建"桥闸一座两空"来控制广济渠水的出入，而所建"七里屯闸厅一处，四至计一亩，系官买到怀庆卫舍人李□□粮地，契书附府卷"①。可见，在整个水利系统中，充分考虑到了军户屯田的用水。

广济渠的疏浚，并不能解决所有土地的用水问题，能用水的依然是那些"利户"，即参与修渠而被征发的军户及民户。因此，河内县在五龙口地方逐渐开始大规模的水利开发，具体就是更多的引沁河渠的开挖，以便充分利用沁河水利，浇灌更多的土地，不过，由此引起的利水之争成为影响明中叶以后地方社会发展变迁的一个重

_____

① 同上《重修广济渠记》。

要因素。

三 大姓专利：广济、利人渠争水中的乡宦与乡民

弘治九年所疏浚的广济渠作为四县最主要的引沁水渠，所利之地还是有限。此后，更多的引沁水渠陆续开凿，其中利人渠的开凿引发了与广济渠用水之间的冲突。正德初年，河内县乡绅吴道宁率众自五龙口开利人渠，康熙《怀庆府志》卷三《河渠》记载：

> 利人河自五龙口引沁水入河内境，经城西北至东部闸口复入于沁河。初，乡绅吴道宁倡众创开，准免本身夫役，支河曰许村南北西三堰、新村西堰、南寻村西南二堰。①

这里提到的乡绅吴道宁，字世安，河内县人，成化戊戌科（十四年，1487）进士，历任盐山县知县、监察御史，弘治年间以山西按察司副使致仕回乡，他十分重视河内县的水利开发，其在何瑭为他撰写的墓志铭中提到：

> 弘治初年，河内民奏开广济渠，不果行。是时公（指吴道宁）巡盐河东，适勘盐引十万，应否充给河南官军俸粮。公曰：俸粮吾省利，广济渠吾府利，均为国家利，吾两成之。达诸河南抚按，后渠成，溉民田甚溥。②

这里提到的弘治年间广济渠的开凿即前文所讨论的弘治六年开渠一事。因此，在弘治六年（1493）张志上奏河南巡抚开广济渠之前，河内乡民早已奏请有司，可惜未能施行。不过，即使弘治九年

---

① 康熙《怀庆府志》卷3《河渠》，第17页下。
② 何瑭：《柏斋集》卷10，《宪副吴公墓志铭》，第10页下，此墓志铭亦存沁阳市博物馆。

（1496）开凿后的广济渠也在不到二十年的时间里就"通塞不时"，不能很顺畅地引沁河水。因此，才有了利人渠的开凿，前引墓志铭中继续提到：

> 正德初，广济渠通塞不时，公（吴道宁）因溯流穷源，相度地势，直抵五龙口，叹曰：使渠由此而行，数世之利也。今不二十年而塞，盖创始者失地利耳。遂达诸当道，违广济旧渠三、四里许，另开利人渠，曰：旧渠如此故失利，新渠如此乃得利。刁民百计沮挠，往返五年而后渠成，水利至今赖之。济水，国初绕府城东流入河，公因开利人河，见其南流，曰此古迹也，岂可兴今利而忘古利哉？达诸当道，修架桥六座，新流从上，济流自下，二利并行而不悖。①

广济渠的"通塞不时"，吴道宁将其归因于"创始者失地利"，即最初开凿时的引水渠口的选择出现了严重的问题。因此，为解决引水渠口"通塞不时"的问题，重新选择引水口开凿利人渠，并在其渠道与济水交汇之处假设桥梁引水，使得利人渠渠道与济水水道并行不悖，充分发挥作用。但利人渠的开凿并非一帆风顺，历时五年，所谓"刁民百计沮挠"，其实是广济渠上游济源县的使水"利户"担心自家田地被利人渠河身占据或是利人渠分走沁河水，因而百般阻挠。何瑭《重修广济渠记》中提到：

> 利人渠之始开也，济源之民惧损其膏腴之地，极言不便。至奏闻朝廷，连岁不已，时则赖郡守藏公、节府潘公致其决然，则成一时之功，固未易也。②

---

① 何瑭：《柏斋集》卷10，《宪副吴公墓志铭》，第11页上、下。
② 何瑭：《柏斋集》卷7，《重修广济渠记》，第27页上

因此，开凿利人渠历时五年，颇费周折。开凿期间的"正德七年（1512），利上乡民马荣复奏开利人渠，以灌其乡之田。利人渠口地势平坦，水流顺利，故一向疏通。广济渠口地势高仰，水流艰涩，故累致湮塞，虽岁加□浚，而终不流通，一遇亢旱，则名为水田者，悉成焦壤。百姓皇皇，无所控诉"①。这就是吴道宁所说的"创始者失地利"的情况。渠口的高低直接影响到引水是否顺畅，广济渠屡开屡塞的原因就是渠口地势较高，遇到旱季沁河水量不足，水位降低，就很难引到水。鉴于这种情况，八年之后的正德十六年（1521），河内县崇下乡民曹刚等人乞求怀庆府知府韩士奇开浚广济渠口，何瑭在文章中说：

> 明年（正德十六年，1521）正月三日，（韩士奇）即率同寅贰守张公、通府黄公、刘公、推府张公及河内知县王侯济民等躬往渠口，相地势之所宜，将大起夫役，别议疏浚。既至，上下山原，往来审度，见利人渠去广济渠不及一里，而渠水浩浩有余，乃议斜凿一渠，分利人渠水入广济渠，则两渠民田灌溉皆足，其力省而功倍。利上乡民惧其减己之利也，争论不已。公乃徐谕之曰：渠水有余，虽分其半入广济渠，其半尚足灌溉，无损于此，而有益于彼，何惮不为？况民皆吾民也，使有所病，吾亦何忍夺此而与彼哉？民既帖服，乃令河内县量起夫役，委管河老人韩彦、段广督工疏浚，越月工完，两渠通流灌溉皆足，是岁大稔，百姓感公之德，踊跃欢呼，远近如一。老人韩彦、段广、张洗、杨纬，义官茹经及堰长高松、李铠等乃来征言于瑭，将勒诸石以示久远，以无忘公德。②

弘治、正德年间这两次修渠开河，都是崇下乡民向地方有司申

① 何瑭：《柏斋集》卷7，《重修广济渠记》，第25页上、下。
② 何瑭：《柏斋集》卷7，《重修广济渠记》，第25页下—第26页下。

请，前文已述，崇下乡位居广济渠下游，用水较为迫切。从利人渠开支渠分水入广济渠的办法使得两渠都有水可用，但是分利人之水入广济渠只能算作权宜之计，从一开始遭到利人渠"利户"的强烈反对到后来"争论不已"，就能看出不同渠系的使水"利户"之间因为争夺水"利"而产生的纠纷和矛盾不可避免，而地方官的威权只能起到暂时的作用。弘、正之际，沁河水利的开发基本上是以怀庆府地方官为主导，但也能看出地方社会中"耆民""利户""老人"等人在水利经营中的作用，这种官民互动的格局一直主导着五龙口地方的水利开发。同时，随着从五龙口引水渠道的增多，地方社会因为用水所形成的县际之间、村落之间的关系也发生了变化。作为公共资源的水，因其所有权的不确定，往往造成对水利资源的无序争夺。因此，在制度性的用水机制缺失的时候，地方有司的职责就十分关键。

正德以后，围绕五龙口水利的争夺依然在继续，新的引水渠道依然在开浚，最重要的就是丰稔河的修建，这标志着五龙口地方的水利开发由官方主导转向了大姓"专利"。嘉靖二十五年（1546），柏香镇人杨纯出钱买济源县民地，开渠引水，其后人杨挺生在清初所撰写的《重修丰稔河碑记》中写道：

> 明嘉靖二十五年，济源县沁水枋口肇开丰稔河。余（指：杨挺生）曾叔祖纯以七百八十金易济民李文纪等七十三户地一顷三十五亩，丰稔于是有口、有身，其时济之南程、程村、樊家庄三小甲，夫三十名与焉。①

文中提到的沁水枋口就是五龙口。柏香镇属河内县宽平乡，在河内县城西二十五里，靠近济源县界，离五龙口也不远，广济、利人渠都从镇北流过，广济渠支堰如郑村堰、南寻村南北堰也都在镇

---

① 道光《河内县志》卷13《水利志》，杨挺生《丰稔河碑记》，第19页上。

北。前文已经提到，杨氏是柏香镇的大族，杨氏先祖在明初移民到柏香镇，"其乡号曰杨五老，又号九老，讳茂，茂生仲良，仲良生克成。宅居于柏香，开垦于史村，……，为宽平一图七甲里长，生子二，长通承本甲，次兴则为九甲里长"①。据《杨氏家乘》记载，通生肃，肃生魁，魁生三子即缙、绅、纯，杨纯曾祖父杨通及曾叔祖父都曾充当里长，按照明代充任里长的原则，杨氏应该是"丁粮多"之家。从明初移民到此，经过一百多年的经营，杨氏逐渐成为柏香镇大户。杨纯出巨资买下济源县七十三户土地作为丰稔河的河身，以开挖渠道引沁河水，但这条水渠并非只为河内县民所用，济源县的南程村、程村、樊家庄与柏香镇相邻，而在樊家庄亦建有支河名曰樊家庄南堰。② 因而这三座村庄也有用水"利户"，三个村庄组成三个小甲，每个村庄为一个小甲。小甲基本上是乡村最基本的水利组织，而三村共有夫三十名，这三十名"夫"并不是指人，而是三村可以浇灌的土地亩数，每一"夫"等于若干亩；同时，一"夫"也是指一个小的水利单位，每一小甲下有"夫"若干名，而一"夫"对应的土地数量往往是许多利户所拥有土地数量之和，关于这个问题，在后面还有更详细的讨论。从中可以看出，乡村中水利组织一般以一条水渠为单位，每条水渠的支堰所流经的乡村组成一个或多个"小甲"，这些小甲组成一个或多个"利益共同体"，每条水渠有若干名渠长、每支堰有若干堰长和若干利户负责支堰的维护，桥闸处有闸夫等人负责闸口的启闭，这样就形成了引沁水渠—渠堰—乡村三级模式的小型水利系统。

柏香杨氏对丰稔河的经营改变了五龙口引沁水渠的格局。自弘治年间以来，五龙口地方相继开凿了广济渠、利人渠、丰稔渠等主要引水渠道，其中广济渠和利人渠的开挖和疏浚都是在官方的主导

①　《杨氏家乘》第1卷，第4页。
②　康熙《怀庆府志》卷3《河渠》："丰稔河自五龙口引沁水至崇义镇，入溴水，支河曰樊家庄南堰"，第17页下。

下完成，其中官民之间的互动使得水渠的兴修最终得以达成，而丰稔渠则完全在乡村中大姓的主导下修建，乡村中所形成的水利组织也更加精细化，堰长、渠长等人各司其职，共同保证这一水利系统的正常运作。随着引沁水渠的增多，更多的乡村被纳入一个或多个水利系统。因此，在遇到沁河水量减少导致一些水渠无法引水的情况下，乡村间对水的争夺会表现在很多方面，其一，上游村庄肆意截取，导致下游村庄浇灌不足或无水浇灌；其二，就是"无利之户"本不能取水，但往往不遵守成规而取水浇地，从而造成了水渠上、下游之间及"有利之户"与"无利之户"之间的矛盾与纠纷。因此，地方官在面对诉讼不时的纷乱局面时，希望能制定出一劳永逸的规则使得上下游之间、利户与非利户之间能共同遵守，形成合理的用水机制。

五龙口地方的水利开发从一开始就是为了满足河内县乡村的用水需要，尤其是在明代，作为怀庆府首邑的河内县集中了藩府、卫所及府治等衙署机构，在地方有司主导下的水利开发格局下，利益"均沾"显然不是开发的原则，而这种带有倾斜性的开发原则使得各县所获水利不均。不仅县际之间用水不均，就连获得利益最大的河内县的各乡也不能均沾利泽，每个渠系的封闭性使得"有份""没份"成为能否使水的重要原则。五龙口所引水渠所利及的土地基本上在河内县西部及西南部，而府城东北部的大部分地区，即今日之博爱县所辖地方，则主要靠另外一条河流——丹河的灌溉及太行山下众多泉眼汇流形成的小河。丹河同样发源于山西，出太行山进入河内县境内，在怀庆府城北注入沁河。不过，在明代丹河的开发远不如沁河这样重要，在地方文献中很少提到丹河的开发，隆庆元年（1567），怀庆府知府纪诚大力整饬河内县的引沁水渠系统的同时，也注意到了丹河对河内县东北部地区的作用，怀庆卫人娄枢所作碑记中说：

怀庆地狭民稠，役繁赋重。古称富庶者，以有沟渠利而云雨山人也。丹、沁二河，皆自北而南下□□行，以达河内之境。丹水、沁河相距五十里，□□□处□济源之□，东南，至郡城，又东南至武陟，逶迤百五十里入于河。丹水历长平之南，万善驿之东，出山仅三十里会于沁以达于河。丹分十八支派，沁分五渠，俗称五龙口，曰利人，曰丰稔，曰广济，曰湿润，曰减水。而五渠又东有支派引水灌田。……。我朝弘治以前，屡有淤塞，张寅碑可考。七十年来，利人、丰稔通行，而广济诸渠久塞。隆庆丁卯（元年，1567）文安纪公自冬官郎来守是邦。明年戊辰，自夏四月至秋七月不雨，公询诸故老，谕诸乡民。凡陈兴利以祛旱灾者，不临以势，不限以时。于是四境之民或告开广济河，或告新开广惠南河、广惠北河，或告开高桥河、普济河。青衿王三汲辈，欲于尧玉泉新开惠民河，公慨叹曰：前人开河以为民，后人乃不能因势而利导之，是所谓弗肯堂于底法，弗肯播于既蓄也。乃□偏其□□□，济分派之源于五龙口，间有存遗址者，面阔四丈，因浚之，深二丈，底半之。建桥闸四十四，长一百五十余里，可灌田五千余顷。广惠南、北二河，亦播流于沁之出山地，名石梯者，俱阔一丈五尺，深称之，底得三分之二。南建桥闸一十七，异流三十五里入沁，可灌田二百五十余顷。高桥河易名康济河，下流虽存，上流久淤。乃疏浚三十余里，阔一丈，深八尺，底称之。建桥闸九，可灌田一百余顷。普济河阔一丈五尺，深一丈，底称之，建桥闸九，长三十里，可灌田一百余顷。康济河播流于赵家庄，普济河播流于翠筠观，俱出于丹，而入于沁。惠民河则引尧玉泉，以过五花泉，阔一丈，深称之，底半之，建桥闸七，行十五里附广北河，入沁，可灌田五十顷。六河其修桥闸九十九，用夫五千名。公又设处谷五百余石以食之，亦古人兴作救荒之意也，溯六河作始于隆庆二年七月，落成于明年二月。以数万家千百年之利，而成于五千人，数月之间。①

大学士张四维同样作记云：

河内在中州称沃壤，故赋入倍他邑。其地饶水泉浸灌之利，盖沁水太行南出，由枋口而东，会尧王泉水又东，丹水之丹沁之名，古今甚著。………。丹、沁水之溉田盖久，……，然皆沁水也。其凿丹河以利民，不知始于何代。考郡志所载，沁水凡引为支河者五，丹水凡引为支河者十。……。然丹、沁诸支河特其名称存郡志耳，其渠堰湮废，水脉闭塞者且过半，故今河内民力称凋，敝于斯时。隆庆丁卯（元年，1567），文安纪太守来视郡事，毅然以兴废起疲为任，………。逾年，值岁祲，大夫多方注措，谋所以佐百姓急者。或以水利告，大夫韪之。即躬率僚属升丘降隰，遍搜陈迹，质诸野老之识故实者，因得夫疏导兴建之宜，精心内画，具有成算，………。征丁夫于居民之濒河者，分其役，捐俸金百佐其费，储赈济谷四百余石给其食，锸畚既备，百里具作，工殚吏勤，晨昏有谋，甫阅月，而工告竣矣。盖凡大夫所开创渠河六，在沁水有曰通济河、曰广惠北河、曰广济南河；在丹水有曰康济河、曰普济河，又引尧王泉为惠民河。通济即郡志所称广济。………，夷塞积久，漫为平野，于是浚而廓之。………。其旧丹、沁支河之可葺理者，悉为之启其塞畅其流焉。由是，四境之田，无不受水利者。……。夫河内自秦汉来，民擅河渠之利，其疏浚筑捍，防害永利，当必代有作焉。乃今上下数千载间，温节度、谭总管之外无闻焉。二公固表树闳钜，余其紧无人特以纪述不存故耳。且元史载总管功犹唯曰丹、沁水，作者名氏已遗失不可睹，矧

---

① 娄枢：《娄子静文集》卷3，《怀庆太守重开丹沁河渠记》，第15页上—第17页上。

远而千载下哉！大夫并浚三河，其兴建视温、谭尤伟，不虑后无闻，第以作法贻远，欲使来祀可述，仪监不远，当必于斯文考焉。大夫名诚，字勉夫，由工部郎出守怀庆，起家己未进士云。①

表3－2　　　　　丹、沁河渠水利系统（隆庆元年，1567）

水源	引水渠	里程	支堰	溉田亩数
沁河	通济河（即广济渠）		十四支堰	五千余顷
	广惠北河	四十二里	十支堰	二百五十
	广惠南河	二十三里	十三支堰	余顷
丹河	康济河	三十里	十支堰	一百余顷
	普济河	三十里	十支堰	一百余顷
尧王泉	惠民河	十五里	六支堰	五十顷

到了隆庆初年，从丹、沁河引水的渠道已经淤塞过半，这次大规模的水利兴修，将整个河内县的水利系统重新梳理，不仅继续加大对丹、沁河引水渠道的开发。同时，还寻找新的引水源，修建新的渠道，使受水地区扩大，而原有的丹、沁河水渠系统中能修理者也尽可能加以维护，使水"利"可以覆盖到河内县"四境之内"，使之"无不受水利"，这样就可以避免因用水不均而引起纠纷。

从明代丹、沁河的水利开发的过程可以看出，从弘治初年到隆庆初年，地方官致力于水利建设时几乎都面对同一个问题，无论是疏浚旧渠或修凿新渠，都无法采取有效的措施使得水渠能够保持长久的通畅，虽然乡村中的水利组织日益精细，但往往没有制度保证其有效率的运作，因此，水渠的兴废便成为地方社会发展中的常态。

---

① （明）张四维：《条麓堂集》卷二十四，《怀庆府修建河内县河渠记》，万历二十三年张泰征刻本。

四　水利兴废背后的地方赋役制度

怀庆府地方官关心地方水利兴废的背后其实是与地方社会的田赋征收有很大关系，上文中无论娄枢还是张四维所作隆庆元年河内县整饬水利的碑记开头都会提到明代河内县赋役沉重的社会情况，但不管是"地狭民稠"还是地多"沃壤"，都不应是赋税沉重的原因。[1] 正德《怀庆府志》云："怀庆居山河之间，较河各府最狭，而税粮最多，其民之困亦可知矣。"[2] 但也没说"税粮最多"的原因。正德《怀庆府志》中所记载的从洪武二十四年到成化十八年怀庆府起科官民田及夏税秋粮的数目基本变化不大，其中起科官民地在 38340 顷 91 亩到 38857 顷 48 亩之间，河内县的起科官民地在怀庆府六县中最多，其次是济源县，见下表：

表 3 – 3　　　　怀庆府属县夏税秋粮数（成化十八年，1482）

县	夏地	税麦	秋地	秋粮
河内县	4312 顷 51 亩	23571 石	6147 顷 22 亩	65738 石
济源县	3660 顷 61 亩	14730 石	3841 顷 89 亩	41283 石
修武县	2644 顷 44 亩	14250 石	3989 顷 38 亩	38663 石
武陟县	3107 顷 33 亩	16979 石	2827 顷 51 亩	41197 石
孟县	1920 顷 54 亩	10489 石	2877 顷 2 亩	38079 石
温县	1750 顷 96 亩	9583 石	2176 顷 15 亩	22360 石
全府合计	16396 顷 40 亩	89605 石	22461 顷 7 亩	238528 石

资料来源：正德《怀庆府志》卷五《田赋》，此数据为成化十八年。

　　无论是起科官民地还是夏税和秋粮，河内县在六县中都位居首位，而在整个田赋比例中，秋粮远较夏税要多，而每年的初秋到次

---

　　① 相关研究参见王兴亚《明代河南怀庆府粮重考实》，载《河南师范大学学报》1992 年第 4 期，第 80—86 页。
　　② 正德《怀庆府志》卷 5《田赋》，第 1 页上。

年初春华北地区一般是雨水较少的季节，因此，如果遇到河渠淤塞、雨水失时的情况下，秋粮就很难保证有稳定的产量，要完成当年的田赋额数，也就自然不可能了。当然这种情况在华北地区是很普遍的，并非怀庆府一地所特有。在明中叶，怀庆府地方官数次上书朝廷请求减轻怀庆府的田赋负担，并要求对河南省各府田赋额度重新厘定，以使各府能够均平，改变明初以来各府不均衡的赋税负担结构。嘉靖、隆庆年间怀庆府知府王德明、河内知县杨世凤、知府纪诚等人先后上疏请求均粮。怀庆府知府臣王德明在奏疏中说：

> 再照河南一省七府一州，计地则怀庆狭于各府，计税则各府轻于怀庆。如开封四十二州县，夏、秋起存钱粮共七十七万九千九百八十石有零；河南府十四州县，夏、秋起存钱粮共四十八万一千三百六十八石；南阳府十三州县，夏、秋起存钱粮共一十一万四千五百六石有零；汝宁府十四州县，夏、秋起存钱粮共一十二万一千七百八十八石有零；卫辉府六县，夏、秋起存钱粮共一十四万五千七百四十九石有零；彰德府七州县，夏、秋起存钱粮共一十四万七千八百三十一石有零；怀庆府六县，夏、秋起存钱粮共三十三万六百二十二石有零。因府计县，因县计里，因里计税，怀庆之与各府其地之广狭、税之轻重，不辩自明。虽当大有之秋，一夫必贡，寸土不遗，犹不足以完该年之税，况值此荒歉相继之岁，驱此沟壑所余之民，以完二十四万有余秋税，臣虽至愚，亦知不可也。……，如怀庆之与各府果系地狭税重，通融洒派，俾积年不平之事自此而平可也。若曰：遵行既久，久则难变，此迁就固陋之云，岂可与更化而善治也哉？必不得已，将七府各仓轻粮尽派本府，各仓重粮尽摊各府，庶税可少轻，而民可少愒，然终不若均之之为愈也。①

---

① 万历《河内县志》卷4《艺文》，王德明《均粮疏》。

王德明嘉靖八年（1529）任知府，十年（1531）离任，这篇奏疏当作于嘉靖八年至十年之间。① 不管王德明所奏是否属实，但能够减赋对官府和乡民的好处自然是不言而喻。从怀庆府与河南各府所纳田赋额数的对比中还是可以看出其田赋总数明显过高。但这是明初时就已经定下来的田赋额数，究其原因，隆庆间知府纪诚奏称：

> 思惟国初定赋，止据一时土地之荒熟起科。初未尝有所厚薄于其间也。彼开封、汝宁、归德、南阳等府先俱遭兵，其时地荒，故其粮颇少。独怀庆一府，向未蒙乱，比其地方熟，故其粮颇多。粮之多少不过以地之多寡为率，苟如此其地，如此其粮，虽至今行之，亦何有不可者？但年久势异，而各府之荒芜皆尽开垦，……。是土地实增倍于其旧，则粮宜增而不增，而顾以其粮分洒之，此轻者益见其轻也。至于怀庆，北枕行山，南环黄河，中流丹、沁，年年冲压，则膏腴变成咸荒者，不下百十余顷；又且有封藩各坟址之开占，是以粮有包空之说，而人之逃者相继。先河内县原编户一百二十余里，今并为八十三里；修武县原编户六十里，今并为二十九里，凡他县亦类是。人逃而地渐荒，则土地已非其旧。夫粮宜减而不减，而复以其粮包赔之，此重者益重，无怪乎怀庆之民日困征输，而卒无以自安也。②

河南各府所征收的田赋额数在明初就已经规定，所依据的按荒熟地起科的规则到了明中叶显然已经不再适合各府的具体情况。黄河以南各府在元末明初屡遭兵燹，荒地较多，因此，明初所定田赋较少。到了明中叶，荒田陆续开垦，但田赋依然按照明初的规定征收，而怀庆府在明初所历战乱并不严重，上章已经论及，人口虽有逃亡，但很

---

① 乾隆《怀庆府志》卷13《职官志》，第4页上。
② 万历《河内县志》卷4《艺文》，纪诚《均粮疏》。

快便又复业。洪武二十四年（1391）所定的田赋额数一直到嘉靖年间都未曾有大的变化。之后，怀庆卫的设立、郑藩移国又占据了一些土地，加之丹、沁二河时常冲决堤岸，冲毁农田，使得怀庆府起科官民地有所减少，因此，怀庆府各县也极力开垦荒地，但所获有限，起科官民田地增加不多，重赋导致人口逃往，土地无人耕种。嘉靖四十三年（1564），怀庆府知府孟重刚到任时，就下乡了解情况：

> （公）下车即询于乡三老曰：怀庆沃粮田，视他邑称丰，而逃亡屋视他处反众者，何也？佥曰：郡地夹山河，田视他郡为寡，而赋视他郡为重，加以五驿五递，冗费百索，顽民欺隐，脱籍粮者，不均之中又不均焉。①

河内县人王所用在描述万历年间河内县乡村时的情形也说：

> 河内乡村络绎，鸡犬声闻，亦称奥区也。数年以来，小旱频仍，民鲜营而苦赋重。各村有毁圮房屋，狼狈不堪观者；有产尽人徙，荡为丘墟者。名虽胪列，然非昔初也。行阡陌间殊令人动，今昔之感，则夫还安定，集于仁人君子有厚期望焉。②

可见，人口逃亡导致河内、修武等县各乡所辖村图的数量减少，这也间接说明怀庆府重赋的情况。

表3-4　　　　　　　明代河内县各乡所辖里数变动情况表

	正德年间	嘉靖年间	万历年间
在城	六图	五图	五图

① 娄枢：《娄子静文集》卷3，《怀庆太守孟公去思碑》，第28页下—第29页上。
② 万历《河内县志》卷1《地理志·里社》。

续表

	正德年间	嘉靖年间	万历年间
万北乡	十一图	八图	八图
万南乡	十图	八图	八图
清上乡	十一图	十图	十图
清下乡	十四图	十三图	十三图
利上乡	十图	七图	七图
利下乡	十五图	十二图	十二图
崇上乡	六图	六图	六图
崇下乡	九图	八图	八图
宽平乡	七图	七图	七图
清化镇	四图	三图	三图
合计	一百零三图	八十七图	八十七图

资料来源：正德《怀庆府志》卷3、嘉靖《怀庆府志》卷2、万历《河内县志》卷1。

不过，王德明和纪诚均粮的建议均未被采纳，而到了明末及清初对怀庆府赋税沉重的原因却有另外一种说法。崇祯年间河内县令王汉所作《灾伤图序》中称："高皇帝削平祸乱，怀庆守贴木儿抗王师。已而，高祖定鼎，按怀庆额赋而三倍之。"[1] 同样，康熙《河内县志》中也记载道：

> 元铁木儿守怀庆，不下，明太祖按亩而倍征之，邑赋遂至九万石。河内冀州南鄙也，土白壤而田中中，岂其地尽膏腴哉？驱车东北郊，烟井栉比，竹木交荫，似为沃壤，然犹有挈以予人而不敢受者，此亦赋重难堪之明验也。前太守王公德明奏请

① 雍正《覃怀志》卷2《田赋》，第7页上。

均粮，不报；纪公诚再疏，又不报。琴瑟不调，则解而更张之，岂尚非更张时欤？反相沿之积习，为振励之宏图，父老子弟拭目望之矣。①

　　这里提到的已经是清初河内县的情形了。可见，直到清初，怀庆府及河内县重赋依然，就连水利条件较好的府城东北部的"沃壤"，即使相送都无人敢轻易接受，怕被重赋牵累。这里王汉及修志之人将怀庆府赋重的原因归结于守卫怀庆的元军抵抗明军过于激烈，因而遭到明太祖的惩罚，加倍征收田赋。不过，笔者对这一说法深表怀疑。前文已述，当明军冯胜、汤和部渡黄河攻打怀庆时，守城的元平章白锁住早已弃城而逃，明军几乎兵不血刃占领怀庆，并不存在激烈抵抗的情况，因而明太祖对怀庆府惩罚性的加倍征收田赋也没有道理。崇祯年间，河内县知县王汉向朝廷所上《灾伤图》及序文，无非是想让朝廷在灾荒年月蠲免或减轻田赋，其与王德明、纪诚等均粮的目的其实是一样的。

　　从嘉靖年间一直到明末，怀庆府及河内县地方官为均平田赋的努力一直在继续，这基本上与丹、沁河引水渠系的开发是同一过程，由此反映出水利开发与地方赋役制度之间有某种内在的联系，这种联系成为地方社会不断开发以五龙口地方为中心的引沁渠系的不竭动力。尤其是到了万历年间，一条鞭法在怀庆府县的施行，使得地方赋役征收方式发生了很大的改变，而这种改变也伴随着五龙口地方的水利开发的高潮，河内、济源两县纷纷在五龙口凿洞引水，由此所形成的用水格局和用水机制，成为影响明中叶一直到民国时期的"旧制"。

---

　　① 康熙《河内县志》卷1《田赋》，第33页下。

第三节 "二十四堰"轮灌制：广济渠
用水制度的形成

一 "一劳永逸"：济源县五龙口广济洞的开凿

随着明中期地方有司及绅民对丹、沁二河的持续开发经营，河内县引丹、引沁河渠纵横境内，但利泽不均的问题依然严峻。万历年间，河内县人王所用说：

> 河内之地北枕太行，无深源广浍以备蓄泄，故十年七旱，一雨即潦，往牒所称可考也。计得籍水利溉田者，万南、北十之七，利上、下十之五，宽、崇十之二、三，余则涓滴所不逮也。雨阳时则有秋，不时则无秋。秋则仅仅为生，无秋既不死而亦糊口于四方，称重困已。况沾水利者亦泽有限，而不能遍譬之。次之人一，而食之人百。豪强且为之兼并，编户之家尚不得望染指，矧充腹耶？又有蔑法巨奸，肆为挽越，甘心抵罪，曰：害无几而利百之矣。以余耳目睹记太守赵公以康、贰守刘公应聘重轸民瘼，必计亩罚谷入仓备赈，且时历阡陌，以覆其实，颇任劳怨，故泽得均沾，细民称便云。①

明代河内县基层以乡统"图"，图即里，每乡若干图，下管若干村。河内县共有九乡，万北、万南二乡所辖乡村位于县城东部及东北部，即沁河北岸的地区，这里有丹河及众多支渠，所以可得水利"十之七"，向来称为河内县的"沃壤"之地；利上乡及利下乡所辖乡村位于县城西部、北部及西北部，其土地为广济渠及利人渠所灌溉；宽平乡所辖乡村位于县城西部和西南部，崇上、崇下二乡所辖乡村位于县城东部、南部及西南部，基本上靠广济渠下游支堰灌溉，

① 万历《河内县志》卷1《水利》。

但往往上游之水能够到达下游的已经不多。因此，这些远离五龙口的乡村所获水利逐渐递减。到了万历年间，地方"豪强"及"巨奸"基本不顾及地方长久形成的用水规则，"肆意攘越"，就算被官府问罪，但害不抵利，他们也愿意冒险违法。因此，在他们控制了水渠之后，就连有份用水的利户也很难用水了。

在引沁水渠系统中，广济渠自然是最为重要的一条水渠，但其通塞不时大大影响了其引水能力，问题就在于引水口位置的选择并不合适。虽然早在正德初年，河内乡官吴道宁开利人渠时已经意识到这个问题，但却无力重新开挖广济渠新的引水口，以解决根本问题，但地方有司及用水利户也做了些其他努力以增加广济渠的水量。如正德十六年曾引利人渠水以补广济渠，但这并非长久之计，加之利人渠利户的反对，不久便行不通了。隆庆元年（1567），怀庆府知府纪诚整饬河内水利系统后，广济渠又淤塞。到了万历十四年（1586），河内县令黄中色又重新疏浚了广济渠。① 为了彻底解决广济渠口容易淤塞的问题，万历二十八年（1600）河内县知县袁应泰决定在五龙口开凿新的广济渠引水口，以充分发挥广济渠的作用。② 引水渠口的选择首要考虑的是地势要低，因此，最好的方案就是在五龙口沁河南岸的"南峰"上凿洞，使引水洞口低于河面，这样沁河水流直冲洞口，就不会再出现引水渠口由于淤塞而高于河，从而引不到水的情况了。但是，凿山开洞绝非易事，工程浩大而且艰巨，历时三年方才完工。怀庆卫人高世芳记录了袁应泰率工开洞的过程，他在《凿山创河记》写道：

> 枋口四围皆山，其突然巍然无如南峰。沁水自北来，直抵

---

① 康熙《怀庆府志》卷3《河渠》，第16页下。
② （清）韩铺纂修：雍正《凤翔府志》卷6《人物志》："袁应泰，字大来，号位宇，万历乙未科进士。初授临漳县知县，调繁河内。凿太行山为石洞，引沁水东下，旱涝蓄泄皆有制度，灌河内、济、温、武陟五县之田，悉成沃壤。"第36页上。北京师范大学图书馆编：《稀见方志丛刊》③，北京图书馆出版社2007年版，第373页。

其下，转而东约百步，峰尽地平，其支而南者为广济民河云。其河浚发于济源，盘绕于河内，波及于温、孟、武陟，浸润二百里，浇灌数百顷。……。第累沙为口，易决难浚，方浚即决，利不偿害，往弗具论。自国初以来，几经废弛，而今之堙者四十年，许非凿南山以通流泉，其何永赖之？有我位宇袁侯，弱冠联魁，宰邺旁邑，以练才调河内，始坏山为穴。工卧面凿之，渐下而蹲，渐下而俯，已而若城之有门，有黑石焉，横山而卧，形若太屋，性若顽民，命力士操利锥弗入也。以火焚之，亦自若。侯于是先之以烈火，继之以利锥，锥而火之，火复锥之，日以百刻而仅减毫末，弗开弗止也。相传此山之下为河，此河之下为潭。初则舟人莫测其底，及工未半，而断石平之，其余在河之浒，望之若岳，亦大有神力矣。且洞之未通，芒芒水穴，石势虎须。侯佝偻入视，不惮再三。石工因之，而忘其劳；督工因之，而竭其力，秋毫皆所鼓舞焉。工费不足，继以俸余，曾不追乎民间。六年之内，布衣菜食，未闻有崇肉累帛之奉。计工自北而南，穿之为洞者四十余丈，高二丈，阔八丈；自上而下透之为河者，阔如之，高十数倍，长三十余丈。口分为二，大吸吞也。巅累重门，观水势也。置闸以防口，置机以悬闸也。渠开减水，预暴溢也；堰列川流，引利泽也；置买公田，备修理也；砌帮以石，护长堤也；设夫守河，与夫挽越之为虑综理，罔不周至。夫然后于浚发者、盘绕者、波及者浸润灌溉，一如古昔，而一劳永逸矣。"①

这次开凿引水洞口时，广济渠已经淤塞了四十年，一劳永逸解决广济渠的引水问题的办法就是重新开凿引水口，河内县知县袁应泰所凿引沁河水的洞口位于以前引水渠口西边的南峰上，凿山之不易在此可见一斑。不过，工程的难度更多表现在技术上的困难。由

---

① 顺治《怀庆府志》卷13《艺文》，高世芳《凿山创河记》，第6页上—第7页上。

于石工从山的南北两个方向同时开凿，不能保证两者沿着同一直线行进，因而三年都未能凿成，六年乃成。在这项艰巨的工程中，河内县的能工巧匠发挥了重要作用，比如河内县紫陵村人牛存喜，他善于方技，应袁应泰之请参与了凿洞工程，康熙《怀庆府志》记载：

> 牛存喜，字汝吉，河内人，聪颖多艺。……邑令袁公凿山脊下，南北各施锥斧，龃龉不相值（直），三年不成。存喜以意为穿地寻龙法，知其参差几许；又为量山探水法，使两端高下悉均，渠遂豁然。邑人以喜配享袁公祠，祀之。①

河内县紫陵村《牛氏家谱》中也用很大篇幅记述其先祖牛存喜如何解决凿洞的技术难题，以此来歌颂先祖的功德，家谱中记载：

> 公讳存喜，字汝吉，号近庵，紫陵人，以凿洞之功，院道褒为义民。父华，母郭氏祷于紫虚元君而生。……公智巧出象，造作多方，其功能之最著可法可传者，则凿洞有法，砌堤有术，创悬闸、拔椿木，皆万代之利，而为百世之师也。粗落十八年，袁公分宪河北，念其功，为之立像勒碑，诚所谓日久论定，岁愈远而功愈显者矣。……。初袁公凿洞，鎚斧举事，日给工人以谷，观所凿石屑多寡与所给升斗相准。未几，工人皆告退，谓：糊口不足，无以养家人。则易谷以钱，石屑一升者给钱亦一升。久之，工人又苦不足，哀求去，将三年矣，而功不偿所费也。乃访得黥老，礼聘之。至，先用寻龙探水法，因而开石不用锤斧之力，炽炭火烧之，石既焦灼，用酽醋灌石上，蹦裂起者厚尺余，次第为工，易如运掌力，不劳而功成速至。后欲为立像，而又力辞。……。且曰：立像将俾人尊奉焉？而此山野地，樵牧所往来，今日之像，他日必牧童戏侮，作系牛马椿

---

① 康熙《怀庆府志》卷8《方伎》，第49页上。

耳！所见卓然不爽。十八年后，又为立像高处，固牧童不到地，而于不求名誉之本志不符，九泉之下终有所不愿受也。但后人报称之义，自不能已耳。族远孙会一记旧闻于父老，附此以示后人。①

这则牛存喜助袁令开山凿洞的故事虽为其后人口耳相传，其中不免有演绎夸大的成分，以突出牛存喜在凿洞中的作用，但这样类似的故事在今天的五龙口下的乡村中依然还能听到。②

图3-1　济源市五龙口广济洞（笔者摄）

显然，广济洞的开凿的确解决了长久以来引水渠口淤塞的难题，大大增强了广济渠引水灌溉的能力。同时，袁应泰还细致规划了广济渠口下游支堰的分布，在济源、河内、温、武陟四县共开挖了二

---

①　河内《牛氏家谱》上册，皇甫廉撰《牛公翯老世泽记》及后附录，1992年重修本，感谢沁阳市牛玉山先生惠赐家谱。

②　笔者在济源市五龙口调查时，在五龙口镇北官庄村葛氏祠堂中听到祠堂内老人所讲葛汝能助开广济洞的故事，在《葛氏族谱》中也提到开洞十二公直之一的葛汝能，有关葛氏及其后裔，参见第五章。

十四条支堰，并制定了详细的用水和维护渠堰的制度。这些制度性的设计，在高世芳看来是希望能一劳永逸地解决广济渠通塞不时的弊病。

二 "励劳"公直：用水特权的保障

为了开凿广济洞，袁应泰动员了众多的石工，并任命四县乡村中的二十个公直来负责石洞的开凿和水渠的疏浚。今天的济源市五龙口广利渠首山上的广济洞，用来祭祀袁应泰及负责凿洞的十二个公直，袁应泰的石像端坐正中，十二公直分列两侧，至今依然保存完好。这些公直负责组织石工开凿广济洞和疏浚广济渠，对于他们的功劳，万历三十二年（1604）在广济渠修成后，袁应泰请示抚、按各司对二十公直予以表彰，《袁应泰广济渠水利碑记》记载：

> 委官公直甄周南、王尚智、萧守祖、侯应时、赵阳、赵九所、张思聪、张思周、黄延寿、李应光、阎时化、成齐、李太运、李应守、段国玉、李邦宁、郝有义、葛汝能、马九叙、张守志，具蒙本县知县袁申请抚河按三院、守巡河三道及本府并河厅详，允准给冠带扁牌奖赏外，又蒙申请，管理河道兼管水利、河南等处承宣布政使司右参政兼按察司佥事朱批本县申陈情乞恩以励勤苦事：本县看得广济洞之开也，远近骇焉。谓：山之石未易凿，而成功未可必也。幸赖本道主持于上，加意劝相，原委各公直王尚智等感激戮力，裹粮从事。有三年山上不告竣誓不旋踵者；有面目黧黑、指堕肤裂，或感病力疾，犹无懈志者；有家有丧变及水灾盗患，义不及顾者；有捐资以犒匠作，争先成功者。三年如一日，众人如一心，然后凿透石山，开洞建闸，引水灌田，波及五邑，利被万家。业蒙院道嘉其成功，准给冠带，仍奖赏有差矣。夫有永赖之功者，宜食永赖之报。各役所有利地，委应各免夫役一名，子孙同众永远用水。如本身地名不足夫一名者，免尽本身，不得冒免他人，各给帖

文，永久遵守。庶激励有道，而人心益励等因，俱申照详，蒙
批：王尚智等凿山引水，灌溉五邑田亩，而精勤三载，方告成
功，其当酬劝为何如者？如议各免夫一名，子孙同众，永远用
水，第不得冒免他人，各给帖文遵照。缴蒙此拟合给帖，帖仰
本役照帖事理，如遇本河起夫兴工之日，即照后开地亩数，免
其本身利夫一名，子孙同众永远用水。如本身利地短少，不足
夫役一名者，止免尽本身，不许冒免他人，永为遵守。①

　　这些参与修渠的公直不仅被官府给予冠带、牌匾的荣誉，而且
他们使用广济渠水的特权也被明文加以确定。公直的特权甚至可以
被其子孙承袭。也就是说，公直的后代也同样享有使水的特权。对
于公直的优待还表现在疏浚河渠征发夫役时，可根据利地亩数免去
公直本人或子孙一人的夫役，疏浚河渠按照"以地兴夫"的原则来
征发夫役，一般来说利地一顷对应夫一名。② 如果公直利地很少，不
够夫一名的标准，也不能将他人利地冒充自己名下，以帮他人脱逃
夫役。不过，这些贴文在颁发给公直时却不一定完全按照只"免其
本身利夫一名"的原则，而是对他们使水有更多的优待。如负责开
凿广济洞的河内县公直侯应时，官府所给他的贴文与上引稍有出入，
故下面全文引用：

---

　　① 康熙《河内县志》卷 2《水利》，《袁应泰广济渠水利碑记》，第 14 页下—第 15
页下。

　　② 这里的以地兴夫是指在疏浚渠堰需要征发夫役时按照渠堰所浇灌土地的顷亩数量
为标准，以地若干亩征夫一名。明清时期的华北地区，"以地兴夫"的标准不一，如在山
西洪洞县有的以十一亩征夫一名，有的以三十亩或五十亩征夫一名。参见邓小南《追求
用水秩序的努力：从前近代洪洞的水资源管理看"民间"与"官方"》，收入行龙、杨念
群主编《区域社会史比较研究》，社会科学文献出版社 2006 年版，第 24 页；赵世瑜认
为，"一夫即为一顷"，参见赵世瑜《分水之争：公共资源与乡土社会的权力与象征——
—明清山西汾水流域若干案例为中心》，载《中国社会科学》2005 年第 2 期，第 193 页。
广济渠以地兴夫也基本按照一顷一夫的原则，如广济渠公田为二顷，夫二名，但这样的
标准并非划一，后文还有涉及，详后。

怀庆府河内县为陈情乞恩以励劳苦事，蒙钦差管理河道兼管水利、河南等处承宣布政使司右参政兼按察司佥事朱批，据本县申详前事，该本县看得广济洞之开也，远近骇焉。谓行山之石未易凿，而成功未可必也。幸赖本道主持于上，加意劝相，原委各公直王尚智、萧守祖等感激戮力，裹粮从事。有三年在山，工不告竣誓不旋踵者；有面目黧黑、指堕肤裂或感病力疾，犹无懈志者；有家有丧变及水灾盗患义不反顾者；有捐资以犒匠作，争先成功者。三年如一日，众人惟一心，然后凿透石山，开洞建闸，引水灌田，波及五邑，利被万家。业蒙院道嘉其成功，给与冠带，仍奖赏有差矣。夫有永赖之功者，宜食永赖之报，各免夫役一名，同众用水。如本身地少不足夫一名者，免尽本身，不得冒免他人，各给贴文，永为遵守。庶激劝有道，而人心益励矣。缘蒙批仰查报事理，本县未敢擅便等因，具申照详，蒙批：王尚智、萧守祖等凿山引水，灌溉五邑田亩，而精勤三载，方告成功，其当酬劝为何如者？如议，各免夫一名，同众用水，第不得冒免他人，各给贴文遵照。缘蒙此拟合给贴，为此贴仰本役照贴事理，如遇本河起夫兴工之日，即照后开利地亩数，免其本身利夫一名，同众用水。如本身利地短少，不足夫役一名者，止免尽本身，不许冒免他人，永为遵守。俱勿违错，未便须至贴者。

计开：侯应时，广济河等第九大丰堰本身利地二顷，俱准免外有余水准用。

此六字系朱笔大书，盖以洞开渠成，建修各堰石闸，独应时又有三年勤劳，因蒙特恩。

右贴给管凿广济洞公直侯应时，准此。

万历三十二年二月十三日。①

　　侯应时是河内县李家桥村人，是负责开广济洞的十二公直之一。如果按照一顷征夫一名，那么侯应时除免夫一名外，如遇开渠，还须出夫役一名，但这里他所拥有的二顷利地全部准免，并可以用广济渠大丰堰来浇灌。除此之外，只要大丰堰有多余的水他都可以用，可见侯应时用水几乎是不受限制的。公直的用水特权以官府贴文的形式被确立下来，这些公直及其后代成为渠堰的实际控制者。在清代广济渠用水纠纷日益频繁的时候，这些公直的后代将贴文刻石立碑来重申自己用水的特权。

三　利泽均衡：广济渠的管理及用水机制

　　广济洞的开凿只是解决了引水渠口的问题，上文提到受到表彰的十二位公直还具体负责广济渠从上游到下游支堰的开挖，桥梁水闸的建造等工程。河内公直侯应时正是因为在广济洞开凿成功后，又花了三年时间修桥闸才获得了更多使水的权利。万历三十二年，广济渠一共开挖了二十四条支堰，虽然这二十四堰的规划以广济洞所刻"利泽均衡"四字为原则，使水渠"波及五邑"，但实际上只分布在济源、河内、温县、武陟四县，而以河内县分布最多。

表3－5　　　　　　　广济渠二十四堰（万历三十二年，1604）

堰名	起止里程	夫数及老人
永益堰	济源县官庄至休昌，长三里	共夫三十一名半，老人葛汝能
永利堰	并入永益堰	
常丰堰	并入永益堰	

① 此碑原存沁阳市李家桥村，拓片存沁阳市文物局，幸蒙沁阳市文物局辛中山先生惠赐！原贴文并非以碑石形式存在，何时刻石，已不可考，不过在清代因广济渠用水纠纷日益严重时，公直后代为捍卫用水的权利，往往会寻找使水的合法性，而这些明代的贴文就是有力的证据，这在后文还有涉及，暂不赘述。

续表

堰名	起止里程	夫数及老人	
广丰堰	东许村、金塚、白沟作、双流、沇河至小营入黄河，长一百二十里	顺入丰稔河	
永福堰	/	顺入利仁河	
天福堰	由许村长二里	夫二名	三堰老人李士楚
广富堰	由许村官庄入丰稔河归黄河长一百二十里	夫十四名	
和丰堰	由辛村、高村，长五里	夫八名	
大丰堰	南寻西、李家桥、曲沟、柿园、土坯、贾村至黄闷河减水入黄河，长一百三十里	夫六十二名半	老人卢三顾
新兴堰	李村冷家庄、贾村，至北真，长一十八里	夫十八名	
大有堰	南寻、保方、王赞、杨村、北董至沙岗，长三十里	夫四十六名，老人王行	
太平堰	武家作、张家作至刘家庄，长一十里	夫十五名，老人汤文清	
广有堰	七里桥、故事、马铺至古涧入沁河，长二十五里	夫十一名半，另公田二名，老人周天琴	
永济堰	护城、五王、祝策、彭城、尚香镇、张相至苏王东宏富堰	上中下三堰一百二名，老人朱冠、张炯、王九星	
广阜堰	出南屯、沙岗至辛王，长一十里	夫八名，老人宰光贤	
新兴堰	李村、冷家庄、贾村，至北真，长一十八里	夫十九名半，顺入大丰堰夫十八名，止存夫一名半，老人李进禄	
广隆堰	由五王，长二里	夫四名半	
万盈堰	分水石、七里屯、五王、卫村至彭城，三十里	夫四十三名，老人王应举	
常济堰	住村、珍珠庄、高照至耿家庄，入涝河归黄河，长六十九里	夫十五名半，老人刘夏正	
兴隆堰	郭村、王里、李家村	夫九名半，老人严光明	
兴福堰	彭城、尚香镇至刘家庄	夫十四名，老人刘寿增	
宏福堰	苏王、南徐涧至南张，十五里	夫二十七名半，老人梁谷完	
万亿堰	由西冷至东周，长十一里	夫八名半，老人梁诵	
大济堰	由北冷至杜家庄，长八里	夫十名	
永通堰	由保封、董宋、赵庄至唐郭入黄河长十四里	夫七名，老人李尚悟	

资料来源：康熙《河内县志》卷2《水利》。

　　从表中可以看出，这二十四条支堰每堰派夫数目不尽相同，这与每堰所利地亩数多少不等有关，每堰或数堰设老人一职，其职责是负责渠堰的维护。二十四堰共兴夫四百六十一名半，但按袁应泰所撰写的《广济渠申详条款记》中所记载则共夫四百六十二名。[①]其中广有堰还设置公田夫两名，公田的设置也是袁应泰所设计的整个广济渠用水秩序中很重要的措施。万历三十一年（1603），河南布政司右参政朱思明会同怀庆府知府王命爵、河内县知县袁应泰为广济渠购置公田：

　　　怀庆府河内县为买田积谷以济河工、以永水利事，蒙钦差管河兼管水利、河南等处承宣布政使司右参政兼按察司佥事朱案验，申呈抚按两院，据河内县申称：依蒙动支本道原发俸薪钱一百六十七两三钱四分三厘，买上地一顷六十三亩八分四厘四毫；又该本县节省工费银三十六两一钱五分六厘，续买上地三十六亩一分五厘六毫，共地二顷整，令民佃种。每年除纳正粮外，每亩额定租谷六斗，共谷一百二十石，现在改为租银，每年秋后征银七十两四钱一分（此为小字，笔者注），送城内新立广济仓收贮，专备春荒挑河，借给利户食用，候秋收抵斗还仓，不许别项借动。仍立循环文簿，每两季赴合管上司衙门例换，并租户收掌人役姓名，申报稽查。仍将地主姓名、地段、亩数、地邻四至，竖立碑记，据此为照。本道前任河北□怀庆，一遇亢旱，救济无策，已同该府、县议开广济渠矣。但河不浚则易淤，派民则易扰。本道于代庖时，遂置田积谷以图经画，

　　---

　　① 袁应泰同时所撰《广济渠申详条款记》中记载："分水次以禁搀越：……，共夫四百六十二名，……。自第二十四堰而上至第八堰，共夫四百六名半。"但按《广济渠水利碑记》所列上表计算第二十四堰至第八堰共夫四百零六名，可见方志抄录此碑时，少算了半名，这少算的半名加上整个夫数四百六十一名半正好是四百六十二名。张汝翼也认为历代方志收录碑文时都少算了半名，参见氏著《沁河广济渠工程史略》，河海大学出版社1993年版，第106页；《袁公应泰广济渠申详条款碑记》，雍正《河南通志》卷79《艺文八》，雍正十三年刻本、道光同治递补本、光绪二十八年补刻本，第47页上。

而该县能助银增买，且欲置循环文簿例换，以便稽查，规划调停，具见同心共济之雅合。候详示刊立石碑，以垂永久等因具呈，蒙巡抚曾、巡按袁批，允备蒙批详内事理施行等因到县，蒙此合将前项用价买过地段、亩数四至并议定租谷，备细刻立石碑，令后来知此谷专济河工，不得别项借动，亦不得任民逋负，永为遵守施行。①

广济渠公田由河北道与河内县共同出资购置，这些公田分布在河内县利上乡的南鲁村、东王瓒村、武家作等村，这些村庄都是支堰流经之地。公田一般是租给佃户耕种，佃户不但要缴纳正常的田赋，还要再向广济仓缴纳每亩六斗的租谷，这些租谷专门用来在春荒之际疏浚渠道时借给利户食用，而不得用作他途。不过后来租谷改为征银，可能与怀庆府在万历年间推行一条鞭法有关。在开凿广济渠之前的万历二十一年到二十五年间河内县知县侯加采就曾实行一条鞭法，将田赋折银征收，② 济源县也实施了一条鞭法，③ 因此，广济渠公田的租谷也改为征银。另外，循环文簿也是为了保证这一制度有效运作的关键措施，其一可以保证公田专用，其二保证这些佃户每年能够按时缴纳租谷，防止"逋负"。广济渠的公田总共两顷，共夫两名，即以一顷兴夫一名，假如以此为各堰平均标准，广济渠所灌溉的土地可能为四百六十二顷，合四千六百二十亩，而前

① 道光《河内县志》卷13《水利志》，《广济渠公田碑记》，第28下—第29上。

② 康熙《怀庆府志》卷5《宦绩》："侯加采，解州进士，知河内县。……。公始创条鞭法，总计地亩，岁征银若干，揭示通衢，童叟皆晓。大吏闻畿内，山东、西悉行此法，至今便之。"第六十60页上。

③ 乾隆《济源县志》卷8《职官》："石应嵩，敏政作人，开云路、建仓廒，制度俱周详可法。旧制丁分九则，有力者率赇奸吏得中下，编审滋淆。公始通行条鞭法，每丁额银五分，余银均入地亩，贫民便之。"第21页上。

引文中所说"溉田五千余顷",其实是夸大之词。①

这些耕种公田的佃户一般是那些公直的子孙后代,"广济渠公田,……。前明碑记原载令公直子孙佃种,纳粮完租,供本河修理公费。后将此银拨帖沁河桥堡等夫工食,大失设立公田本意"②。可见,到了清代,公田租银经常被挪用他途。乾隆年间知府萨宁阿、沈荣昌等先后清理公田,保证了公田制度的正常运作。

表3-6　　　　　　广济渠公田（万历三十二年七月,1604）

坐落	地主	四至				亩数	地价
		东至	西至	南至	北至		
河内县利上七图南鲁村	梁鹤	公田	路心	河岸	竹园	二十四亩三厘七毫	每亩价银一两
		路心	小河	杨进礼	杨守仁	一十七亩八分四厘一毫	
		梁守成	吕加言	庙	小河	一十亩三分四厘五毫	
		杨进	崔登	河岸	庙刘琴	九亩四分八厘四毫	
		李发	段五	武堰河	黄澄清	八亩	

① 关于广济渠利地顷亩数,目前笔者所看到的文献中没有明确记载。张汝翼认为广济渠按溉地五千顷来算,每夫十余顷利地,实际上经常达不到这一灌溉水平。参见《沁河广济渠工程史略》,第104页。事实上,他所依据的五千顷其实是一个虚数,而并非广济渠实际灌溉的亩数,广济渠实际灌溉的面积远达不到五千顷这一水平。前引高世芳所撰《凿山创河记》中则称"浇灌数百顷"。因此,笔者按照广济渠公田所推算的一顷兴夫一名大体符合实际,实际上每堰的"夫"与地亩之间的对应关系都是没有固定标准的。钞晓鸿对关中水利的研究也表明,在文献记载中水渠灌溉土地亩数往往有夸大的情况,详见氏著《明清史研究》,第24页。关于"夫"与地亩之间的关系,下文还有更深入的讨论,暂不赘述。

② 道光《河内县志》卷13《水利志》,第28页下。

续表

坐落	地主	四至				亩数	地价
		东至	西至	南至	北至		
利上五图东王瓒村	周天眷	路心	小河	河心	本主	一十六亩	每亩价钱一千文，共钱二十千文，折银二十三两五钱三分
		小河	河心	本主	周友年	四亩	
	周宰	道	河沁	刘遇	刘遇	二十亩	每亩价银一两
河内县利上六图武家作村	萧守祖	小河	张贵	武堰河	冯春雨	十四亩四分一厘三毫	每亩价银一两共钱一十八两五钱六厘一段地
		本主	萧化	本主	路	三亩六分四厘三毫	
河内县利上六图里村	冯春荣	河界	河界	冯应节	贺应举	一十七亩四分	每亩价银一两
	冯应时	小河	路	张明	李孟时	七亩九分二厘	每亩价银一两
	冯应节	河	路	刘计道	冯春荣	四亩四分二厘四毫	每亩价银一两
	冯伯千	小河	路	冯伸	张恭	二十一亩二分	每亩价银一两
	冯春魁	小河	路	贺成	刘计道	八亩七分	每亩价银一两
	吴进才	吴宗孝	卖主	广济河	小河	中下地一十亩	每亩价银四钱
	吴宗孝	张思聪	吴进才	广济河	小河	中下地一十亩	每亩价银四钱
	以上广济渠第九大丰堰闸夫耕种						
济源县	沈良贵	段本直	董智孝	利人河	小河心	一十八亩	每亩价银一两
	减水河闸夫耕种，各为看闸工食						

资料来源：道光《河内县志》卷13《水利》，《广济渠公田》。

无论是渠堰的规划还是公田的设置，都是围绕广济渠最核心的问题——"水利"的分配而设计，即用水制度如何保证利泽均衡，并使整个水利系统有效且长久运作起来。虽然地方社会长久形成的用水习惯及约定俗成的"成法"依然强大而有效——自元代广济渠就形成了自下而上用水的原则，但往往由于上游"豪家"的肆意"搀越"，官府所定用水制度几成具文，每次整顿水利系统的结果往往是恢复以前的旧制，但上游"搀越"依旧，用水秩序的破坏也就在所难免。因此，袁应泰在用水制度的设计上虽不能超越"成法"，仅沿袭旧制而已，但他还是制定了一些禁止和惩罚"违禁"的措施。他所制定的广济渠条款中的第五条"分水次，以禁搀越"中说：

> 大旱之时，民以水利为命，乃强梁者肆为兼并，而小民涓滴无望焉。于是，相率而告高阜；或疾视吞声，莫敢谁何。应编订水分，自下而上，挨次引灌。除大月浸河水一日，各堰不得呈讨引灌外，每月以二十九日为率，每日百刻，共计二千九百刻，共夫四百六十二名，每名分全河水六刻二分七厘七毫。自第二十四堰而上至第八堰共夫四百六名半，分全河水二十五日六时，每月两轮，每轮一十二日九时。上轮自初一日子时起至十三日申时止，下轮自十五日午时起至二十八日寅时止。以十分计之，万盈等十一堰四分二厘，广有等二堰二分八厘，太平等四堰三分，为一号。自第七堰而上至第一堰其夫五十五名半，分全河水三日六时，每月两轮，每轮一日九时。上轮自十三日酉时起，至十五日巳时止；下轮自二十八日卯时起，至二十九日亥时止。以十分计之，天富等三堰四分四厘，永益等三堰五分六厘，为二号。各堰通融照夫轮灌，仍令二十四堰各建一闸，一闸之中计百步，总砌一阴洞，引水入子渠灌田，俱各用锁，总管司之。凡遇用水之时，发钥开闸及阴洞，一次放水，搀越之弊不禁而自无矣。如仍前恃强搀越，计亩罚谷，俱入广济仓，同公田谷备修河之用。本府覆议：得利之所在，人必争焉。强凌弱、众暴寡，势必然也。然则砌洞分水，总管司钥，

挨次灌田，用杜挽越，违者罚谷如例，良工心独苦于斯见矣。
相应准从等因到道，本道看得开河原赖众工，用水必需广济，
方为均平。今议编订水分，每一堰建一闸，每百步砌一洞，不
许恃强挽越，如有狗情违禁，许不得水之人赴县禀官从公验看，
连坐罚谷修河，诚均利之良法也。①

　　这种编订"水分"自下而上轮灌的好处就是各堰按照所定时刻
由每堰总管开闸放水，每堰根据夫数所分配的"刻"来确定引水的
时间，从而不至于混乱。除每月一日禁止引水外，其余二十九天严
格分配用水时日，二十四堰以第八堰为分界点，将前后各堰分作二
组，其中前七堰用水三日六时，后十七堰用水二十五日六时，这两
组在每月的上下旬交叉轮流引水，后十七堰在上半月1—13日引水，
而前七堰在13—15日引水，接着后十七堰自15—28日引水，月末
28—29日两天为前七堰引水。同时，在每组内还将若干堰所占水分
作了量化的分配，可见用水制度之严密已经精确到了具体的时辰。
对"恃强挽越"者给出了惩罚的措施，其目的也是建立有效的用水
机制以解决长久以来形成的"挽越之弊"。不过，这种严密的分水制
度在实际灌溉时可能往往达不到如此精确，因此，操作起来需要各
堰能够很好地协作，这需要乡村的水利组织及渠堰的管理组织充分
协同，但从清代广济渠争水案件日益增多的情况来看，袁应泰所制
定的分水制度也许更多只是一种理想化的设计。

　　此外，二十四堰轮灌的制度设计中，对郑藩给予特殊的照顾，
即单独给予郑藩部分庄田专用用水时刻，其中第十堰"由南寻、北
董至沙岗，长三十里，沙岗有郑府寄庄七顷五十亩，除本堰三分水
一日"②。这里提到的寄庄田就是郑府自置的民田，但在二十四堰轮
灌制下，灌溉郑府寄庄田所用的时间只是象征性地从第十堰所占用

---

① 雍正《河南通志》卷79《艺文八》，第50页上、下。
② 康熙《河内县志》卷2《水利》，第17b页。

水时刻份额中扣除。各堰引水灌溉时刻的分配，前引《广济渠申详条款记》中说："除大月浸河水一日，各堰不得呈讨引灌外，每月以二十九日为率，每日百刻，共计二千九百刻，共夫四百六十二名，每名分全河水六刻二分七厘七毫。"其中大有堰有夫46名，共分全河水288刻7分4厘4毫，约占每月2900刻的十分之一，即每月大有堰大约有2.9日用来引水灌溉，而郑府寄庄田每日用来灌溉所占时间只是从大有堰所占的时刻中扣除三分，即十分之三刻，也就是每日百刻的千分之三，几乎可以忽略不计，也就是说灌溉郑府寄庄田的时间几乎是不占用第十堰大有堰所拥有的用水时刻份额，因此，用水制度充分保障郑府的用水。

第四节　河、济二邑利水之争的根源与分水格局的确立

一　"史为袁绐"：济源县永利洞的开凿

由于行政区划的隔离，获得广济渠水利最多的河内县绅民利户每次疏浚渠口都要到邻近的济源县，在五龙口以下开挖新渠也要出资购买济源县民地作为河身，因此，时常遭到济源民民的阻扰，而济源县内随着旧有渠道的废弃，县东部平原地区的农田对沁河水的依赖越来越强。无论是广济渠，还是柏香镇杨氏所开丰稔渠，都成为济源县民的重要灌溉水渠。虽然广济渠上游数堰也为济源县东部农田带来较为充沛的水量，但所利土地很少，远远不能满足用水需求。如广济渠二十四堰中仅有四堰在济源县，其中"惟永益堰灌北官庄、休昌等田六顷七十八亩零，天福堰灌许村、朱村等田二十二顷九十五亩零。又水车四架，灌田三顷四十二亩零"①。济源县利地加起来才三十三顷十五亩，这虽然是清乾隆《济源县志》中所记载的数字，但也大致能反映出二十四堰轮灌制下济源县利地短少的现

---

① 乾隆《济源县志》卷6《水利》，第12页上、下。

实。假如这一数字大体准确的话，那么前表中统计济源县永益堰夫三十一名半、天福堰夫二名，有夫三十三名半，这与利地数基本一致，也即地一顷对应夫一名，这也证明笔者前文所作假设当为可靠。因此，广济渠整个利地的数目也大致和夫数一致。不过，再次考察广济渠前三堰，即永益、永利、常丰三堰，其中永利、常丰并入永益，为何要并入呢？袁应泰及河内县方志中都未曾讲明，三堰如果利地只有六顷七十八亩的话，却对应夫三十一名半，则平均一夫合二十一亩半，则远远低于一顷的标准，实际情况如何呢？乾隆年间，广济渠二十四堰只剩下十五堰，其中永益堰"自官庄村起至休昌、郑邨西南止，共浇利地六顷八十三亩，夫四名"[1]。而此时的永益堰还要浇灌河内县郑村的利地，永益堰的利地与乾隆《济源县志》所载略多五亩，这里提到了其夫数为四名，平均一夫一顷七十亩。因此，明代广济渠前三堰中，永利、常丰虽无利地，但也要出夫，按永益堰夫四名来算，则此二堰有夫二十七名半。乾隆《济源县志》中有段修志者的按语说：

> 按广济渠虽河内所开，而经由济地。济民坏地承粮，自应分水灌田，乃利地无几，而永利、常丰二堰则皆为河内用，且入河内界，计分二十四堰，利地较济多数倍。济人谓史为袁绐者以此。[2]

济源县人吴应举说：

> 旧有广济、丰稔、利稔三渠，济利无三分之一，而河内收其全。亦时开时淤，偿费相半。河内袁公从五龙凿石洞五十武，引水以垂永赖。济史公踵其后，更从上流凿山，以盥西南。袁

---

① 道光《河内县志》卷13《水利志》，第12页上。
② 乾隆《济源县志》卷6《水利》，第12页下。

公恐杀本洞水势，乃恳东凿，洞成相易，洞成而张使君不能辨其质。①

嘉庆年间《续修济源县志》中也说：

> 广济河渠旧制二十四堰，至康熙六十年后存十五堰，济民所资止永益等四堰。后以地高水低，永利、常丰二堰不资灌溉，水归河境，而永益堰仅灌田六顷零。利户公议添设水车四架，每架所灌竟日不过六、七亩，为利无几。再水车所灌之利地，仍永利、常丰之利水，非别有侵占其车，制又顺水运转，不碍河流，相沿已久。②

虽然永利、常丰二堰并入永益堰，但实际上二堰也为河内县所用，即二堰没有利地，所占水分都归河内县所有，因此导致河内县利地远多于济源县。对此，济源县民颇为不满，竟然说万历年间的济源县令被河内县令袁应泰所哄骗。后世济源县的修志者竟然如此公开批评给河内县带来万世之利的县令袁应泰，如果不是乾隆年间两县争水的矛盾日趋严重的话，济源县人不会这么直白地在官方志书中指责为邻邑绅民所尊崇的前朝县令。关于"史为袁绐"这一两县交恶的根源，乾隆《济源县志》中还有一段记载说：

> 永利渠在利丰渠西，前明万历三十年史公记言与河内袁公应泰凿山开洞，引沁水入内地。济民初凿其西，袁绐史曰：济力弱，姑凿其下，渠成乃相易。及渠成，则食言。济在西，所用乃在东之水，故资其利者无多。③

---

① 乾隆《济源县志》卷15《艺文》，《石公开玉带河碑记》，第30页下—第31页上。

② 嘉庆《续修济源县志》卷4《水利》，第3页下。

③ 乾隆《济源县志》卷6《水利》，第11页上。

这一则材料则是讲万历三十年（1602），袁应泰在开凿广济洞时，济源县令史记言也同时在五龙口凿洞引水，起初济源所凿之洞在广济洞西边，袁应泰考虑到济源县民力量有限，凿洞困难，就与史记言商议让济源县在广济洞东边开凿永利渠，凿成之后，两县交换引水渠口，济源县从西边的广济洞引水，河内县从东边永利渠引水，但等到引水洞凿成，袁应泰却没有按照当初所商议的将广济洞交给济源县引水。这就是济源县民所说的"史为袁绐"的经过。在济源县民眼中，河内知县袁应泰成为一个出尔反尔毫无信用可言的人，但在河内人的心目中，袁应泰却被广为尊崇，尤其是对于河内县的公直来说。因此，开凿广济、永利洞后，由于袁应泰的出尔反尔，使得河内、济源二县因为用水不均而导致两县官民在水利开发上从开始合作走向了竞争，这也是清代持续不断的两县乡民为争夺水利而争讼的起因。

二　利人、丰稔二渠之分合：分水格局的确立

万历三十年（1602），河、济二令袁应泰和史记言对广济渠、永利渠的经营，虽称利及五邑，但实际上此前在五龙口开凿的利人、丰稔等渠也因整饬此二渠而遭破坏。因此，丰稔渠的利户纷纷告争官府。自嘉靖二十五年柏香镇杨纯买济源民地开河后，到了隆庆年间，怀庆府知府纪诚整饬广济渠导致了丰稔河的废弃，之后河内县令屡次修浚：

> 隆庆间，太守纪公诚复浚广济河绝丰稔中流南下，河废。万历十四年，邑令黄公中色疏导之，置程浩地一亩六分、程大地三亩，砌阴洞。二十八年又废。二十五年，复行三小甲之役，夫溉地如故也。三十一年，邑令袁公应泰凿广济河石洞，济令史公记言凿永利石洞，即今名玉带河者，三小甲济人也，夫役尽归永利，丰稔之迹绝矣。李士享、郭孟传辈继是告争，经府

断罚责有差，给士享金十两五钱，绝其觊觎，著为令。本河之身其事者，则杨守祖、杨有德、张汝魁也。万历三十七年，河倅朱公希龙督侯永安、张汝魁改砌丰稔口，以李兰、李相地五亩八分为口，值十一两六钱，河得行无阻，而利人淤已数年。①

　　由于广济洞、永利洞的开凿，原先属于丰稔河的三小甲夫役归永利渠所有，导致了丰稔河因无人管理而废弃。万历三十七年，丰稔河引水口的改砌，使得丰稔河得以重新顺畅。到了万历四十三年（1615），河内县令胡霈恩"从新整饬口岸，砌以石，始盘固"②。丰稔河引水口本来就地势平坦，容易引水，经过这次加固，五龙口地方形成了三个主要的引水口，从西向东依次是广济洞、永利洞和丰稔口。但利人河依然淤塞不能引水，因而同在万历四十三年，"（河内）邑令胡公霈恩力辟之，郡人大司农范公济世佐其成。然利人口居丰稔之下，水势鲸吸于丰稔者至利人掉臂去，遂强丰稔合口，力维均。丰稔苦之，利人又于分水之处低昂其冲，丰稔以是不行者四年"③。由于丰稔口之下的利人口无法引到水，因而强行将丰稔河的引水渠口合上，导致了丰稔河的断流，河内县人范济世在其中起到了关键作用。

　　范氏先世本是济源人，后移居怀庆府城，遂为河内县人。④ 范济世以万历二十六年（1598）进士起家。天启间，官至南京户部尚书，后因划入魏忠贤的"阉党"内而被罢职回乡。⑤ 因此，后世方志对他几乎不着一墨。不过从他的后世子孙、乾隆间进士范泰恒的《燕川集》中还能隐约看到他的一些事迹，其中有一条资料说："司

---

① 道光《河内县志》卷13《水利志》，杨挺生《丰稔河碑记》，第19页上、下。

② 乾隆《济源县志》卷6《水利》，杨蕃生《修复利丰河碑记》，第9页下。

③ 道光《河内县志》卷13《水利志》，杨挺生《丰稔河碑记》，第19页下。

④ （清）范泰恒：《燕川集》卷5，《赠文林郎翰林院庶吉士龙章范公墓表》，首都图书馆藏乾隆刻本，《四库全书存目丛书补编》第10册，齐鲁书社2001年版，第26页下。

⑤ 《明史》卷360《阉党列传》，第7852页。

农公既贵显，同族赖其力以起家。"① 可见，范济世做官后，其族人也靠着他而发家。他凭借着自己在本地的威权而对地方官施加影响，控制了地方水利的开发，从而为自身及族人带来了许多利益。在范泰恒所写的《重浚利丰河碑记》中也能看出范济世在此次整理利人、丰稔河中的作用：

> 利丰河，河故名丰稔，创于明嘉靖二十五年，久且废。万历四十三年，吾邑胡公霑恩复辟之，先大司农实佐其成。分而为二曰：利人、丰稔，建太公闸以闸之。后邸公存性移闸程村之西，易名天平，两行如故。②

也许是范泰恒故意夸大先祖的功绩，将利人河的"复辟"归功于范济世，但我们从中也可以揣摩出实际是范济世主导了万历四十三年（1615）利人河的疏浚。

丰稔河被阻断引水口而断流四年后，知县邸存性在济源县的程村建闸分水，将利人河分为利人、丰稔二渠，因此，二渠后来被称统称为利丰河：

> 顺治十五年旧志云，利丰河即利人、丰稔二河，因二河水小，分灌不均，利户争讼，知县胡霑恩万历年建砌天平闸一座，分水浇灌，永杜争端，故更今名。③

这段资料中顺治年间的修志者已经把修建天平闸和太公闸的两任知县混为了一谈，但无论是太公闸还是天平闸其目的都是平衡二渠之间的用水，减少利户之间的争端。至此，天平闸的修建，使得

---

① 范泰恒：《燕川集》卷4，《家谱遗事四则》，第3页上。
② 范泰恒：《燕川集》卷1，《重浚利丰河记》，第3页上。
③ 道光《河内县志》卷13《水利志》，第16页上、下。

利人、丰稔二渠的用水格局也确定下来。

自万历二十八年至万历四十七年（1600—1619），广济洞与永利洞开凿及利丰河的整合将明代沁河的水利开发推向了一个高潮，并且奠定了五龙口三渠分水的基本格局：

> 万历二十八年（1600）河内令袁应泰、济源令史记言始循枋口之上凿山开洞，其极西穿渠曰广济，为河内民力所开，工最钜；次东曰永利，为济民所开；又次东曰利丰，乃旧渠而河内民重浚，买济源民地以顺水东下，兼利济地，而仍嘉靖时故名，土人呼为五龙口三洞者也。①

但在奠定分水格局的过程中，水利不均的情况也随之产生，这就直接导致两县乡民之间心生芥蒂，因此，两县利户之间争多水利也就不可避免了。

三　逝去的县令：水权的象征

万历年间，广济渠二十四堰轮灌制度及五龙口三渠分水格局的确立标志着河内县对沁河水利资源的绝对控制。但当"史为袁绐"成为济源县民诟病水利不均的根源时，两县间的争水也就不可避免，其实争水本来就是地方社会的常态。地方社会水利博弈的过程其实就是水利秩序的建立、破坏和重新建立的过程，这个过程既有合作，但更多的是竞争。

在袁、史二令先后从河内县、济源县离职后，他们在地方社会中一显一晦，反映出两县人对他们不同的态度。袁应泰自万历二十七年（1599）到任河内知县，因修水利之功而举卓异，先后升任工部主事等职。泰昌元年（1620），升佥都辽东巡抚，同年十一月，升任兵部右侍郎，辽东经略。不过在天启元年（1621）三月，后金

---

① 道光《河内县志》卷13《水利志》，第4页下。

图 3 - 2　五龙口三渠分水图（图片来源：乾隆《怀庆府志》）

兵破辽阳城，袁应泰自缢死，朝廷赠其为兵部尚书。[1] 袁应泰殉国而死，在河内县产生了很大的震动，"怀民痛公沦丧，所在皆巷痛罢市，思慕悼惜，抑何若是之深且切也"[2]。曾深得袁应泰器重的河内县李家桥村公直侯应时早在万历四十七年（1619）就在本村建生祠以祀袁应泰，河内县乡宦杨之璋撰文道：

　　甲辰（万历三十二年，1604），公（指袁应泰）内迁去。知应时忠于所事，俾守其利，百折不变。于是，应时德公，公

---

① 雍正《凤翔府志》卷 6《人物志》，第 36 页下—第 37 页上。
② 乾隆《怀庆府志》卷 30《艺文志》，杨之璋《袁公祠记》，第 25 下—第 26 页上。

愈重应时，遇甚厚。应时衔感公知，虑去思之莫能申也，卜所
在郡西二十里许李家桥村空地一区，创大门、重门各二楹，东、
西房各三楹，中建正室四楹，肖公像以歆祀，外缭垣墙，以妥
神栖。每岁七月八日为公初度，应时斋醮三日以报公恩。先时，
尝度地可树者植柏树百余株，今皆约围尺有五寸，蔚然成林。
祠宇所费不下百金，皆应时田所入与家所素蓄者，未尝以一土
一木远取诸人。广济支流曰大丰堰者，沐河润之泽，激忠义之
倡，畚锸之劳间亦有愿助者，经始己未之夏（万历四十七年，
1619），落成是岁冬杪，凡八阅月而功方告竣。应时谓予谂详，
谒予请记。①

前文提到，侯应时在大丰堰的利地有二顷之多，官府已经颁发
贴文免其夫役，并允许其可以使用大丰堰内余水。从建祠的费用来
自侯应时种田的收入和自己的积蓄就可以看出，侯应时藉水、田之
利颇为富有。因此，公直侯应时为袁应泰建造生祠，一方面是为了
答谢其知遇之恩，而另一方面则通过建祠表明自己与袁应泰非同寻
常的关系和进一步表明自己用水的权利。广济渠大丰堰的利户也出
夫役参与修祠，这些利户同样是为了申明自身用水的权利。当袁应
泰殉国之后，侯应时便将建祠的目的刻石垂后：

今上改元春（天启元年，1621，笔者注），公以开府衔命守
辽，城陷死难，精忠大节，照耀古今。……。今公往矣，应时
行年六十有七，……，诚恐异日公与应时德音莫考，姑述颠末
以垂诸后，俾侯氏子孙心祖父之心，承祀事于永久，且令瞻庙
貌读断碣者，更仰公之风于不朽矣。……。凡厥夫役，详勒碑
阴。天启二年岁次壬戌中秋之吉，建祠广济洞口总督公直侯应

---

① 乾隆《怀庆府志》卷30《艺文志》，杨之璋《袁公祠记》，第25页上、下。

时立石。①

　　文虽杨之璋所作，但建祠的目的，即"诚恐异日公与应时德音莫考"则也可能同样出自侯应时的心声。杨之璋所希望侯应时的子孙能永久承祀也表明了公直后裔通过对袁公祠的管理，从而永远享有对广济渠用水的特权。

图 3－3　袁应泰像（五龙口袁公祠内，笔者摄）

　　袁公祠不仅李家桥村一处，在济源县五龙口广济洞上还建有一座祭祀袁应泰及开洞十二公直的祠宇，这座袁公祠也是侯应时等公

---

① 乾隆《怀庆府志》卷30《艺文志》，杨之璋《袁公祠记》，第25页下—第26页上。

图 3 - 4　"禹后一人"石刻（五龙口袁公祠入口，笔者摄）

图 3 - 5　广济渠十二公直像（五龙口袁公祠内，笔者摄）

直负责开凿，开洞建祠的目的再清楚不过了。在袁公祠石壁上刻有
万历年间任河内县丞的唐时雍的一首诗，其中极力宣扬袁应泰的

功绩：

> 凿山通渠润五封，不殊霖雨渥三农。声名卓卓行山峻，惠
> 泽涓涓沁水溶。
>
> 豸府已能惊事业，麟台应许尽形容。即令底绩追神禹，天
> 下谁当第一功。①

祠堂石门上刻于万历三十二年（1604）的"禹后一人"四个大
字，将袁应泰的功绩与大禹相提并论。负责开洞建祠的公直有五位，
即：侯应时、张思周、赵阳、萧守祖、郝有义。② 这些人也是负责开
凿广济洞的公直。袁应泰在身前逝后都得到了河内县官绅乡民的崇
祀，后世河内县地方官凡兴水利，都以袁应泰作为表率，如万历四
十七年（1619）河内县令邸存性到任后，"恤灾导利亦惟袁公是准。
所已开之泽，侯善护之，勿蠹于奸胥手；其所欲开未开者，侯开创
之，而益济其所不及"③。他不仅新创安阜河，还整合了利人、丰稔
二渠为利丰河，前文已述，此不赘言。

五龙口石壁上有关袁应泰的纪念设施的兴建并未停止。崇祯五
年（1632），怀庆府知府别如纶在袁公祠石壁上刻碑，颂扬袁应泰
的功绩，《重修袁公创开广济渠碑》记载：

> 先生尊讳应泰，字位宇，陕西凤翔府人，任河内县令，后
> 迁升钦差经略辽东兵部右侍郎兼都察院右副都御史，追赠兵部
> 尚书。先生以身徇国，海水增乘，凭孤竹而吊高风，志士仁人

---

① 存五龙口袁公祠外石壁上。
② 此碑存济源市五龙口袁公祠石壁上，袁公祠的开凿时间具体不详，但根据石壁上
的刻石可推知应在万历三十二年广济洞凿成之后，而洞内袁应泰的石像及十二公直石像
则不知何时所立。在袁应泰石像上面的石壁上刻有怀庆府知府陈之涢、同知吴绍志仝题
的"龙门再凿"四个字，落款时间是"天启岁次乙丑仲春吉旦"，即天启五年，距离袁应
泰殉国已有三年，可知在袁应泰殉国后，怀庆府地方官在袁公祠内又有诸多建设。
③ 顺治《怀庆府志》卷13《新开安阜河记》，第24页上。

每为咄嗟。纶景懿行，有怀至止。会以南兵，出守覃怀，实先生所自起事地也，……。纶方师至德于家乘，□芳规于□口碑，而太行云雾之间，□□一水瀑若练布者，则先生所开水道也，外线为室衣冠□而轩题屹然首，则怀之民不忘先生也。先生辟凿三年，□亦劳止。乃独□仪任恕两□是役，于是西至于济东缠于河，南北之区皆能贱饷润以膏沐焉。而后著其地者，庙而食之，吏其土者见而思之也。厥功伟哉，因额之曰：永赖乃功，以与孤竹齐峰，高揖令予而观之云。①

与袁应泰身前逝后都名声大显相比，济源县令史记言虽然也享受到了济民在县城内为其建造生祠的优遇，但与袁应泰相比他在济民眼中却是"甘韬晦不欲自显其功"。下面这段材料颇有意味地道出了后世济源县民众对这一"显"一"晦"的理解：

　　五龙口三洞，源远流长，灌溉河、济二邑之田为利均非浅勘，而利丰、广济二渠利济不及三分之一，惟永利则专利于济，共溉田二百五十余顷。邑之东偏咸莳秔稻，几无复知有凶年。史公之有造于济者，可忘之耶？查东门外旧有史公生祠，改革之后，坍没无存，而碑记仅见之旧志。其载公之兴养立教，善政多端，固不独凿山开渠一事也。乃广济闸上倚石为祠，内塑袁公像，利丰闸上亦肖胡公，河民感德之切固宜，而永利闸则寂然无考。求其当日开渠建闸，一言皆不可得，岂公因为袁给遂甘韬晦不欲自显其功耶？然公虽自晦，而食其德者不宜忘所自，爰进用水各户而论之，为补建祠宇，立史公遗爱碑于内，以志不朽焉。②

_____

　　① （明）别如纶：《重修袁公创开广济渠碑》，明崇祯五年，碑存济源市五龙口袁公祠。

　　② 乾隆《济源县志》卷6《水利》，第11页下—第12页上。

济源县的史公生祠建于万历三十四年（1606）史记言离任之后，位于县城东门外。① 在济源县民眼中，史记言的"不欲自显"乃至"自晦"都源于袁应泰的哄骗。在袁应泰以殉国烈士的形象为河内县民所思慕时，强大的道德话语力量也遂为河内县官民所掌控。面对广济、利丰二渠河内县民所立袁应泰、胡沾恩的塑像，济源县民一方面表示认同；同时，对永利闸上未能为史记言建祠申明自身权利而又有些许的无奈。可见，在五龙口三渠上为有功之县令肖像立祠对两县利户民众来说俨然成为宣示水权的象征。不过，济源县永利渠的公直利户在五龙口永利洞上兴建祭祀济源县三位县令的祠庙——三公祠要迟至清嘉庆七年（1802）了。

本章小结

今日晋东南与豫西北地区，在宋、元时期由于地缘相近，行政单元的同一，使得两个地区在经济、文化方面有种天然的联系。藉北宋末年王朝对祠神大规模封赐的契机，在泽州地区影响很大的与祈雨有关的汤帝、二仙得到朝廷加以封号、颁赐庙额得以正统化，地方神明的正统化、国家化使其在周边地区迅速的传播开来，怀庆地区深受影响，遍布乡村的汤帝行宫及二仙庙就是汤帝、二仙信仰从泽州地区不断传播的结果。但从泽州到怀庆，汤帝、二仙在两个地区所呈现出的不同面相则展示出二者受地方传统的影响所发生的变迁，这样的影响因素即包括自然环境方面的，也包括地方文化传统方面的。在自然环境方面，两个地方不同的地形及水利条件决定了两个地区乡民不同的农业灌溉方式以及祈雨习惯的差异；在文化传统方面，则主要是道教传统对民间信仰的吸纳和改造。

从自然环境和水利条件的差异去分析不同地区农业灌溉方式和引水技术的异同是水利史所关注的一个方面。其中，引水技术的优

---

① 乾隆《济源县志》卷15《艺文》，王所用《史公生祠碑记》，第27页下。

劣决定一个地区水利开发的程度，水利条件的好坏制约着农业生产，农业丰歉关乎国家赋税的来源，进一步关乎地方行政能否有效运转。对怀庆地区来讲，自元代以来，开发引沁水渠的重点则是位于济源县东北部太行山下沁河出山处的五龙口。从元代到明中叶，围绕着五龙口地方的水利开发是地方有司、军事卫所以及基层民众关注的事务。水利开发的过程伴随着管理机构的设立和废除，水利制度的确立和废弃以及王朝鼎革所带来的社会混乱、社会秩序的重整、控制水利开发人群的更替。从明初怀庆卫所的设立、军事屯田的开垦、军户参与地方水利开发到明中叶地方乡宦及大姓对水利开发的参与，还有地方赋役制度的变化，都为万历年间五龙口地方三渠的分水格局及水利制度的最终确立奠定了基础。五龙口地方水利制度建立的过程，也伴随着县际及同一渠系利户之间的利益博弈，这其中地方官、乡宦、公直、利户为着各自的利益在其中扮演不同的角色。

万历末年河内知县袁应泰所确立的分水格局及制度被后世尊为圭臬，虽然制定者的初衷是平息水利纷争，但令他没想到的是河内、济源两县持续两百年的水利纷争的根源在此时被埋下。

第四章　渠堰旁的大姓：明末清初
　　怀庆府乡宦与水利开发

《五龙口》
秦渠枋口沁源通，凿透巉岩缵禹功
邻境邀恩知济广，郊圻被泽兆年丰
石门蓄泄奇猷著，玉带廻环踵事同
自昔法施民有祀，披图谁与继流风
　　　　　　　——乾隆《济源县志》

　　明代正、嘉之际，河内县军籍进士的崛起，地方社会的权力格局发生了较大的改变，地方水利的开发明显倾向于军户所占有的屯田。同时，军户也要参与地方水渠的兴建和疏浚。另一方面，我们也可以看到在地方水利开发的历史过程中，地方乡宦不断参与其中并施加影响。此外，在具体参与水利开发的乡村利户中，自然形成的乡村水利组织中的各色人等也扮演了重要的角色。明中后期，地方大族的兴起逐渐替代了军户对地方社会的影响。这些大族的兴起，自然与其在科举上的成功密不可分，一旦一人在科举上成功，外出做官，其留在家乡中的族人也会靠其威权获得地方利益，主要表现在对土地和水利的控制与占有。晚明时期，河内县崛起的大族之间往往通过婚姻建立起复杂的关系网络，使得地方大族之间结成更加稳定的利益关系。

　　本章主要以明清鼎革之际的怀庆府地方乡宦为中心，从梳理这批明初移民被纳入王朝里甲制度后在地方上生聚繁衍及在地方社会崛起的过程，可以看出这些地方大族崛起的过程也是怀庆府地方上水利开发最重要的时期。同时，明清鼎革所带来的社会动乱，严重打击了怀庆府的藩王、军户和乡宦，一些乡宦家族彻底消失，一些则一蹶不振。社会秩序的混乱，也造成明中叶所建立的地方水利秩序的破坏。在清初恢复地方秩序的过程中，地方乡宦也十分关注水利问题，如重新建立或恢复水利秩序以及利用自身地位为所在县邑谋取用水权利，其中地方乡宦之间的网络关系成为很重要的影响因素。

第一节　明末乱世中的乡宦：以河内县柏香镇杨氏为中心

一　作育后昆：杨嗣修与延香馆

本书第二章提到了杨克成在明初由山西移民至柏香镇，并被编入里甲制度中，充任河内县宽平一图的七甲里长，经过一百多年的经营，到了嘉靖年间，杨氏已经成为柏香镇大姓，克成四世孙杨纯曾出资七百八十金购买济源县民地兴修丰稔渠。从其曾祖及曾叔祖充任里长来看，杨纯应当占有不少土地，通过对土地的占有及对丰稔渠的控制，杨纯得藉水利而家资巨富。不过，家谱中记载杨纯并无子嗣，而柏香镇杨氏在万历年间得以在地方社会中崛起则是靠科举成功的杨嗣修。杨嗣修墓志铭中讲：

嗣修，字幼淑，号景欧，世怀庆河内人。上世洪洞九老、三老，其初迁祖也。自克成后至中丞公八世，公大父封廉宪来勤贫教子学，公父封廉宪棣，棣弟桐始同公为庠生。公伟干庄毅无儇薄气，田硗确不百亩。时兀坐古寺，肆业折节，从简逊庵攻麟经。万历辛卯（1591）中副卷，甲午（1594）遂中河南

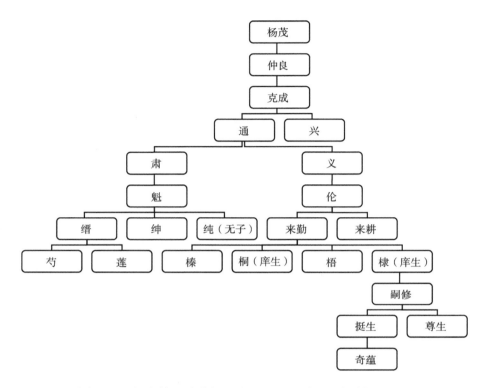

图 4 - 1　河内县柏香镇杨氏世系图（据《杨氏家乘》整理）

第四名，丁未（1607）成进士。[1]

这里所记载的柏香杨氏的始迁祖九老、三老与家谱所载稍有出入，家谱上说："尝闻予祖于洪武年间始迁居河南怀庆府河内县，民籍。其乡号曰杨五老，又号九老，讳茂，茂生仲良，仲良生克成。"[2] 但杨嗣修所作家谱序中提到"祀先轴内注有九老、三老，茂、仲良者"当即其墓志中所称的九老、三老，九老即杨氏始迁祖

---

① （清）王铎：《拟山园选集》卷70，《清故金都宁夏巡抚景欧杨公恭人孙氏合葬墓志铭》，清康熙刻本，第12页上、下。

② 《杨氏家乘》第1卷，《康熙三十五年锡九赐昌原序》，第7页。

杨茂，三老则其子茂良。① 从墓志铭中可以看出，杨嗣修自其祖父时家境较为清贫，从其父及叔开始入县学读书，其家所拥有的土地不足百亩，而且较为贫瘠，显然他家在柏香镇不算是十分富有的家庭。在他所作的《延香馆记》中说：

> 镇自国初以来比有素封，其读书为生员肇先大夫与先叔氏，余束发握铅椠，过庭之外茫无师友，依栖废庙，子尔晨昏。性善怯，假寐辄魇魇，警而走复茕茕，无所之。尝赍粮竭简逊庵师，授以麟经，然粮易告竭也。②

嘉靖二十五年（1546）出资购地开丰稔河的杨嗣修叔祖杨纯应该算是镇内的"素封"之家。但从这段杨嗣修讲述自己年轻读书时的情况可以看出，杨嗣修在年轻时家境相当的窘迫，不算是镇上的"素封"之家，但其家自他父叔辈开始便注重读书，是柏香镇最初的生员之家，父辈的熏陶使得杨嗣修刻苦攻读，从而得以在万历间在科举上有所作为。据墓志铭记载，杨嗣修生于嘉靖四十三年（1564），中进士时已经四十三岁，高中进士后的杨嗣修先后丁父母之忧，曾闲居在家，之后便开始了长达十数年的仕宦生涯，其足迹遍及"晋、齐、秦、楚"数省：

> （万历）庚戌（1610），授大行，册封崇府、益府。壬子，有江右之役。恭人孙氏没，迁户曹主事。己未，迁湖广衡州知府，……。壬戌，入觐，调山西汾州知府。……。甲子，迁山东海防道副使，登无兵设都阃因立镇。毛文龙踞皮岛海舻轻慄无常，以优人为副戎，抗礼宪使，公痛绝之，而驾驭悍弁不用

---

① 《杨氏家乘》第 1 卷，《中丞公创修家谱原序》，第 1、2 页。
② （清）孙灏修，王玉汝纂：顺治《河内县志》卷 4《艺文》，《延香馆记》，杨嗣修崇祯十二年所作，北京大学图书馆藏稿本，第 69 下。

褰廑，以杀其怒，海疆卒以晏然。……。丙寅，陟陕西神木大参，……。不弱一年，陟榆林中路按察使，……，得旨奖擢，即以金都为宁夏巡抚。戊辰（崇祯元年，笔者注），朔方兵呼，……，会以功致媚，公遂投劾，旋时己巳（崇祯二年，笔者注）初夏也。①

杨嗣修经历宦海浮沉后，在崇祯二年（1629）夏回到河内县柏香镇。墓志中说是他"以功致媚"，是因功遭人妒忌，具体原因则语焉不详。顺治《怀庆府志》中记载："（公）以右金都御史抚宁夏，会当事噎媚公，公投劾归。"② 《崇祯长编》中则说："崇祯二年（1629）正月，甲戌，……。宁夏巡抚杨嗣修回籍听勘，以御史樊尚璟斜也。"③ 杨嗣修因御史樊尚璟弹劾而辞职回乡，其原因可能与崇祯元年（1628）宁夏固原兵变，即"朔方兵呼"有关。④ 回到故乡的杨嗣修虽然已无职务，但他在明清鼎革之际的乱世中靠自身在地方社会中的影响力，发挥了保护地方的积极作用。崇祯初年，怀庆府尚未受到农民起义的波及，杨嗣修回乡后便在柏香镇内兴建义学，延请名师为那些因家贫而不能读书的子弟讲课授业。《延香馆记》中记载：

己巳夏，余宁疆赋归于柏香镇之中，辟土为义学，曰延香馆，衍芬郁于有永也。馆凡七楹，障以重门，门内东、西号舍十六间，中讲堂，堂置厨，厨经书若干部。馆延名宿正师席焉，其穷经于堂后者，亦七楹，岁额水田百亩，具束修薪水，为远

① 王铎：《拟山园选集》卷70，《清故金都宁夏巡抚景欧杨公恭人孙氏合葬墓志铭》，第12页下—第14页上。
② 顺治《怀庆府志》卷7《人物·孝义》，第22页下。
③ （清）汪楫：《崇祯长编》卷17，第18页上，"中央研究院"历史语言研究所校印本明实录附录之四，第977页。
④ 有关崇祯元年宁夏固原兵变，参见薛正昌《崇祯元年固原兵变与明末农民起义》，载《社会科学》1990年第4期。

迩来学者地。馆经创始耗金钱五十万，百亩之直亦钱三十万，岁余落成，从游日益众，且次第为博士弟子员。噫！此非余不屑之所能为也。①

这则材料中的"岁额水田百亩"也是杨嗣修出资购买，顺治《河内县志》记载：

> 杨嗣修，字景欧，中万历丁未进士，历官宁夏巡抚。居乡长厚，乐善好施。……。复捐资建义学，曰延香馆。买水田百亩，以供束修薪水，远近泛学者甚众。②

可见，仕宦十数年的杨嗣修在辞官回乡后，已远非昔日读书破庙中的境况可比，他能够出资近百万兴建义学，购置水田，足见其家资雄厚。水田的占有需要有充足的水源来保证，因此，在河渠纵横的柏香镇周围，杨嗣修以自己的威权，对水渠的控制和土地的占有也是在情理之中的事。

延香馆的设立，为明清之际的河内县培养了许多人才，柏香镇杨氏子弟多入馆学习，其中杨氏子弟在清初甫一开科取士时便有人考中进士、举人，如杨嗣修孙杨奇蕴中河南乡试顺治乙酉科（1645）举人，③杨运昌中顺治丙戌科（1646）进士，曾任礼部侍郎，是清初河内县第一批进士之一。④杨运昌曾说："先大中丞辟义塾、造士塾在天宁浮图之北，昔延郡文学徐夫子主函丈。余同张子

---

① 顺治《河内县志》卷4《艺文》，《延香馆记》，第69页上、下。
② 顺治《河内县志》卷3《列传》，第41页上、下。
③ （清）萧家芝：《丹林集》卷4，《清故文林郎陕西庆阳府推官杨公墓志铭》，国家图书馆藏康熙刻本，第4页下。
④ （清）朱汝珍辑：《词林辑略》卷1《顺治丙戌》："杨运昌，字子立，号厚斋，河南河内人。散馆授检讨，官至礼部侍郎。"收入周骏富辑《清代传记丛刊》016册，台北明文书局1986年版，第10页。杨运昌，字石斋，作有《石斋文集》，这里作厚斋，应该有误。

水苍、家弟羧伯幼受业焉。"① 羧伯即杨奇蕴的字，而张水苍即张绅，也在顺治二年（1645）与杨奇蕴、杨运昌同中举人。杨嗣修在家乡兴建义学，作育后昆以及种种惠及桑梓的义行，使他成为地方事务的主导者，不过这样的平静生活很快被农民起义军所带来的社会动荡所打破。

二　从筑城自保到义军禁锢

崇祯三年（1630），陕北起义军已经进入山西。到了崇祯五年（1632）秋，山西寿阳、泽州先后被攻克。同年九月，李自成等部起义军便从山西进入河南，攻克了怀庆府修武县和河内县清化镇。② 此后，怀庆府地方社会的局势便陷入混乱之中，地方自然灾害加上盗贼蜂起，一时不可收拾。康熙《河内县志》记载：

> 崇正（祯）五年壬申（1632），流贼自山西下，攻破清化。明年，复大掠河内，渡河而南。十二、三年连年大旱，人相食，怀庆盗贼蜂起，河内令王汉讨平之。③

到了崇祯十年（1637），义军再次由山西进入怀庆府，柏香镇遭到了义军的袭扰，杨嗣修应镇民请求，聚集镇民出资修筑镇城，王铎所撰写的《创柏香镇善建城碑铭》记载：

> 柏香东距怀庆三十五里，西距济源三十五里，居民茭牧其内，……，祖宗休息以来，农桑老寿，百姓不见兵革之祸，保其性命，家熙乐业，生齿繁者什八。初世庙时，寇夒于燕，民

① （清）杨运昌：《石斋文集》卷3《序》，《贺徐万子捷南宫序》，清康熙忠孝堂刻本，第46页上。

② 顾诚：《明末农民战争史》，中国社会科学出版社1982年版，第54页。

③ （清）李枟修，萧家蕙、史琏纂：康熙《河内县志》卷2《古事》，国家图书馆藏康熙刻本，第89页下—第90页上。

稍堞之，久而啮焉。崇祯什（十）季辛未之秋，寇数万蜂食我清化，踏修武，蹿及柏，三周杀人如草，卤获无算。百姓荒忽景骇，……，塞连不知攸处。中丞杨公景欧聚人谋之曰：以吾数世占数于斯土也，茹土毛门，阶户席皆亲戚也。老有终，幼有长，恒享太平之祉，而今不能矣。羽檄乱，金铁鸣，长戟劲弩在前，我辈恐食不能在口，熬熬脂火，不此之城何时城欤？斯旦夕之势而死生之判也。乡人咸流涕许诺曰：我辈小人，不足自知大事，然老幼性命繋我独轻，惜小费一时不可媮，况保及苗裔乎？中丞言：哲我能城，无论寇，即寇岂能逾枋口一步，而快心于西鄙哉？中丞曰：有是夫乡亲戚之达也。于是赋出有等，公出者独丰，余醵若干缗，城土埤砖，……，戎器克藏，鼓铎侦防，绝忽可胜。八阅月，城既岿竖，敌楼翼丽，老幼咸来，喜兹成功，咸拜中丞曰：斯时也，始可免罹兵革之祸，保性命之安矣。①

崇祯十年到十一年间（1637—1638），在动荡的社会局势下，柏香镇民在杨嗣修捐资倡导下修建镇城，并购置军器、组织镇民以自保，修城的费用也基本上是杨嗣修所出。时任河北道的袁应泰之子袁楷将其命名为"善建城"。② 善建城的修建使得柏香镇民暂时免遭兵戈袭扰，柏香镇民感其功德，在镇内为杨嗣修建生祠。③ 不过，怀庆府地方的局势在此后愈加动荡，义军不断袭扰，尤其是在崇祯十

---

① （清）王铎：《创柏香镇善建城碑铭》，此碑现存沁阳市博物馆，撰文时间为崇祯十四年。此文亦收入《拟山园选集》卷60，但文字稍有出入，这里以碑刻为准。不过在检视怀庆府及河内县诸方志时，起义军南下破修武县及清化镇皆在崇祯五年，这里可能是王铎记错了时间，顺治《怀庆府志》所载此文中为崇祯六年。

② 顺治《河内县志》卷3："杨嗣修，字景欧，……。值寇乱，于柏香镇捐资建城，分守河北道袁公楷名之曰：善建城。寇至，有恃全活，不可胜计。"第41页上、下。乾隆《怀庆府志》卷21《人物志》："杨嗣修，字景欧。……。郡城圮，捐金为倡。家世柏香镇，镇城圮，复捐二千金。又代邑人输租六千金，邑人德之。"第12页上。

③ 王铎：《拟山园选集》卷61，《杨中丞世德祠碑》，第15页下—第16页上。

七年（1644），怀庆府城被义军刘芳亮部攻破后，怀庆府城内的郑藩宗室及地方上的官员、乡宦遭到了沉重的打击。

康熙《河内县志》记载：

> （崇祯）甲申（1644年），秦逆贼李自成僭位西安。二月，遣伪将刘芳亮由山西袭扰怀庆，选授伪河内令。①

《豫变纪略》记载：

> 崇祯十七年正月，……，乙卯，流贼破怀庆府。知府蔡凤走，河内知县丁泰运死之，巡按御史苏京、副将陈德等皆降。……。郑王翊铎陷贼，不知所终。②

李自成大顺政权在河内县遣官设职的同时，也将河内县的明朝官绅按图索骥押往咸阳，以实关中，杨嗣修及其子杨挺生也在其中。杨嗣修及杨挺生墓志铭记载：

> （崇祯）甲申，李寇败孙白谷师，自西安分卤东北，铲潢泽、河朔，公潜避之河阳村，蛙黾沸骇，恂（循）如君（嗣修子挺生，字循如，笔者注）扶掖公备至，伪将提鼓援桴，按籍索镪，家遂破。七月，寇下令曰：诸大夫其俱西走潼关道。③
>
> 逆闻之变，命伪守令籍所在乡士大夫逮赴咸阳，将锢之。公（杨嗣修之孙杨奇蕴，笔者注）年甫成童，素车白马，送乃祖父（杨嗣修及其子杨挺生，笔者注）至河上，号哭震地，云惨风凄。路旁观者，无不泣数行下。比伪令蹶张，贩夫牧竖皆

---

① 康熙《河内县志》卷2，《古事》，第90页上。
② （明）郑廉：《豫变纪略》卷7，清乾隆刻本，第17页下、第19页上。
③ 王铎：《拟山园选集》卷70，《清故金都宁夏巡抚景欧杨公恭人孙氏合葬墓志铭》，第14页下—第15页上。

瞑目，与绅士为难。邑人皆为公危之，公慨梗无惮色，识者皆谓房太尉家有子也。①

义军在追逮地方乡宦士绅的同时，还大肆搜刮这些乡宦士绅的资财，杨嗣修家资巨富，自然成为他们不能放过的目标。不过，杨嗣修并没有被押往咸阳，而被囚禁在了西安雁塔寺内五十余日。随着清军入关及大顺政权在顺治元年的土崩瓦解，杨嗣修在其子杨挺生的护送下历经艰险从西安返回柏香镇。杨嗣修墓志铭及顺治《怀庆府志》分别提到：

> ……。羁公雁塔僧舍中五十日，公是年皡皡八十一岁矣。忽夜逃回，疑潼关阻，南窜商于武关山，狭入禁沟地，倏为寇骑所遮，写橐以畀，幸免虎口。反借渠符以出关，渡河又趋闻喜西岭，寇咆然充满于衢，间道抵阳城侯井村下石寨，避河之南，后归怀。清时，恂（循）如仍以司理莅平阳迎公，公间关入平水，三十日病殂。②

> 先是，闯逆絷维乡大夫实关中。时开府公（注：杨嗣修）八十一岁矣。公（注：杨挺生）掖老父潜居雁塔寺，卒能迂道邃谷，渡蒲坂，由闻喜、垣曲，逻卒充斥中，全首领归，则公之孝能生其才如此。③

经过这场劫难，柏香镇杨嗣修家道由此衰落。清朝定鼎后，其子杨挺生被荐举任开封司理，后任山西平阳府司理，杨嗣修在顺治五年（1648）在平阳去世。经历明清鼎革后，柏香镇杨氏深受社会动乱的打击，河内县的乡宦也多为义军所杀而丧失殆尽。如曾任礼

---

① 萧家芝：《丹林集》卷4，《清故文林郎陕西庆阳府推官杨公墓志铭》，第4页下。
② 王铎：《拟山园选集》卷70，《清故金都宁夏巡抚景欧杨公恭人孙氏合葬墓志铭》，第15页上、下。
③ 顺治《怀庆府志》卷7《人物》，第15页下。

部郎中后致仕在家的河内乡宦杨之璋就死于义军之手，他曾为河内县李家桥广济渠公直侯应时撰写袁应泰祠碑记。在崇祯五年（1632）义军从山西入怀庆府境，攻破修武县及清化镇时，曾弹劾杨嗣修的樊尚璟时任河南巡抚，他正在怀庆府城内。杨之璋碑阴记载：

> 中丞樊尚爆（璟）走城中，不发兵，令兵拥护前后，寝门。公（杨之璋）争之，缮怀庆城甓，缺啮增雉焉。公不交睫解衽，令其弟捍东关，擒一渠帅，寇退，完地以救民，各保首领，缓急足恃，公有谟焉。①

作为地方有名望的乡宦，杨之璋如同杨嗣修一样在地方社会动荡中起到了重要作用。在怀庆府城被攻破后，杨之璋被义军捉住，"未几，高杰自泽潞窥河内，予（王铎，笔者注）避之武林，公为杰所得，不屈不饮食，作诗遗仆，郁郁以死，年七十有四"②。杨之璋在李自成起义军攻怀庆府城时与其弟积极抵抗，他曾作《怀城闻寇登望》描述河内县的情况，诗曰：

> 猖狂流寇有同仇，滋蔓于今乱未休。梁苑比年争跃马，桃林何日见归牛。
> 那知入眼蒿藜地，却是伤心禾黍秋。直待龙钟专阃外，芟除丑类奏鸿猷。③

从诗中可见杨之璋面对社会遭受破坏后的愤懑之情。顺治初年的怀庆府，在清军与起义军的争夺厮杀中，地方社会破坏严重，明

---

① 王铎：《拟山园选集》卷63，《礼部郎中杨公荆岫碑阴》，第16页上。
② 王铎：《拟山园选集》卷63，《礼部郎中杨公荆岫碑阴》，第16页下。
③ （清）刘维世修，乔腾凤纂：康熙《怀庆府志》卷18《诗》，上海图书馆藏康熙刻本，第36页下。

中叶以来崛起的地方大族遭此打击,有的彻底消失,有的则一蹶不振。在社会秩序重建的过程中,清朝统治者一方面继续打击农民军,另一方面收拢明朝遗民乡宦为己所用,并在南方局势并未平定的顺治二、三年（1645、1646）间开科取士,收罗人才。

三 杨氏的地方网络

自杨嗣修万历年间中进士后,柏香镇杨氏崛起于河内县,杨嗣修与河内县的乡宦通过婚姻建立起了地方上的网络关系。杨嗣修生二子,长子挺生,娶镇原县知县马惟德之女,马惟德也是河内人,中万历癸卯科举人;[①] 次子尊生,娶南京户部尚书范济世之女。[②] 前文已述,范氏亦为河内大族,范济世也靠着自己的威权控制着河内县的水利开发。与杨氏交往较为密切的则是河南府孟津县的王铎。王铎,字觉斯,天启壬戌年（1622）进士,入翰林院充庶吉士,初以清流自居,在晚明东林党与魏忠贤"阉党"的斗争中,他与文孟震、黄道周、倪元璐等人倾向于东林党。在宦海浮沉数年后,王铎于崇祯十一年（1638）辞职回乡,次年又返回北京。崇祯十三年（1640）出任南京礼部尚书,在赴任途中,取道卫辉府,在张吴店曾遇到"土贼"两千人的袭扰,此间其父母先后去世,他便携同家人寓居在怀庆府城,于城东北部的东湖旁筑室暂居,在这里生活了两年多。[③] 王铎在怀庆府城与地方官宦交往密切,他在杨嗣修墓志铭中写道"及居怀,常侍公",可见在王铎寓居怀庆府城时与杨嗣修多有往来。同时,他与柏香镇杨氏的关系同样在他为杨嗣修所写的墓志铭中有所反映,从"予辱与公三世交好,又缔以甥姻"就可以知

---

① 乾隆《怀庆府志》卷17《选举志》,第29页下。
② 王铎:《拟山园选集》卷70,《清故金都宁夏巡抚景欧杨公恭人孙氏合葬墓志铭》,第16页下。
③ 王铎事迹散见于《拟山园选集》各卷中。

道他们之间有姻亲关系，① 具体来讲就是，王铎长女嫁给了河南府新安县人、曾任兵部尚书的吕维祺之子吕兆琳，而吕兆琳之女许配给了杨奇蕴之子杨奕筥（1641—1681），王铎就是杨奕筥夫人的外祖父，所以杨氏与王氏有甥舅关系。② 此外，在王铎寓居怀庆府城时，除杨嗣修外，他与杨之璋、王汉等人也交往频繁，多以诗书相赠，其先后为杨嗣修作《奉景翁诗轴》、为王汉作《赠子房公草书卷》，为杨之璋作《望白雁潭作诗轴》、《飞人诗轴》，这些书法作品一直流传至今，成为研究王铎书法的重要实物。在王铎死后由其子等人编纂的《拟山园选集》中，王铎所撰写的与柏香镇杨氏的文章反映出了这一时期柏香镇杨氏在社会动乱中的作用及遭遇，这些文章在前文已经引用多次，暂不赘言。

柏香镇杨氏虽然在清初遭受打击，但杨氏子弟在新朝未稳之际，参加科举，并有所收获。杨奇蕴中顺治二年河南乡试举人，谒选为陕西庆阳府推官。③ 杨氏另一支族人杨运昌则在顺治三年（1646）考中进士，杨氏在科举上的优势使得其在地方社会中依然保持着威望和对地方事务的话语权。杨嗣修之子杨挺生虽然没有考取功名，但在明崇祯十年（1637），怀庆府知府傅崇中举贤良方正，推荐他做官，但他顾念到父亲杨嗣修已经七十三岁高龄，身体健康状况欠佳，"坐起需人，不数日辄病而呻吟，其呻吟也，以痛求之不得，以苦求之不得。大都血气既衰，力不能胜寒咸暑热，起居饮食其痛苦遂相逼而至耳。三日前，扶筇而行，尚不免一蹶，子孙辈惶怖无地，生当此时，可以脱然莱彩客处天涯乎？"因而坚决推辞。④ 顺治《怀庆府志》中这样描述他：

① 王铎：《拟山园选集》卷70，《清故金都宁夏巡抚景欧杨公恭人孙氏合葬墓志铭》，第12页上。
② 萧家芝：《丹林集》卷4，《文学杨羽诜墓志铭》，第19页下。
③ 萧家芝：《丹林集》卷4，《清故文林郎陕西庆阳府推官杨公墓志铭》，第4页下。
④ 顺治《怀庆府志》卷5《科举》，第52页下；卷13《艺文》，杨挺生《辞荐辟书》，第33页上。

> 杨挺生，……，为诸生，挥金交士，士缓急倚之。应明经选，邑令金公炼色、监司张公盛美、中丞王公汉无巨细，必确之。洛阳孝廉石岳以其堡民误杀左良玉兵，左欲杀石以偿。鲁山宗麟祥登进士，以事忤邑令，令怂大吏褫其服，逮以封簿，赖公疾驰数百里外，皆得脱，然石与宗实皆无班荆之素。①

萧家芝则称"桂林公以豪迈称河朔间，公少时习见四方硕人魁士，鹤盖接轸厅事，椎牛湑酒无虚日，其以脱人之厄，振人之急"②。桂林公就是指杨挺生，他回乡后又曾被举荐作桂林府推官，依然没有赴任。从上面材料可以看出杨挺生喜欢结交地方英豪，建立自己的地方网络，并利用自己在地方上的威望，为人解危救急。他在顺治年间在家时还积极参与到河内县地方水利的整顿。顺治《怀庆府志》记载：

> 杨挺生，……。国初，署开封司理，寻补平阳司理，丁开府公艰，补桂林司理，以疾不克之官。家居，犹疏利丰渠，复上秦河、小丹河水利。③

清初，杨挺生先后出任开封府司理和山西平阳府司理，从山西平阳府丁父忧回乡后，河内县地方上的儒生多喜与之交往。清初河内县进士萧家芝、萧家蕙兄弟，自幼便得杨挺生厚爱，在其子杨奇蕴墓志铭中萧家芝写道："桂林知我，实自童年"，而在崇祯年间，王汉任何内县令，积极振兴地方文风，提携士人时，萧氏兄弟因杨挺生举荐而得到王汉的器重，萧家芝行述中曾说：

---

① 顺治《怀庆府志》卷7《人物》，第15页上。
② 萧家芝：《丹林集》卷4，《清故文林郎陕西庆阳府推官杨公墓志铭》，第4页上。
③ 顺治《怀庆府志》卷7《人物》，第15页下。

大中丞王忠烈公（即王汉）为河内令，才高嗜奇，不好交接俗人。一日从司理循如杨公（即杨挺生）小饮，酒半，呼叔父名，曰：河内有萧生名某者乎？杨公曰：然。公何以知之？王公曰：吾课邑士，挑灯阅卷得此叫绝，但不知其家世耳。杨公为悉数家世积德状。王公喜，杨公因复进曰：河内士更无如萧生者乎？王公曰：有之。杨公曰：必其胞兄紫眉。紫眉，大人字也。王公归视，果大人，愈益骇，大加推藉，亦若仲举之礼。①

萧氏兄弟在顺治二年（1645）与杨奇蕴、杨运昌同中河南乡试举人。三年（1646），萧家蕙与杨运昌同时考中进士。顺治四年（1647），萧家芝也考中进士。此外与萧家芝甚为交好的修武县范正脉则出自杨运昌之门。孟县乡宦薛所蕴为范正脉所撰墓志铭中说：

公讳正脉，字介子，号龙图，别号百岩。其先晋之洪洞人。明初祖大有者迁怀之修武，家焉，遂为邑著姓。父继仁通判九江，有惠政，江州民至今思之。公童时崭崭露头角，丰神俗上，才思警敏，为文数千言立就。十余龄即刊有艸草。士人傅谓大司马东莱王公令河内，奇其文曰：司马子长之流也。……。崇祯癸未秋补河南壬午乡试，以春秋隽。皇清丁亥，举南宫，出河内杨少宗伯门，己丑成进士。②

这里的杨少宗伯就是指杨运昌，"少宗伯"即"礼部侍郎"。可以看出，清初怀庆府的进士与柏香杨氏的渊源颇深，这些地方网络的形成与万历年间以杨嗣修为代表的杨氏在地方上的崛起密不可分。

---

① 萧家芝：《丹林集》附录，《清故奉直大夫刑部郎中显考萧公行述》，第2页上。

② （清）薛所蕴：《澹友轩集》卷14，《两浙都转运盐使司盐运使前翰林院检讨龙图范公墓志铭》，第10页下—第11页上，清顺治十六年自刻本，《四库全书存目丛书》集部第197册，齐鲁书社1997年版。

这些与杨氏密切相关的地方精英，成为主导清初怀庆府地方社会的重要群体，他们的合作成为推动地方社会事务的重要力量，而这种合作更多体现在水利事务以及地方里甲徭役的整顿上。

第二节　他者的声音：三县乡宦合作与孟县余济渠分水

明清鼎革之际，与柏香杨氏亦有姻亲关系的孟县乡宦薛所蕴经历了两次政权交替的大变动。薛所蕴，字子展，号行坞，怀庆府孟县人。其曾祖、父曾任知县或教谕之类的低级官员，其曾祖母杨氏就是柏香镇人。他于崇祯元年中进士，先后任山西襄垣县令、翰林院检讨（崇祯七年，1634）、国子监司业（崇祯十六年，1643）。崇祯十七年（1644），李自成起义军攻破北京城时，他投降了李自成，在李自成被清军赶出北京后，他携母奔涿州，后以范文程延请出任清廷国子监祭酒。顺治二年（1645）冬，他请假送母亲自北京回孟县老家。① 此时刚刚纳入清廷统治的怀庆府局势还不十分稳定，地方上土寇横行，薛所蕴甫一到家便参与了平定怀庆府地方士兵的哗变。薛所蕴墓志记载：

> 初豫王南征，李际遇暨党咸随，留其弟二挠头、渠率张阳、刘继汉于怀庆。丙戌正月，挠头与有司构衅，鼓噪将据城为乱。先生适抵家，闻变即单骑入郡，婉谕挠头，令解兵归旗分遣，张阳、继汉后皆伏法。当兵噪时，豫抚吴公景道闻之大惊，既而曰：有薛公在，料能了此已。果然，乃寓书致谢。②

① （清）白胤谦：《东谷集·归庸斋文》卷4《礼部左侍郎薛先生墓志铭》，第20页上—第22页下，天津图书馆藏清顺治、康熙间刻东谷全集本，《四库全书存目丛书》集部204，齐鲁书社1997年版。

② 白胤谦：《东谷集·归庸斋文》卷4《礼部左侍郎薛先生墓志铭》，第22页下—第23页下。

　　李际遇本是河南登封县土寇，崇祯十三年（1640）"因岁饥倡乱，旬日间众数万"①。此后李际遇一度在大顺、明廷与清廷政权之间叛降不定。崇祯十六年（1643）"河南巡抚秦所式、副将李成栋屯孟县，官兵守怀庆郭家滩，沿河列炮，帝遣兵部职方司主事王某联络土寨，恢复中原，宣旨招降李际遇。际遇迎诏使入山寨"②。豫王多铎在顺治二年（1645）带兵南征时，李际遇又归顺清廷。"顺治二年，正月乙酉，……，豫王以五六千骑渡河，孟县步卒次覃怀，欲往潼关，李际遇为乡导，长驱而东，刻日可到，际遇之附清确然矣。"③ 可见，土寇在社会局势未稳之际的摇摆性表露无遗，薛所蕴在化解危机中发挥了重要的作用。

　　在薛所蕴家居的数月间，他最为关注的就是家乡的水利建设。关于孟县水利的情况，他曾说"怀郡水利盛于河内、济源二邑，孟独灌溉不及"④。可见，他对河内县和济源县独享水利很不满意。虽然袁应泰所开广济渠"波及五邑"，但孟县却没有用到多少水。乾隆《孟县志》所引旧府志中的资料也提到：

　　　　广济河、永济（利）河，即今所谓五龙口三洞之二，其一则利丰河，旧名丰稔河，或谓即枋口故道者是也。广济河昔日之溉孟地亦见于袁公当日石刻申详条款云。本河自太行山凿洞引水，经济源、孟县、河内、温县、武陟以达于黄河，延袤一百五十里云云，则孟地当时曾被广济河利，非虚言也。今则广济河但溉河内，而不及孟矣。……。惟永利河下流及利丰河下

　　① 《明史》卷293《忠义五》，第7514页。
　　② （清）彭贻孙：《流寇志》卷8，第134页，《明末清初史料选刊》，浙江古籍出版社1985年版。
　　③ 彭贻孙：《流寇志》卷14，第218页。
　　④ 薛所蕴：《澹友轩集》卷11，《邑侯刘公重浚余济河渠碑》，第八页上，是文亦收录于乾隆《孟县志》卷3，只是未操作者，个中缘由，详见后文。

流尚溉及孟地耳。余济河，明天启五年从县境接济源之永利支渠及河内之丰稔渠。①

五龙口三渠只有永利、利丰二渠下游浇灌孟县的部分土地，因此，到了天启五年（1625），河内县南部与孟县北部接壤地区的村民人等仅仅从交界的济源县永利渠引水，开凿了余济河，灌溉河、孟两县交界地区的部分农田。《余济渠遂村重接水利碑》记载：

> 明万历庚子间，河内令凤翔大司马袁公应泰创凿广济河渠，而济侯史公记言于少下数武亦继凿永利渠，盖与广济同其灌溉云。然广济下流百五十里许，派之支分以二十余计，需濡所暨为邑者四，而永利南流不逾二十里，迄于济境而止，何其功溥而被狭欤？且其支流所注为渠仅二，一渠东南逶折至官庄入溴，一渠南迳遂村东桃园入溴。迄官庄者天启辛酉（元年，1621）间河内大卫、孟县曲宏等村士民接为余济一渠，涓涓几何，而上游者又复多所恡闭，泽不及远。②

这次开挖余济河，是由孟县申天秩、崔邦庆、崔邦彦等人上告怀庆府及河北道获准后开挖的，崔邦庆孙崔聘三在康熙十六年（1677）重新将此次开渠的经过刻字立碑，《余济河纪事碑》中说：

> 济源县旧有永利河一道，下分二支，东一支由官庄东入溴河，西一支由官庄西桃园砦入溴河，是有用之水徒委诸河伯。申公天秩与余祖邦庆并族祖邦彦于天启五年告准府道，详允接

① （清）冯敏昌撰，仇汝瑚辑：乾隆《孟县志》卷3《建置·水利》，清乾隆间刻本，第63页上、下。
② （清）薛所蕴：《澹友轩集》卷11，《余济渠遂村重接水利碑》，第5页下—第6页上。这里所载余济河所开时间为天启辛酉年，即天启元年，不过据上引乾隆《孟县志》卷3所载余济河所开时间均为天启五年。

其余水以灌孟田，遂以金一百零六两一钱、钱九千三百买宋思问、和旻等六十一契地一顷零四亩五厘，余济河于是有身，接永利河东，尾自官庄东由杨家坟、大卫、小卫、王亮、葛万至赵改村东分支，南支由洪道至曲村南丁家庄入漠河，后亦接其余于姚村等处；北支由曲村、罗庄、姚村、吴家寨、赵庄至岳师入济河，后亦自吴家寨东分，接其余于立义等处。天启六年，郭名金告争，本府推官周申明道府，余祖并申公又接引丰稔河尾一道，自邓村起至赵改村东入余济河。[1]

由于从永利渠引水量小，且永利渠只在济源县境内，济源县民常常截流，因此，余济河并未能发挥太大的作用。余济河开挖次年就引起了郭名金的告争，其原因不详，但纠纷要由怀庆府出面解决，想必亦是永利渠、余济河利户之间因争水引起的矛盾。纠纷的结果以孟县余济河利户失败而结束，意味着余济河不能再引永利渠的余水，因此，崔庆邦及申天秩自河内县丰稔渠的河尾又开挖一条水渠并入余济渠，以增加其引水量。

经历明清朝代鼎革，社会秩序的混乱也导致水利秩序的失衡。薛所蕴在回到家乡后的次年五月，就携同柏香镇姻亲杨挺生前往济源县东南部的永利渠勘察。乾隆《孟县志》记载：

> 顺治丙戌夏（顺治三年，1646），偶偕姻娅司李杨君循如步至桃园砦口，见水自逯村来者，奔放莽决，建瓴入漠，溅雪吼雷，惊涛怒迅，以为此胡非斯民之命而委脂膏于逝波哉！乃相与相厥形势，曰：可折而北合之余济以补不足。惟是异日者搀越正号，则济之人以为惴惴尔。余指水矢心曰：以余干正，有如此水。众乃欣欣有愉色。走牍请之乡先生银台段公、侍御周公，咸曰：可。而济侯晋公、孟侯傅公同蒞厥事，傅侯且即投

---

① 乾隆《孟县志》卷3，崔聘三《余济河纪事碑》，第68页上、下。

牒上官，报可。奋锸肇兴于丙戌六月之六日，落成于丁亥某月之某日。而余济尺涛几几乎永利全浸矣。先是，患南雍村迤南坠汙下，水势不能轶而北，询之父老，佥谓架桥渡水，可利攸往。余乃捐二百金，建木梁以漕水，并用价购民地若干亩为渠基。由是，迳南雍东流官庄，北环杨中丞（即杨嗣修，笔者注）祖茔前，为带形汇之。余济旧渠深广倍之，首大卫，次小卫、王亮、葛万为河内地，其在孟境者则曲村、宏道、罗庄、尧村、吴家寨、赵庄、药师，盖沐浴膏液者疃以十余，里则四十焉。是举也，利在奕世，广其惠以及邻者，济之乡先喆与诸子袗义民也。主其事者晋侯、傅侯，而相度鼓舞以利济我二邑者，司李杨公之德为最，宜寿贞珉以志不忘。晋侯讳承寀，山西洪洞人。傅侯讳尔栻，辽东盖州人。银台讳国璋，万历癸丑进士。侍御讳维新，万历己未进士。司李讳挺生，循如其字。子袗、义民则商生昌祚，李生笃等也。①

　　薛所蕴与杨挺生想将流入溴水的永利渠水改道，引入余济渠中，以增加余济渠的水量，但是济源县永利渠利户担心自己的利益被侵占。因此，薛所蕴用自己的威望保证，并说服了永利渠利户。济源县的乡宦也在其中起到了关键作用，薛所蕴致书的段国璋及周维新同是明万历间济源县的进士，其中段国璋在清初被荐举做官，"授莱州司理，历省垣至卿贰。循循如不胜衣，与人似不能言。然每言事简而尽，人以为弗及。顺治八年，奉旨祭告济渎，锦衣归里，时人以为荣。门人有登显仕者，未尝干以私。乡里有不便者，默解之，终亦不与人言。后以工部左侍郎加二级仍管带太常寺致仕，家居十载，一如布衣，卒"②。顺治八年（1651），段国璋奉旨祭祀济源县济渎庙才回到家乡，而薛所蕴在文中称其为"银台"，因此，顺治三

---

① 薛所蕴：《澹友轩集》卷11，《余济渠遂村重接水利碑》，第6页上—第7页下。
② 乾隆《济源县志》卷10《人物·宦绩》，第2页下—第3页上。

年（1646）段国璋当在京城通政司任职，此时并未在乡。周维新此时也在京城任职监察御史。可见，若要改道永利渠，则需要段国璋和周维新等济源县地方乡宦的同意，而杨挺生在其中的作用，自然是与段、周二人沟通此事。在三县乡宦的合作中，孟县利户才得以从永利渠引得余水灌溉土地。从余济河分水这一影响孟县的事件中，我们可以看出清初地方上权力格局的态势。柏香镇杨氏虽然遭到打击，此时的杨嗣修已是耄耋老人，但杨挺生在地方上建立了广泛而有影响的人际网络，他的影响力在河内县及济源县都不可小觑。因此，他在怀庆府地方上的水利事务中依然起到了很重要的作用，可以左右邻县能否用水。

顺治三年（1646），三县乡宦合作经营地方水利事务为我们展现了水利在地方社会中所牵涉的各方利益，三县乡宦之间的关系成为决定事件的重要因素。在余济河引水的具体运作中，天启五年（1625）开余济河的崔氏及申氏的后人成为具体的实施者，从中我们可以窥得余济渠水利组织的运作机制。在崔聘三康熙十六年（1677）追记其祖父辈经营余济河的碑记中说：

顺治三年夏，乡人以余济一渠分河、济灌溉之沫洒孟民桑麻之润，甚盛事也。但虑其泽之无多，若遇天旱水必壅闭而不下。于是，复捐金钱二百八十八千七百七十买济民邵永宁、商性等三十三契地三十二亩九厘二毫五丝为河身，一道接永利河南支，起自南荣村，南过官庄至杨家坟，东入余济河；又以南荣村南东西有港，谋为架桥一座，虑无土修补，又于架桥之下买地六亩，土以备修桥缓急之用，租以充守闸工食之资。此时本县县公傅讳尔杙实共成其美。委总管李公讳长国、公直赵公讳以龙督工。又访求旧役公直天秩之子讳得民，并余父大裕问利地之有无，夫役之多寡。李公与余父等四人计地派夫，将孟县之民编为四小甲，头小甲夫十名，二小甲夫十名半，三小甲夫八名，四小甲夫十名零六分。外大卫、小卫、王亮、葛万四村夫十名半，共夫四十九名零六分。集众鸠工，不两月而告成。又虑守闸无人，旱固不得水泽，涝亦难免湮没。众利户攒金十两四，公直出银四两，每年作利银七两，以抵五龙口守闸工食。守闸夫李思孝立券收讫，日后不愿守闸将本银十四两退回。至余济河粮，蒙本府粮河厅佟署济邑事丈量地亩，将粮一概申除。余与利户邢可仁等恐河务多端，日久差讹，故搜求遗文将事之始末勒之于石，以垂不朽云。

康熙十六年岁次丁巳孟夏上浣原任湖广沔阳卫掌印守备崔三聘撰。

公直李长国、申得民、赵以龙、崔大裕。

堰长邢可仁，小甲朱习儒、崔大凤、张光化、常文治暨概河利户全立。①

关于乾隆五十三年（1788）所修《孟县志》里记载的这段材料，其中对薛所蕴隐讳颇深，只以"乡人"代指，不仅如此，同时期编纂的乾隆五十四年《怀庆府志》中，凡是与薛所蕴有关的名字全部以"□□□"代替，这也许与乾隆四十一年（1776）乾隆皇帝下诏编修《贰臣传》有关，这本《贰臣传》中共收录了明末清初出仕清朝的明朝官员，共计120多人，与柏香杨氏有关的薛所蕴、孟津王铎及明末兵部尚书新乡张缙彦等人均被列入其中。②因此，在地方官编修地方志时，自然要考虑到《贰臣传》中所表达出的政治意味。这些被编入的乡宦自然被编志者故意隐讳，使其道德功业不为后人所知。但顺治三年这件整治余济渠的事件对孟县在此后能顺利用到五龙口下来的渠水是十分重要的，从崔聘三称此事为"盛事"就可见一斑。因此，无论是薛所蕴所撰写的碑文还是他人在文中所

① 乾隆《孟县志》卷3，崔聘三《余济河纪事碑》，第68页下—第69页上。文中末尾署名撰文者为崔三聘，似该志书刻板印刷时的错误，查此文作者为崔聘三。
② 清国史馆编纂：《贰臣传》卷8，明文书局1985年版，第517页；卷12，第789、817页。

提到薛所蕴在此次事件中的重要作用，都不能不在地方志中有所展现，同时又要隐去其名而不书。更进一步的猜测可能是在乾隆时期怀庆府地方各县争水日趋激烈的形势下，这些经营水利的事件成为孟县对水权拥有的"证据"，因此必须编入方志中。

从这段碑记中，我们还可以看到活跃在乡村水利事务中的各色人等，这些村庄的利户组成了一个渠系的水利组织。这个组织层次分明，各司其职，维护渠系的正常运作。乡宦及其族人、总管、公直、堰长、甲夫、闸夫、利户之间组成一个"利益共同体"。而这个"利益共同体"也是超越行政区划的界线的，其边界的确定由水渠的利及范围所划定，余济渠派夫的范围就在孟县和河内县。

此外，余济渠与永利渠的水利组织之间也存在某种关系。比如由于两渠均为一渠口，济源县五龙口永利洞的看管，孟县利户也要负担相应的责任。闸夫与利户间是一种雇佣的关系，利户出钱，闸夫负责看守渠口。这些基本的制度就是维持明清时期怀庆府地方乡村水利组织正常运转的保证。

第三节　"徭役及空王"：清初的怀庆府乡宦群体与地方里甲整顿

清初，在整个华北地区的局势还未完全稳定，南方地区依然为南明所控制的情况下，清廷便在顺治三年（1646）开科取士。根据魏斐德的研究，顺治三年（1646），只有十个省份的举人参加了这次科举考试，共有 373 人中进士，其中考中人数居前三位的省份是直隶、山东、河南，分别有 25 人、25 人和 23 人考中。① 在这 23 名河南进士中，怀庆府六县就有 10 人，几乎占一半。这 10 人中河内

---

① ［美］魏斐德著，陈苏镇等译：《洪业：清朝开国史》，江苏人民出版社 2005 年版，第 146—147 页。

县有 6 人,济源县 2 人,修武县、武陟县各 1 人。① 从中我们也可以看出,河内县作为怀庆府首邑,在科举上占有绝对的优势,其实这种优势自明代以来一直保持。此后顺治年间的 7 次科举考试,河内县又有 15 人考中进士,均居怀庆府各县之首。

除了利用科举制度笼络人才外,清初对地方社会的控制也基本上实行明代的里甲制度,同时还实行保甲制度。清廷入关后,便开始在所控制的地区实行保甲制度,其目的就是控制和稳定地方的局势。顺治十二年(1655),清廷再次下诏恢复明代的里甲制度,并对人户进行编审。② 这样地方上两套制度并行,里甲制度与赋税征收相关,而保甲与地方治安相关,成为清初朝廷控制地方社会的重要制度。

河内县自明嘉靖间乡村里甲合并,到了顺治末年,编户锐减。"旧编户一百二里,后合并为九十九里,后复并为八十三里。明末复并为六十里。今户口日增,复分三里,现在六十三里。"③ 这条资料来自编修于顺治十五年的《河内县志》,可见顺治十五年河内县编户六十三里,就是顺治十二年朝廷重申里甲制度,编审人户后的数字。与明中期的里甲数字相比,经历了明末的战乱和自然灾害,河内县乡村人口减少,重新编定后的里甲数字自然也大幅减少。但在清初,清廷为了平定南方地区及其他各地的叛乱,需要四处用兵,因而大兴徭役,造成地方负担很重。

顺治三年夏,孟县乡宦薛所蕴在乡假满后回到北京。顺治十一年(1654),擢升礼部右侍郎,后改左侍郎,其墓志铭记载:

乙未春(顺治十二年,1654),疏请终养,下部议,格于成

① 乾隆《怀庆府志》卷 17《选举志》,第 13 页上。
② 康熙《大清会典》卷 23《户部·户口》。关于清初的保甲制研究,参见闻钧天《中国保甲制度》,商务印书馆 1935 年版;孙海泉《清代前期的里甲与保甲》,《中国社会科学院研究生院学报》1990 年第 5 期。
③ 顺治《河内县志》卷 1《沿革表》,第 23 页下。

例，旋奉特旨暂假归省，仍敕立限回部供职，殆异数。抵里，
值征南大将军养马河北，总督李公荫祖旧成均士，谒先生询便
宜。先生与开诚商画，俾官民两安，乡里德之。本年还朝，屡
请致仕。丁酉冬，得谕旨以原官归里。两尊人俱大耋无恙，先
生日偕诸弟子姪辈承欢左右，或优游翕园倡和为乐。①

薛所蕴致仕回乡的原因，其实是遭到了御史高尔位的弹劾，《清
世祖实录》记载，"（顺治十四年，丁酉十一月，1657）礼部左侍郎
薛所蕴以原官致仕，以御史高尔位劾其年老衰庸也。"② 而其墓志铭
的作者为其弟子山西泽州府的白胤谦，对于老师致仕回乡的原因自
然要有所隐讳。这里提到了顺治十二年（1655），征南大将军谭泰
在河北养马之事，这是清初很重要的一项政策。顺治五年（1648）
八月，朝廷下令禁止民间养马及收藏军器，以防范地方私自组织武
装，反抗清廷，③ 而为应对不断的战事，清军所需马匹由地方政府负
责饲养，此时为了配合朝廷的养马政策，河南北部的彰德府被选定
为养马之地，而其相邻的怀庆府和卫辉府要协济彰德府，两府民众
要运粮米草豆前往彰德府，一时成为沉重负担。同在顺治十四年
（1657），从北京送母亲回河内县柏香镇的礼部右侍郎杨运昌对此事
也很关注，④ 他借上书皇帝请求送母回乡之机，陈述了养马政策给地
方上造成的沉重负担，他说：

皇上轸念兵民疾苦，谕内外臣工各陈所见。……。方今罢
不急之征，勤蠲赈之，……，有司奉行未当，百姓苦无名之役

① （清）白胤谦：《东谷集·归庸斋文》卷4《礼部左侍郎薛先生墓志铭》，第24
页上。
② 《清世祖实录》卷113，顺治十四年丁酉十一月，中华书局1985年版，第4
页上。
③ 《清史稿》卷4《本纪四》，第111页。
④ 顺治《怀庆府志》卷14《艺文》，魏裔介《诰封杨太夫人祔葬墓志铭》，第28
页上。

费更甚于有名之催科耳。如大兵养马地方，我皇上敕谕用过粮米草豆动支，及器具运价酌量开销，其念兵及民详且尽矣。顾动支正项虽民不捐费，而应协济地方相去有二、三百里者，有四、五百里者。一切运送不资于民，不能乃民之处，此亦极苦极难耳。臣里居时适值彰德养马，怀、卫两府协济，亲见每夫一名运粮三斗，值不过三钱，运价则一两二钱，运价四五倍于正价矣。又天雨连绵，泥淖深滑，老弱号泣道旁，青衿负载荒郊，愁穷万状，郑图难绘。甚至胥吏因缘为奸，出纳之际，上下其手。种种苦累，不忍见闻。即果酌量销算，犹得不偿失。况经年累月徒付之不可知之数哉！臣所谓无名之役费更甚于有名之催科也。臣愚以为宜易民运为官买，凡大兵养马，附近协济州、县各尊敕谕，实实奉行，其二、三百里以外，令该管州、县官亲赴养马处所预行买办粮米草豆及一切器具，即自支放；或冲繁州县印官不便亲往，择委府佐代之。用朝廷之金钱，办朝廷之公事。尽一己之职业，体万民之性命。敕户部确议永著为令，事先不许私派民间，事后不得冒破官物，如有奸贪官胥，指名横敛，或乘机侵折，希润私囊，该督抚即时题参，立寘重典。①

朝廷的养马政策给怀庆、卫辉及彰德等河南黄河以北的三府民众所带来的沉重负担从中可见一斑。在薛所蕴乡居时，直隶、山东、河南三省总督李胤祖也曾征询过他关于养马的意见，可见，清初养马政策对怀庆府乡民产生很大的影响，沉重的负担导致了里甲征派尤为严苛，连寺院僧人都不能豁免。

退休回乡的薛所蕴除了侍养双亲悠游孟县郊外的私人别墅"翕园"外，怀庆府的山川名胜也成为他悠游的好去处。在怀庆府城北四十里处，河内县清化镇北的山下有一座佛教寺院，名为月山寺。

---

① 顺治《怀庆府志》卷14《艺文》，杨运昌《陈情疏》，第11页上—第12页上。

这座寺庙建于金代，明代曾受朝廷敕封庙额"宝光"，是怀庆府最为著名的一座寺院。可在徭役繁重，里甲重新整顿的顺治年间，这里的寺僧也为地方里甲征派所累，大批逃亡。在顺治十四年（1657）九月薛所蕴携友人前往月山寺时，看到寺宇颓废，寺僧只有数名，他在所撰写的《河内孙侯除豁明月山寺里甲记》中说：

> 明月山距郡城四十里，在清化之西北，金空相禅师创佛寺其上。天顺戊寅，赐额曰宝光，称罩怀形胜。少读大梁李佥事濂游记，心窃响往焉。……。其地皆有道高僧，故寺肃然为海内名刹，乃今遂至颓废，衲子才三、四辈，鹑衣鹄形，攒眉间相向，问之则云寺僧旧百余众，尔为里甲所累，逃亡略尽，梵呗之音寂然，余心伤焉。题诗有"愁闻释子语，徭役及空王"之句，因载入纪游小记中。邑侯京师孙公见而兴慨曰：是寺也，吾尝为蠲其杂役矣，未知里甲之尚为累也。今僧持牒来吾为释此重负，僧某某以牒投县，侯为署其牒，以薄正责总书，以收纳责币吏，以登记责户胥，里甲之累顿释，如解纠缚，而与天游僧辈朽稚欢然踊跃，有中兴之志，匍匐来请记于余。余曰：礼诸侯得礼其境内之山川，今之邑即古侯封也。寺踞野王之胜，为名山。寺兴而山因以著，寺废而明月黯然无色矣。光复名山以标赐履之胜迹，昭其治也。……。侯，乙丑进士，讳灏，字湛一。最历两考，今秩满将奉内召，虚铨衡以待之。利网不兴，弊网不除，兹盖其绪余云。
>
> 资政大夫礼部左侍郎加二级兼宏文院学士致仕前詹事府詹事教习壬辰庶吉士太仆寺卿国子监祭酒河阳薛所蕴撰文
> 刑部山东司郎中萧家芝篆额
> 湖广常德府知府高明书丹
> 诰封刑部郎中　孙克肖
> 诏封户部主事　范济美
> 户部广西司员外萧家蕙

湖广黄州府知府杜之璧

山西汾州府推官窦可权

山东泰安县知县李维枫

候选知县　　　王玉汝　　　　　　　　同立石

举人　　　　　杨奇蕴

举人　　　　　张　炳

举人　　　　　申　锡

举人　　　　　毕九皋

鸿胪寺序班　　谢文蔚

顺治十五年初冬之吉　　　石匠李春香　男李胤昌①

碑文后的一长串名单几乎将顺治年间怀庆府的乡宦和地方精英全数收罗，以薛所蕴为首，河内县萧氏兄弟及其好友窦可权、柏香镇杨奇蕴等人全部参与到了整顿月山寺里甲的事务中。时任河内县知县的孙灝亲自组织总书、币吏、户胥等人重新厘定月山寺僧的里甲征派，免除杂徭。这通顺治末年整顿里甲的碑记，到了雍正二年（1724）河内县令梅如玉再次应月山寺主持的请求整顿里甲时，被寺僧作为豁免杂徭的证据。虽然顺治末年经过整顿后，月山寺僧的杂徭被豁免，但地方里胥的肆意私派，数十年后这次整顿后便成具文，月山寺僧除了办纳正粮外，依然要负担杂徭，月山寺住持净吉到县请求按照先例改正里甲，禁止地方里胥私派杂徭，现存在寺内的《除豁明月山宝光寺杂徭里甲碑记》中记载：

钦差监督河工怀庆分府李太老爷与河内县正堂梅老爷改立万易一图末甲一户月山寺豁杂徭札：月山寺为紫陵绝境，佛香僧饭取给于数顷山田，游人皆得以寄托者，寺兴而山著也。前

_____

①　（清）薛所蕴：《河内孙侯除豁明月山寺里甲记》，此碑现存博爱县月山寺内，此文亦存《澹友轩集》卷10，但文中未收录碑后人名。

令于输正赋外，杂徭永为除豁，载在邑志及山利碑记，历历可考。日久里胥蔽玩，仍尔私派，致名山胜地复为徭役所苦，岂非后来清化者之责耶？欣逢贤侯利兴弊除，风谣蔼然。今令住持净吉等具词改立万易一图末甲一户祈批豁免杂徭，给予印照，俾捧为铁案，永杜里甲扳累，惠泽旁敷，山陵草木咸经培植，益加葱蔚峥嵘，振兴境内之名胜之一可传佳政，非为浮图护法也。月山宝光寺住持僧净吉等禀为恳息永免杂徭事：宝光寺创自大定二年，本空相和尚演说三乘祈祝万寿之所，供佛饭僧取给于数顷山田，历元、明以迄国朝，止办正粮并免里甲徭役，夫何日久弊生，人性叵测，□其粮寄籍万易一图十甲，而里人遂扳膺里甲，以故住持僧人逃避他方，殿堂渐圮，不闻梵呗之声，钟鼓生尘，谁颂阿弥之号？三瑶名山，凄凉满目，千秋佳节，祝祷无人。昔年大丛林竟一败涂地矣。维时本寺僧具禀控县，蒙县主孙老爷硃拟，既□香火院一切杂徭，堡夫、门差永免，里人不得扳累，山门前碑谒可据。重困顿释，佛日重光，僧人戴德以至于今。恭遇梅老爷莅任以来，福星普照，凡属涸辙无不复生，叩天赏照，永免杂差。吉等勒石永为遵守，功德无量，为此上禀。

计开：上地一顷零五亩三分四厘七毫，中地五十一亩四分八厘五毫，下地九十八亩三分四厘四毫，山地六顷二十八亩八分四厘。河内县正堂梅老爷批准改立本图本甲原户名输粮，一应杂徭概行豁免，里甲人等不得扳累，此照。

本山沙门净澍书丹

监寺国璋　明经　净怡　净润　智太

住持净吉　明扬　净德　净珣　智显　　　　仝立石

　　　　明真　净疆　净慈　德仁

大清雍正二年岁次甲辰冬中浣之吉①

----

① 《除豁明月山宝光寺杂徭里甲碑记》，雍正二年，此碑现存博爱县月山寺内。

从碑文中可以看出，月山寺僧本作为一个纳粮单位，即一"户"，在河内县万易一图第十甲办纳正粮，但被不法之徒将粮寄籍到了第十甲，而里胥在征派里甲徭役，诸如堡夫、门差之类时，也将月山寺僧纳入其中，因而增加了月山寺僧的负担，僧人不堪重负，纷纷逃亡。所以从这则材料中我们就可以明白顺治十四年河内县令孙灏整顿月山寺里甲的具体原因，而雍正二年再次整顿只不过是重申孙灏的决定而已。

清初，怀庆府乡宦集体参与整顿地方里甲事务不仅给我们展示出清初河内县地方徭役混乱的社会现实，同时我们也看到这批明末清初崛起的乡宦对地方事务所产生的影响。

第四节　乡宦与地方宗族的兴起

近代以来，有关明清时期乡村宗族问题的研究日益深入。20 世纪 50 年代西方人类学家弗里德曼从结构功能的角度对福建、广东等地区的宗族进行研究，他针对华南地区大量单姓村的现象出发，将地处边陲、水利建设中的协作及水稻种植作为中国东南地区宗族组织发达的三个要素。此后他将宗族组织放置在国家与地方社会关系的角度去分析，强调宗族组织与地方社会的结合。他认为地方上的宗族是一个控产机构，并可以建立起地方社会以外的宗族组织，因此他将宗族分为地方宗族、中层宗族与高级宗族。① 弗里德曼的宗族理论对之后的研究产生了很深的影响，但随着 20 世纪 80 年代社会史研究的兴起，研究区域的扩大，其理论也越来越受到后来学者们的批评。厦门大学郑振满教授将傅衣凌先生提出的"乡族"概念结

① ［英］弗里德曼著，刘晓春译：《中国东南的宗族组织》，上海人民出版社 2000 年版；Maurice Freedman, *Chinese lineage and society: Fukien and Kwangtung*, University of London the Athlone Press, 1966；科大卫：《告别华南研究》，《学步与超越：华南研究会论文集》，香港：文化创造社 2004 年版。

合了经济史与社会史的理论与方法更进一步深入研究，他在明清时期福建家族的研究中根据财产的共有形态分析出三种类型的宗族组织，即继承式家族、依附式家族、合同式家族，提出了"宗族伦理庶民化"的理论。① 科大卫教授和刘志伟教授对华南地区乡村宗族的研究则超越了以往从"血缘群体"及"亲属组织"的角度来研究宗族的范式，认为华南地区宗族组织的实践是宋明以来理学家利用文字的表达、通过改变国家礼仪，在地方上推行教化，建立起正统性的国家秩序的过程和结果。② 除了华南地区宗族组织的研究成果迭出外，其他地区诸如江南、徽州等地区的宗族组织的研究也很深入，③ 华北地区宗族的研究相对较为薄弱，近年来主要集中在明清时期山西的家族个案研究。④ 豫西北地区的宗族问题近年也得到了相当的关注。⑤

上文从梳理明初到明中叶怀庆卫军户子弟通过科举崛起于地方社会中的过程中可以看出军户子弟在生计多元化的背景下，多以读书考科举为首选，若是在科举上无所作为，则以经营田产或商业而发家致富。怀庆卫军籍进士的涌现影响了地方社会的文化风气，而何瑭及其弟子们对地方文化传统的发扬、传承和塑造更是对军户子弟产生很大影响，因此，明中叶怀庆卫军户士大夫化的出现影响到一些家世显赫的军户家族对士大夫传统的模仿和实践，以宋儒所倡

---

① 参见郑振满《明清福建家族组织与社会变迁》，湖南教育出版社 1992 年版。

② ［英］科大卫、刘志伟：《宗族与地方社会的国家认同：明清华南地区宗族发展的意识形态基础》，《历史研究》2000 年第 3 期。

③ 这类成果很多，参见常建华《明代宗族研究》，上海人民出版社 2005 年版；唐力行《徽州宗族社会》，安徽教育出版社 2004 年版，不一一赘述。

④ 参见赵世瑜《社会动荡与地方士绅：以明末清初的山西阳城陈氏为例》，《清史研究》1999 年第 2 期；常建华《明清时期的山西洪洞韩氏：以洪洞韩氏家谱为中心》，《安徽史学》2006 年第 1 期。

⑤ 参见李留文《宗族大众化与洪洞移民的传说：以怀庆府为中心》，《北方论丛》2005 年第 6 期，及其博士论文《13—19 世纪中原的地方精英：以河南济源为例》，博士论文，北京师范大学，2006 年（未刊稿）；申红星《明清以来的豫北宗族与地方社会：以卫辉府为中心》，博士论文，南开大学，2008 年（未刊稿）。

导的宗族理论来指导修撰家谱、构建自身的祖先谱系则是这里宗族萌生的形态。

一　怀庆卫军户宗族

从目前笔者所看到的资料来看，明代怀庆府地区及其周边府县较早进行宗族建设的是军户。申红星对卫辉府获嘉县宁山卫军户家族的研究显示由于受到明代军户不能分户政策的影响，军户较民户更易形成宗族。[①] 当然这可能是其中一个很重要的原因，但也要注意到明中叶已经士大夫化的军户群体在宗族建设中所起到的推动作用。

在怀庆卫军户中，到了明中叶也有些军户之家开始进行修家谱的活动，不过这些不是普通的军户，他们大多为卫官后裔，借其祖先威名，在地方上靠占有大量土地而家资巨富。何瑭姻亲萧氏，在正德、嘉靖年间曾创修家谱，何瑭为其撰写家谱序文写道：

> 古有大小宗之法，故虽百世之远而世系不迷，宗族不散。周衰宗法始废。然士夫家犹有谱以纪其世，以合其族。唐衰以及五季之乱，谱法复废，由是士大夫之兴起，在位者往往不知其世系之所自。出于族人之存者，则虽服属未尽，类皆视如路人，其可叹者多矣！宋儒欧阳氏、苏氏慨然有感乎此，乃考古大小宗之意，修立谱法，其见远矣！由宋以迄于今，士夫家多遵用其法。而北方累遭兵火，存者甚少。姻家萧君文敏富而好礼，自其先祖立功圣朝，始有世爵传嗣，分派各有令人。君之尊府宗和公恐子孙久而不知所自也，慨然欲修族谱以纪录之。未果，捐馆。君继先志成之，间以示予，自君之始祖及君之子孙凡八世，其间立功受爵之详，传世分派之次，历历可见。隐然古大小宗遗意。呜呼！修族谱于久废之余，俾世系不迷，宗族不散，君之见岂浅浅哉？是诚可嘉矣！抑予于是深有感焉。

----

① 申红星：《明代宁山卫的军户与宗族》，《史学月刊》2008 年第 3 期。

苏氏之作族谱也，尝曰：观吾之谱者，孝弟（悌）之心可以油然而生矣。而横渠张氏亦曰：宗法既立，于朝廷大有所益。或问之曰：士大夫各知其祖，忠义岂有不立，朝廷岂无所益？呜呼！此先儒立谱之深意也。诗云：无念尔祖，聿修厥德。又云：凡今之人，莫如兄弟。萧氏子孙尚念哉，则斯谱之作不徒然矣。①

这篇序文的时间不详，大约在正、嘉之际，何瑭通篇在谈宋儒的宗法理论，这似乎与嘉靖元年有关"大礼之义"的争论有关，②曾任礼部右侍郎的何瑭对这一事件不会不有所触动。上文曾讲到怀庆卫萧氏祖先本云梦人，元末明初萧荣跟随陈友谅，任八卫指挥使，后归附明太祖，其子萧忠，孙萧诚袭职任怀庆卫指挥佥事，从此萧氏在怀庆卫落地生根，萧诚之子萧敬曾中正统八年武举状元。到了萧敬之孙萧文敏这一代时，萧、何两个军户之家开始联姻，萧文敏之子萧鸾娶何瑭女。③萧鸾之子萧守身曾就学于其外祖父何瑭，并考中嘉靖四十一年（1562）进士。从这篇较早的家谱序文中可以看出，与清代编修家谱时攀附祖先现象不同的是明代军户在编修家谱时很容易追溯到明初第一代在此地服军役的祖先或者其原籍祖先，当然萧氏在怀庆卫军户中属于较为显赫的人家，就更容易追溯起祖

---

① 何瑭：《柏斋集》卷5，《萧氏族谱序》。此谱所撰年份不详，但在同书卷9《镜中真赞跋》中说"嘉靖庚寅（九年，1530年），姻家萧君文敏寿六十有三，长子拱暘乃谋于弟凤、弟鸾、弟鹯，……"第19页下。因此，此谱大概创修于正德、嘉靖之际。

② "大礼之义"之争对明中后期地方上家族制度变化的影响，可以参见科大卫《国家与礼仪：宋至清中叶珠江三角洲地方社会的国家认同》，载《中山大学学报》（社会科学版）1999年第5期。

③ 何瑭：《柏斋集》卷9，《庠生萧鸾字应祥说》："萧生名鸾，阀阅之子，……因女妻之，生乃从予学。……。虽出于武弁之族，然其曾祖参将，尝以才略中武举状元。"第7页。可以推知萧敬为萧文敏祖父，萧鸾曾祖父。同书卷10《封太淑人何母刘氏墓志铭》："淑人……，生子男二，长曰瑭，即不肖，娶周氏；次曰璋，娶张氏。……孙女七长适生员王世纶，次适生员刘廷佩，次适国子生萧鸾，……"第3页；乾隆《怀庆府志》卷19《选举志》："萧鸾，监生，以子守身，赠户部郎中。"第21页下。

先。自萧文敏之父就开始修撰家谱，到了萧文敏、萧鸾一代时，萧氏子弟已经开始跟随何瑭读书，其中也有萧氏子弟从事科举事业。萧氏按照士大夫的传统来编修家谱显示出了明中叶怀庆卫军户向着士大夫转变的倾向，这种倾向也与明中叶怀庆卫军籍进士的勃兴相一致。

作为怀庆府最有名望的军籍士大夫，何瑭也创修了何氏家谱。他在家谱中撰写序文，制定谱例、家训，并将在怀庆卫服军役的第一代作为这里的始祖。《家谱序》说：

> 何氏之先世为直隶扬州府泰州如皋县江宁乡十五都何家保人，谱亡世次无考。自瑭高祖忠一公国初以从戎，始迁怀庆，故今为怀庆人。高祖葬府城东刘塞村之西，高祖之叔父曰兴，无子，附葬高祖墓左。高祖之子孙皆从葬焉。瑭念自高祖至瑭已五世矣，族繁世远，恐后分散无所纪也。乃作族谱以纪之，俾凡我同高祖之子孙，家有一册，纵后时变，族散亦可以考见枝派，寻究本原，以不失亲亲之意云尔。①

何瑭自撰这篇家谱序文简单地回顾了自明初至今家族的历史以及修谱的目的，但他没有更多的引用先贤们的理论作为自己修谱的依据。

明中叶刚开始做宗族的这些军户家族，最注重的是家谱的编纂和祖茔的选址，而祭祀祖先也大多是在墓地进行。② 但到了清初，祭祀祖先方式也随着宗族观念被更多人接受而发生了变化，乡村中虽然仍以墓祭作为整合族人的方式，而祠堂祭祖方式的普及则反映出宗族组织的变化。

---

① 何瑭：《柏斋集》卷6，《家谱序》，第10页上、下。
② 明代墓祭的研究，参见常建华《明代墓祠祭祖述论》，《天津师范大学学报》2003年第4期。

二　从墓祭到祠堂：宗族祭祖方式的变化

明末清初怀庆府地区的社会动乱，使得地方乡宦以编修家谱为契机聚集族人。在李自成农民军活动频繁的崇祯年间，从宁夏致仕家居的杨嗣修开始柏香镇杨氏的宗族建设。与军户不同的是这些靠科举成功的地方乡宦在修家谱时往往很难确定自己的祖先，因此当提到其祖先时往往模棱两可、语焉不详。杨嗣修在家谱序中就面对这样的困境。他在家谱序文中说：

> 吾族明初迁自晋之洪洞，迁之故不能详，迁之祖亦不能详。从来相传则始自祖克成云。祀先轴内注有九老、三老，茂、仲良者。或始迁之祖乎？或祀在洪之祖乎？以向来无谱，不敢妄拟。自克成祖及嗣七世可得而次第也。吾父廉宪公慨然以之命嗣谱次。嗣宦游四方，未克卒业。投林以来，方事铅椠，颓然休矣。爰属儿辈搜罗铨叙，俾亲者勿失其为亲，一披览间数十百年之疏戚，支分派别之源流，一气一体，父之子之也，有不油然生。……。则谱之不可已也。①

杨嗣修所修家谱的体例基本上分为三部分，其一是世系，自其始祖到他共七代人的谱系，其二是茔域，即其考虑祖坟的风水，其三是显达。关于世系，杨嗣修只能靠口耳相传的祖先故事和"祀先轴"来重塑自己的祖先谱系，祀先轴可能是用来祭祀祖先的画轴之类的东西，里面画有祖先的画像或者画有祖先世系，尽管如此，他依然说不清其始迁祖或是洪洞原籍的始祖，这种情况在明中叶怀庆府创修家谱的乡宦中也很普遍。到了康熙三十五年，杨氏家乘第二次续修时，对于祖先谱系已经十分清楚了。序文中说：

---

① 《杨氏家乘》第1卷，《中丞公创修家乘原序》，第1、2页。

　　尝闻予祖于洪武年间始迁居河南怀庆府河内县，民籍，其乡号曰杨五老又号九老，讳茂，茂生仲良，良生克成，宅居于柏香，开垦于史村。……。为宽平一图七甲里长。生子二，长通承本甲，次兴则为九甲里长。世继以□，耕读不厌，诗书传家，科甲世出，□荣迭膺，诚皆祖德所致。夫德积于前，为子为孙者将何以为报？予千百图维会和同族，各吐孝念，各出分金，合为资本，量得利息，每岁清明致祭，庶几报本追远之意矣！但茔会既举，而支派未明，不惟同宗不识，即自思之并不知身出何派，此皆不修宗谱故也。予特维旧章，续列宗枝，几□□尽，方册仅容八辈，自始祖至八辈分四十门，除绝三门余三十七门，各举其祖，各属其派，附谱于左。……。惟蟆蛉、奴仆冒为派者不得混入。谨叙，以志不朽。康熙三十五年仲春锡九赐昌叙。①

　　到了康熙年间，杨氏已经有三十七门，即三十七个支派，并成立了祭祀祖先的组织"茔会"，亦称"坟会"，茔会最重要的活动就是每年在墓地祭祖。这种组织在清代华北地区乡村中非常普遍。杨氏族人通过各支派集资生息的方式来维持"茔会"的运作。此时还没有资料显示有杨氏宗祠的出现，不过镇内确有各种祭祀杨氏官宦名人的专祠，如镇内有祭祀杨氏第一代杨茂的专祠，② 也有祭祀杨嗣修、杨运昌、杨本昌等人的专祠。③ 可见，在怀庆府乡村宗族萌生的早期，乡村中的宗族组织更多是一种在墓地而非祠堂内祭祀祖先的组织，所谓的宗族建设也仅仅是通过修家谱、祭祖等形式来整合族人。从这篇谱序中也看到，作为河内县大族的杨氏，外姓作为义子或仆人而冒认杨氏宗派的现象也很普遍，对入谱族人的资格也有严

---

① 《杨氏家乘》第 1 卷，《原序》，第 4、5 页
② 《杨氏家乘》第 1 卷，第 43 页。
③ 《杨氏家乘》第 1 卷，第 60、77—78、100 页。

格的限定。

这种在墓地祭祀祖先以整合族人的现象在清初河内县另一大姓中也很好地体现出来。河内县范氏在明末曾有范济世出任南京户部尚书这样的高官，而在上一章中也曾讲到范济世曾经营丰稔河。自从他做官后，其族人也靠着他在河内县发达起来。虽然范济世因在天启初年被划入"阉党"而失势，但范氏依然人文蔚起，十分富有。雍、乾时期，范氏"有产百楹，竹万个，带郭田千亩"①。自天启七年范济世开始大修祖茔，到乾隆初年范氏族人一直将墓祭作为整合族人的重要方式。乾隆初年进士范泰恒之父在乾隆七年同族人修始祖茔地。《祀先记》记载：

> 乾隆七年，大人偕同族修始祖祀，规模条理，既张既具。爰命泰恒记其事。……。吾范氏自山西迁济源名讳不传，传河内始迁之祖即为始祖，……，阅三世而生大司农公、别驾公，再世而观察公出，其后人文蔚起，……，于今未替，盖吾家之兴几三百年矣！……。自吾始祖后一再传，即不克聚族而居，日远日疏，势复迫之。今日者，祖墓之侧，行辈成列，其形分，其气合，亲亲长长，式好无尤，则所为敦宗睦族者，又于是乎在。夫谱为歌颂表扬祖烈，恒所不敏也；而湮没祀典，纪载弗彰，又恒所不敢也。仅敷陈其旨，以昭大人之名。或曰：入庙生敬，过墓生哀，礼也。墓祭举矣，其如宗祠阙如何，恒应之曰：盖有待也。②

这次范泰恒之父整修始祖坟茔，很可能就是此时范氏在进行宗族建设时，因要追溯自己始祖，才重修始祖茔地，将不能聚族而居

---

① （清）范泰恒：《燕川集》卷5，《家乘附》，《范母秦太夫人八十寿序》，第33页下。

② （清）范泰恒：《燕川集》卷1，《祀先记》，第15页上—16页上。

的范氏族人整合在一起，可以看出茔地中坟墓以辈分按照世系来排列，这就如同家谱中的世系图一样，但不如家谱那样直观，而且家谱中可以将祖先功绩以文字的形式彰显出来。而对于此时宗祠的缺失，范泰恒则期待以后的修建。可见，以墓祭为核心整合族人的方式到了乾隆初年还很常见。范泰恒在三年后的乾隆十年（1745）考中进士，在翰林院任职，之后他回乡遭祖母丧，次年他又到济源县鹿寨祭祀始祖。《鹿寨墓祭记事》记载：

乾隆十年九月杪，泰恒请假归。归七日，即遭祖母之丧。逾年丙寅二月朔，诣济源鹿寨祭始祖墓。自泰恒少时，尝随大人拜祖墓，必先拜始祖墓。始祖者，河内始迁之祖也，去泰恒八世。葬鹿寨则十二世，又始祖之所自出云。大人尝云伯高祖大司农公曾树碑表其墓，而曾祖又因碑仆复立之。世远地隔，从事盖寡。泰恒惟庙祀之礼，大夫四，墓祭阙如。而宋儒谓既葬魂依于主，此其说似矣。……，如所谓魂依于主则祀之，夫块然数寸之木，孰与夫自遗之体如其有知，何去何从，即云神无不在又安见在木主则就之，在遗骸则弃之不一顾哉。呜呼！人生无百年之身，而有百年之墓；无数十世不敝之裳衣、不毁之木主，而邱垄或犹有存者。如云墓祭非古也，过墓生哀，他人且然，况孝子慈孙乎？……。泰恒既祭，见垄颇颓，始祖而下凡四列，垄凡十有三，皆培以土，崇封如故。茔坐北南向，其形方折，而西为坟路，以达官道。计地一亩三分。缘近山例折为二亩六分云。茔之前竖碑，崭然大书曰：范氏先茔。左书天启七年岁丁卯，右书阶授资善大夫、南京户部尚书七世孙济世立石，此伯高祖树之而曾祖所复立者；又村南佛宇一区，亦曾祖建，屋脊识云康熙丙寅堂主范汝愚，汝愚者，曾祖讳也。夫碑立以丁卯讫今两甲子，丙寅建佛宇，仆碑复立必此时。今丙寅复甲子一周矣！……。自始祖至大司农公凡七世，始表于墓，后六十年碑仆复立，而叔曾祖大参公适在官。又六十年，泰恒始官，墓封复崇，祖宗之德则长矣。倘亦有数焉于其间耶！赐进士出身翰林院庶吉士十二世孙泰恒谨记。①

在墓祭与庙祀木主这两种不同的祭祀祖先的方式上，范泰恒有不同的看法，虽然墓祭不合礼制，但在墓地祭祀祖先显然比在祠堂祭祀祖先更能从观念上被接受，即所谓"过墓生哀"，这也就可以理解范氏宗祠阙如的原因了。

除了这些乡宦大族十分重视墓祭之外，乡村中的普通乡民也将墓祭作为整合族人的重要方式。祠堂在乡村中的出现，使得墓祭与祠堂祭祖并行不悖。如济源县东南部永利渠所流经的南官庄商氏祭祖就经历了从墓祭到祠堂的变化。《重修祖祠碑》记载：

> 我始祖冀省人也。洪武年间徙居济邑东镇，历传数世，□□孙子合奠俱诣祖茔，而祠堂未建。厥后，祖茔殡匮，各门另勘新茔。春露秋霜间，有随坟分祭而合享弗举。呜呼！则一何散涣若是以贻先人忧？国朝年间，族祖永成咏葛藟之章，庇一本之爱，各门纠合公建祖祠三楹，每岁自春徂秋，合族子姓兄弟靡不齐积祠堂，以敦一气，以妥先灵。……。大清乾隆四年（1739）十月初一日立石。②

从明中叶到清初，商氏族人基本都是在祖茔祭祖。之后因茔地有限，各门另选新茔址，各门各自祭祀各门始祖。清初，商氏才始建祠堂，祠堂成为各门族人共同祭祖的场所，从而将各门族人整合在一起。此碑所立时间是乾隆四年（1739）十月初一日，这个日子成为商氏族人后来所组织的"坟会"每年在祠堂内祭祖唱戏的日子。

---

① （清）范泰恒：《燕川集》卷1，《鹿寨墓祭记事》，第22页上—第24页上。
② （清）商景旭：《重修（商氏）祖祠碑》，乾隆四年，碑存济源市南官庄商氏宗祠内。

道光年间的碑记记载"向年来每逢十月初一日献戏三日"①，"我族旧有坟会，于每年十月初一日集子姓兄弟致祭于祖庙。"② 维持商氏"坟会"运作的资金由族长、族正等人商议族众共同捐献，若每年所捐银两有余则置买田地收租作为次年"献戏"的资金，这也是商氏宗族最重要的祭祖活动。从商氏坟会献戏祭祖的日子可以看出商氏祠堂建立之日，成为商氏族人在此祠堂内祭祖的特定日子。从墓祭到祠堂，不仅仅是祭祖形式上的变化，也同时反映出清中叶宗族组织普及一般乡村民众后，乡村内部整合族人方式的变化。

从清初到清中叶乡村宗族形态的变化来看，我们就能理解为何在现今济源市、沁阳市等乡村中的祠堂内看到刻满人名的如同家谱上世系图的石碑了。笔者在博爱县陈范村窦氏祠堂、济源市南官庄商氏祠堂、沁阳市南寻村辛氏祠堂内均看到这样的碑刻，通过访问村人得知，这些石碑以前立在墓地，近年来修缮祠堂时才搬到祠堂内，这些石碑所刻的年代也在清前中期的康、乾时期。可以说，明末清初，怀庆府地区早期的宗族组织基本上是在墓祭中体现出来，而祠堂的出现则稍晚。从这些地区乡村中现存的祠堂来看，大多是雍、乾时期创建的，当然这里面和雍正年间朝廷大力提倡地方上搞宗族组织有关，雍正二年朝廷所颁布的《圣谕广训》，其中对地方宗族建设提出了很重要的指导，其中的第二条"笃宗族以昭雍睦"说："凡属一家一姓，当念乃祖乃宗，……。长幼必以序相洽，尊卑必以分相联，喜则相庆以结其绸缪，戚则相怜以通其缓急。立家庙以荐蒸尝，设家塾以课子弟，置义田以赡贫乏，修族谱以联疏远。"③ 这对北方地区乡村宗族组织的普及起到了很大的作用，而这些宗族组织也基本上是按照《圣谕广训》里的要求来进行诸如建设祠堂、购置祀田、编修或续修家谱等建设，宗族组织逐渐在乡村中普及起来

---

① （清）商起元：《祭资碑》，道光三年十月，碑存济源市南官庄商氏宗祠内。

② 《坟会碑记》，道光二十四年，碑存济源市南官庄商氏宗祠内。

③ （清）雍正皇帝：《圣谕广训》，文渊阁《四库全书》本。

一直持续到清中后期。

本章小结

明初，从山西移民到河内县柏香镇的杨氏被编入里甲系统中，在移民地开垦荒地，承担国家的赋役。经过百多年的发展，到明中叶时杨氏移民后裔中有靠经营土地而成为地方上的"素封"之家，拥有很强的经济实力，这就奠定了明中叶地方大姓以己之力开发五龙口水利的基础，并由此改变了长久以来官方主导开发五龙口水利的格局，显示出明中叶以后乡村中大姓力量的增长。随着万历年间杨嗣修在科举上的成功以及其宦绩的显达，柏香镇杨氏中杨嗣修一支崛起于怀庆府，并通过婚姻网络与怀庆府地方乡宦建立起了密切的联系。明末清初的战乱摧毁了明朝的藩王、军户系统，明中叶以来兴起的地方大姓虽遭受打击，但他们在清初的地方事务中依然保持着影响力。

明末清初的战乱也直接导致地方水利秩序的破坏，在社会秩序重建的过程中，地方水利利益也得以调整。明中期以来五龙口水利利益分配的不均衡使得除河内、济源二县外的其他县所获水利无多，孟县乡宦薛所蕴通过与济源县段国璋及河内县乡宦杨挺生的合作为孟县获取了济源县永利渠的利水。除了对地方水利事务发挥作用外，清初烦苛而混乱的赋役征派也在怀庆府乡宦的共同干预下得到了地方官的整顿，豁除月山寺僧徭役的事例就充分说明了清初地方里甲赋役征派的烦苛和混乱。

明中叶以后到清初也是地方乡宦按照宋儒的宗族理论开展宗族建设的时期。从明中叶在已经士大夫化的军户的倡导下，编修家谱、修缮祖茔等整合族人的活动成为早期宗族萌生的形态，从清初到清中期，乡村中宗族祭祖方式经历从墓祭到祠堂的变化则说明人们宗族观念及整合族人方式所发生的变化。

第五章　"济民挽越"与"恢复旧制"：清代河、济二邑的利水之争

《谒袁公洞偕立斋大令》

袁公疏凿处，遗迹至今传

驻马疑无地，穿山自出泉

百年青史在，万井绿云连

肖像岩扉里，殷勤嘱后贤

——（清）沈荣昌怀庆府知府

　　明末清初，李自成农民军与明军、清军在怀庆府地区持续的战乱，一方面摧毁了藩王、军户及地方有司等明朝的统治基础；另一方面，地方上的乡宦大族也遭到了打击。随着清朝统治在怀庆府地区的重新确立，前朝的制度在治理地方社会中依然被采用，但清初清廷大规模的剿灭起义军及明朝残余的军事行动给怀庆府所带来的烦苛徭役导致了地方里甲征派的混乱，原有的用水利户所承担的徭役已经远远超出其应承担的范围。同时，战乱也带来了原有用水秩序的混乱，济源县无利之户在河渠上游任意开挖水渠，私建水闸的现象十分严重，在河内县地方官及地方乡宦、公直后裔的参与下，地方渠务的整顿旨在恢复明代的用水秩序。此后的康熙、雍正年间，怀庆府地方官多以兴复地方水利为己任。随着社会的稳定及人口的增长，地方的赋役征收也随着雍正年间"摊丁入地"政策的实施发

生了较大的改变，随后发生的河内县民与济源县民之间的一系列水利纠纷一直持续到了乾隆末年才告一段落，在这些水利纠纷的案件中，地方大姓及公直后裔依然发挥积极的作用来维护自己的利益和地方用水秩序。争水屡次败诉的济源县民以创建五龙口三公祠为契机专营五龙口三渠之一的永利渠，二县分水的格局得以重新确定。

第一节　遵宪除弊：清初怀庆府
地方渠务的整顿

如前文所述，万历三十一、二年间（1603—1604），河内县令袁应泰所开广济渠及其所制定的用水机制成为此后地方上用水所遵循的规则，但明末战乱及朝代鼎革所带来的社会秩序混乱也直接造成了地方水利秩序的失衡，济源县五龙口三渠中利及河内县的广济、利丰二渠被济源县无利之户频频私开沟渠，私盗利水。尤其是崇祯十七年（1644）正当李自成农民军在怀庆府地区攻城掠地的时候，济源县无利之户趁乱私开水渠的现象更为严重，其中利丰渠被破坏最为严重，以至于在清初局势稍稍稳定后，各渠利户人等控告官府，请求恢复旧制，拆除私渠私闸，柏香镇乡宦杨挺生撰文称：

> 崇祯十七年，李世能、李学孔等乘闯逆之变，突于利丰未判处私开大闸，尽夺两河之利。国朝顺治三年四月，河人杨方升、李思儒、杨国让、郭思美等，河衿杨行生等牒送本道，魏公肯构行本府，黄公昌同二守朱公光、别驾敦公化、节推段公琳、邑令张公元祚、济令晋公承案两诣河干，询勘既实，牌示拆毁河头大闸一道，朱村大闸一道，小河一道，樊家庄大闸一道，小河一道，程村南大闸一道，利人河分水口以上小河一道，又小河一道，石阴洞一眼。王寨前石阴洞一眼，王寨后小河一道，又小河一道，河头西石阴洞一眼。拆闸者四，塞河者六，

毁石洞者三。①

　　参与勘查利丰渠的地方官员包括河北道、怀庆府、河内县及济源县，可见此事涉及河内、济源二县民之间的水利纠纷，并可以看出私开大闸的李世能、李学孔应为济源县民，位于上游的济源县民本来就对河内县独享水利十分不满，当李自成农民军在河内、济源二县打击地方官及乡绅之时，正是济源县民改变此前二县用水格局的大好时机。在清初地方社会局势稳定后，虽遭义军打击的柏香镇杨氏在地方社会中依然保持着强势，出面与官府打交道的河衿杨行生与杨挺生同为杨氏族人，《杨氏家乘》只载其名，并没有生平介绍，其父杨缵修，是杨兴一支的后人，与杨嗣修为同辈族人。② 李世能等人趁社会混乱之际，肆意开渠，导致利人、丰稔二渠水改道，河内县利户借助柏香镇杨氏的势力沟通河北道、怀庆府官员要求拆毁私闸。顺治三年（1646），河北道、怀庆府及河、济二县等四方会审的结果则是拆除了许多私自修建的水闸及渠道，这些水闸及渠道所在的村庄，诸如朱村、樊家庄、程村、王寨等村都隶属于济源县，这些村庄都散布在五龙口南部，正好位于利丰渠的上游。这是清初河、济二县有关水利之争的最早一桩案件，其结果依然是以济源县民失败而告终，所建私渠、私闸尽行拆毁。之后，河内县绅民出资购买土地，重整利丰渠。杨挺生撰文称：

　　　　又买葛汝江地十七亩、李思孝地七亩、李兰妻地七亩，为利丰河身。盖丰稔与利人同□，□之下未必尺为我有也。自汝江等之地售□，以地换水，万万不得再肆其喙矣。夫丰稔之废兴在嘉靖前者不可问，余曾叔祖不难以七百余金用广灌溉，已

----

　　① 道光《河内县志》卷13《水利志》，杨挺生《丰稔河碑记》，第19页下—第20页上。
　　② 《杨氏家乘》第1卷，第122页。

越百年。废兴虽亦时有，至利人强同久淤者偈偈焉。又售其奸，竟尔格格不能不有憾于其际云。若三小甲初未尝不同力也，迨既隶永利，则风马牛不相及也。及其讼争，又以数金绝之。既世能等贪心难厌，何至挟闽辞以逼处此？若曰：利人曾借其地为身，是亦利人事也。王寨村北之洞不足言报乎？明天启二年，世能辈开兴利河，因其势而利导之，愈于扼其吭而夺之食也。至无说可恃，而为闸、为河、为洞者，累累不知何以自解也。……。先中丞以祖意所在，期于无忝，余愧不敏，惧析薪不克负荷，亦何敢膜置之也。又丰稔至渠之梨林，不役而溉，业有年矣。谬为之说曰：水与地市，有利夫六名之免帖在，万历四十六年张汝魁曾见之。映以日影，则改为一六者，汝魁尚在可问。问易水之地，则架桥旁赵永国之二亩五分也。顺治三年八月，永国已受金钱四十千，亦非有矣，抑何所借以为口实乎？正其借以锄非种所不容已者。或曰：移河身于东数里远，其捍吞是亦一道。深有望于后之人，故并记之。①

明嘉靖年间，杨嗣修叔祖杨纯出资开凿丰稔渠以灌溉河内县西部柏香镇周围的土地，而到了万历三十年（1602）广济渠和永利渠开凿后，原来属于丰稔渠的济源县南程、程村、樊家庄三小甲利户被划归济源县永利渠，凡是有关丰稔渠的事务已经和这三个村庄的利户无关了。李世能在天启年间所开凿的兴利河已经对丰稔渠的引水造成了很大的威胁，就连大中丞杨嗣修对于李世能等人依仗农民军侵霸丰稔渠水都无可奈何，以至于杨嗣修期望其子杨挺生能够解决此事。同时，济源县梨林村在明末清初"不役而溉"的情况并未得到扭转，皆源于梨林村民谎称以地换水，篡改利夫名数以扩大灌溉土地的数量，杨挺生对此也无可奈何。

除了社会动乱导致的水利秩序混乱外，清初地方赋役征派的严

———————

① 道光《河内县志》卷13《水利志》，杨挺生《丰稔河碑记》，第20页上、下。

苟也使得用水利户不堪重负，导致水渠失修，灌溉河内县最主要的广济渠多数支堰都无法引水。在顺治八年至十六年（1651—1659）孙灏在担任河内县知县期间多有善政，除了前文提到的顺治十四年他与怀庆府乡宦一起整顿地方里甲，豁除寺僧徭役等事外，他还在顺治十五年重新疏浚了广济渠及利仁、丰稔诸渠，退休家居的孟县乡宦薛所蕴撰文说：

　　沁水自晋境折入济源之枋口，昔人引以灌田，其来旧矣。顾渠口初未审形势之便，易湮淤，遂通塞不常，时有兴废。明万历庚子间，大司马凤翔袁公应泰令河内，相度水势，凿山为洞，置闸司启闭，……。又数分支流以资遍溉，名曰广济洞。渠甚役其众，其虑始甚周，其落成甚艰，而其永济乃甚溥，其下又有利仁、丰稔渠，用济广济之不及，而膏腴沃壤几尽境内。越数十载，仅存涓涓细流，而泽不下究。邑侯孙公目击心伤，谋为疏浚之举。初，有虑鸠工之难者，侯曰：否，因名之所利而利之。其强者，吾以公服之；其奸者，吾以明察之；其愚而弱者，吾以均恤之，苟有利于斯人，劳怨其奚辞。工既肇，庶民子来踊跃趋事，猾者无所施其巧，朴者无所爱其力。自广济正渠以暨各支渠并利仁、丰稔诸渠咸浚，深广如旧式，未三月而告成事，浸灌之利大饶而民用不争。……。天下事往往振迅于创始，而后乃因循凌替，故继起之功贵焉。……。今凿山开洞，前有袁公，不有公之力任疏，则袁公之泽渐至湮没，故兹役也，功于河内永利济，实有大功于袁公，……。工甫竣，侯适奉钦召征仕补天官郎，邑人肖像祠公，当不减袁公，而功不在禹下之颂，不又追美前人哉？工始于顺治十五年十月，讫于岁终，役夫三万人。[1]

---

① （清）薛所蕴：《澹友轩集》卷11，《重浚广济河渠碑》，第1页上—第4页下。

薛所蕴在文末提到了此次疏浚渠道工程共役夫三万人，从中可以看出这次疏浚并非完全按照以利地亩数派夫的原则，而且官府还动员了其他民众。可见，在清初里甲、田赋征派繁苛的社会背景下，地方官尤为关心水利事务，这也从一个侧面说明广济渠的兴废对地方社会的重要性，税粮徭役能否顺利征派均与利地的丰歉相关。

在孙灏主持疏浚广济等水渠时，万历年间凿山开洞的广济渠公直萧守祖的儿子萧尚德负责具体工程的实施，他针对广济渠利户往往要承担过多的徭役等弊端，不断呼吁官府对此加以整顿，希望能恢复万历年间以来的旧制。《广济河遵宪除弊碑记》记载：

> 萧守祖男尚德嗣董河工，不忍乃父劳绩旦夕付诸逝水，业屡吁当事厘剔弊政有差，复请镌石彰示来兹。直指李公可其议，檄郡卒仝公及县速为勒珉。灏承乏尹兹土，念斥卤可腴，古人所为怀史白也，凿洞悬闸法良而利溥。传曰：有其举之，莫敢废也。尚德细人耳，尚不忍乃父劳绩付之逝水，后之父母司土者忍坐见闸敝河淤不一缀葺，蠹役种种鱼肉不一阔清也哉？直指讳及秀，号公愚，玉田人，巡历两河，无弊不涤，其轸念怀人，盖与袁大司马相先后云。①

公直后代有世袭的权利，一般遇到修浚渠道等事务，公直或者其后代都要出面率领水渠利户出工，出工的原则则是按照利地亩数，而往往公直享有免夫的特权，因此，公直及其后代都会极力维护自己用水免夫的权利。这次重申旧制，对于闸夫工食、广济公田等重新做出了新的规定，并出台一系列措施一一改正原来弊端。如原来在五龙口广济洞设置闸夫二人看守水闸，并掌管水闸的启闭，二人工食由河内县裁撤掉的青夫二人工食改拨，每年共十四两四钱。但

---

① 顺治《河内县志》卷5《艺文下》，孙灏《广济河遵宪除弊碑记》，第3页上、下。

后来却被官府裁撤，致使闸夫逃跑，无人看闸。碑记记载：

> 广济河洞口原额闸夫二名，以司启闭，每年工食银十四两四钱，屡奉上司裁革，以致河闸无人看守。大水横流，闸坏河淤，永利将废。本县乡绅公议，本河原设公田地二顷，每年积谷六十石，专助河工之费。今闸夫工食既裁，即将此项工食出自公田租谷内，以为长久之计。①

虽然将闸夫工食改由公田租谷划拨，但广济渠公田所出租谷六十石，仍然有余。可见，广济渠公田的设立的确对于维护广济渠整个水利系统的正常运转起到了很大的作用。碑记记载：

> 复买公田二顷，岁租谷六十石，贮广济，备年远闸敝，岁时浚理，仓以广济受名，志非广济不得滥支也。即今闸夫工食，经制虽裁，取偿于公租内，犹宽然有余，袁大司马良工心苦益信哉！然渠地额粮厥初即疏请蠲除，其后凌夷，蠹书犹有混派，闸夫工食亦有额，或渐资蠹书之中饱，且利户之名一立，诸如修理桥堤、衙舍，种种全邑徭赋，胥于利户是索，而利户殆不堪命矣。②

清初，严苛的里甲征派，地方赋役征收结构呈现混乱的状态，而原来蠲除的广济渠渠道所占的土地也被不法里书征派税粮，闸夫工食也渐渐被这些"蠹书"中饱私囊，而且凡是与维护沁河的相关工程所需的夫役、物料都需要利户办纳，这已经远远超出自身所要承担的负担，因而用水利户苦不堪命。碑记记载：

> 顺治九年（1652），被济源县总书李思温等飞洒地粮二顷六

---

① 顺治《河内县志》卷5《艺文下》，孙灏《广济河遵宪除弊碑记》，第3页下—第4页上。

② 顺治《河内县志》卷5《艺文下》，孙灏《广济河遵宪除弊碑记》，第5页上。

十九亩，苦累地主葛汝厚等赔纳，萧尚德、侯世奇等具告，按院批怀庆府刑厅公同河、济两县会审查看开河碑文，照旧除豁。一、沁河修堤工夫役、椿木、埽草等件旧有额设官银，与广济河无干；一、沁河桥梁椿木旧有额设官银，与广济河无干；一、道府五厅察院俱系六县各分修理，凡木植等物与本河无干。……①

作为征收赋税的总书，② 李思温等人利用自己的职权随意将广济渠河身所占土地的田赋负担转嫁给了葛汝厚，据济源北官庄《葛氏家谱》所载，葛汝厚乃济源县人，与广济渠公直葛汝能为同族人。③李思温等人的不法行为，引起了萧尚德、侯世奇的控告，这些公直后裔和利户是维护用水秩序最重要的群体。审理案件的按察司以及河、济二县官员则以袁应泰开河碑文为依据，除豁了广济渠利户不应承担的徭役，恢复了原有的秩序。

顺治末年，地方官针对广济河渠务的整顿基本改变了明末清初因王朝鼎革所造成的水利秩序混乱的局面，在整顿渠务中，公直后代及用水利户为维护自身的利益发挥了重要的作用。

第二节 "济民搀越"：雍正至乾隆时期
河济二县的水利纷争

一 雍正年间"摊丁入地"在怀庆府的实施

清初的三十年间，在朝廷大兴战事平定宇内的背景下，向来富庶的怀庆府所担负的徭役十分繁重。康熙十三年（1674），柏香镇

---

① 顺治《河内县志》卷5《艺文下》，孙灏《广济河遵宪除弊碑记》，第3页下—第4页上。

② 有关明清时期册书的研究，参见杨国安《册书与明清以来两湖乡村基层赋税征收》，载《武汉大学历史学集刊·第二辑》，湖北人民出版社2005年版；瞿同祖著，范忠信译：《清代地方政府》，法律出版社2003年版，第223—224页。

③ 济源市北官庄《葛氏家谱》，2005年10月重修本，第167页。

乡宦杨运昌在为怀庆知府彭清典离任所作序文中讲述了在其任期内（顺治十六年—康熙十三年，1659—1674）怀庆府支应徭役的情形：

> 清有天下三十载，海内得离兵革之患，民恰物熙，群工交饬，天子尤加意郡县吏。孝感彭老公祖满五考，治行常为天下第一，数下诏褒异之。……，当迁者屡矣。……。彭公乃以循良特著。比者县官或有急，军兴所需以及他大征赋、大徭役往往多取办于怀，其自大中丞以下皆倚公如左右手。夫怀瘠国也，无论海内即于中州亦仅如黑子之著面耳。广不如梁、陈；富不如亳、宋；膏腴沃野不如申、谢；物产不如洛，以区区不满三百里之地，悉索敝赋，左诎右支。①

地狭赋重的现实使得此后的许多怀庆府官员以兴复水利为己任，如怀庆知府龚其裕在"康熙十八年（1679）守怀庆，下车询民疾苦。知济水顺利渠，为柏香镇大姓专利，塞其下流，力主清浚，复宋元故道，城内外获灌溉之利者二十余里"②。知府方愿瑛"康熙五十四年知怀庆，为政明察，豪强敛迹。严禁各属私派，裁坐里差役。崇尚文教，兴复水利。升任后，士民建祠祀之"③。

但是，到了康熙六十年（1720），广济渠许多支堰因渠道抬高而无法引到水，而利户又不愿出夫疏浚，广济渠许多支渠无法引水而废弃，原来的二十四堰只剩下十五堰可以引水灌溉。河内县知县谢维霈为十五堰水分清册所作序文中说：

> 粤稽广济河开自明朝，河内令袁公应泰志切受民，疏通

---

① 《石斋文集》卷3《序》，《寿太守彭悟山公祖序》，第34页上—第35页下。
② 乾隆《怀庆府志》卷16《职官》，第39页下。
③ 乾隆《怀庆府志》卷16《职官》，第44页下。

水利，凿穿太行，三年成功，五邑被泽。其间督工捐银公而忘私者，大抵诸公直之功居多。计一河共分二十四堰，渐因水利不均，浇灌维艰，多递高阜。自康熙六十年（1720）以来止存十五堰，兴工使水而已。然其用水之日期，派定之时刻，皆因夫役之多寡，亦因河势之上下，不得以私意混乱增减之也。①

怀庆府知府沈荣昌在《浚广济洞纪略》中也提到：

> 康熙六十年（1720），因告干者多用水者，出夫工日，利户水不下灌，不愿出夫，曰：告干，水利不均。河捕通判赵溥集各公直均定时刻、水册、次序，则永益、天福、大丰、大有、太平、广有上下、永济上中下、万盈头二、长济、兴隆、兴福，用水时仍旧制，自下而上，从兴福始，牒府存案，民用不争。然原制堰二十有四，计夫四百六十有二，是时仅存堰十五，夫止三百二十八名六分二厘矣。②

广济渠堰数量的变化必然引起与之相关的所利地亩、用水时刻、夫役数目的变化。因此，康熙五十四年（1715）到任的怀庆府知府方愿瑛在疏浚广济渠后，下令编造水册，但因与旧册差别太大，利户都觉得不公平而不愿执行。③ 康熙六十年（1720），河捕通判赵溥和各公直后裔重新编定的水册，应该就是针对以前旧册的更定。从二十四堰到十五堰，我们看到的不仅是康熙年间广济渠堰数目的变化，从重新整合后的渠堰名称中我们看到的是地

---

① 道光《河内县志》卷13《水利志》，《知县谢维霈广济河十五堰水分清册原序》，第10页上。

② 乾隆《怀庆府志》卷7《河渠·水利》，沈荣昌《浚广济洞纪略》，第18页。

③ 道光《河内县志》卷13《水利志》，《知县谢维霈广济河十五堰水分清册原序》，第10页上。

方利益的重新划定。在这里我们再次看到了公直后裔在整顿渠务中的作用，分水时刻的厘定，引水次序都要靠公直后裔集体商定。但是这次编定的水册并不为利户所认可，利户依然愿意执行旧册所规定的用水秩序。

此后，伴随着引水渠堰的减少以及雍正年间河南巡抚田文镜"摊丁入地"政策的实施所引发的地方赋役征收方式的改变，河内县及济源县对五龙口水利的争夺也日趋激烈。道光《河内县志》卷十三《水利卷》的开头就总结了自明中叶以来二县争水的情况：

> 县内自秦渠引沁水以溉田，而沁、济二水溉其南，丹水溉其北，历载久远，修治者亦非一人。明季袁公应泰即故渠凿山开洞，其功尤钜，其利尤溥。以渠首在济源，虑豪强争利，乃明章条目，大书深刻，垂于贞珉。仁人之用心可谓深且远矣。然二百年以来，二邑之人犹未能平其心，以遵贤令尹之教，屡烦当事之处分。若胡君睿榕、谢君维霈于斯事尤勤通，不敢承乏于此。惟有申诫斯民，恪守成规，与济邑之人相濡以沫，相安于无事，则永远利益盖无穷期矣。①

自明万历末年到乾隆末年，二百多年来河内、济源二县人因水而起的争端不断。尤其从雍正四年（1726）开始，河南巡抚田文镜在河南各府州县实施"摊丁入地"的政策，将丁银纳入地银之中一体征收，田赋在整个赋役税收的结构中变得更加重要。雍正四年八月田文镜在给雍正皇帝的奏折中详细说明了"摊丁入地"的具体运作机制：

> 题明豫省丁粮按地输纳以均赋役事：该臣看得豫省丁银不

---

① 道光《河内县志》卷13《水利志》，第1页上。

随地派，民间苦乐实属不均。臣前在布政使任时，已经通饬各
州、县确查妥议，因各州、县纷纷议详不一，屡经驳查及蒙圣
恩简畀巡抚之后，节次严催。兹据布政使费金吾详称，丁粮同
属朝廷正供，派之于人与摊之于地均属可行。然与其派在人而
多贫民之累，孰若摊在地而使赋役之平？况盛世人丁永不加赋，
则丁银亦有一定之数，按地均输更易为力。查各属人丁多寡不
等，今就一邑之丁粮均摊于本邑地粮之内，无论绅衿富户不分
等则一例输将。如某县原额丁银一千两摊入地银一万两之内，
则每地银一两应加丁银一钱，以此核算，在丁少地多之区，每
两不过增至分厘，即间有丁多地少之处，每两所增只不过一、
二钱而止。如此，则地多之家力能输纳，而无地之民得免光丁
之累矣。至豫省州、县每年均有报垦升科以及遇闰之年粮额无
定，嗣后地粮如有升增，应将丁银随年另行均派摊入正闰银内，
照数收纳，庶正额赋无亏，其有裨于国计民生，实非浅
鲜。……统于雍正五年为始摊入地粮之内收纳，至各属丁册
及更定赋役全书候题允部覆，至日另行造送等情详报前来，相
应具题，伏乞敕部议覆施行，雍正四年八月。①

自康熙元年以来，朝廷每五年编审人丁一次，直至康熙五十年
编审后，以此数为定额，此后滋生人丁永不加赋。雍正四年，为
配合"摊丁入地"的实施，豫省重新编审人丁，其中怀庆府所辖
七县"开除、顶补新旧常额一十一万六千八百四十四丁，征银九
千七十七两一钱五分六厘。是年（注：雍正四年，1726），奉旨各
邑丁粮均派各邑地粮之内，不分等则"②。可见，就在当年怀庆府
各属县就实施了"摊丁入地"的改革。实施此项改革前，河内县

① （清）田文镜：《抚豫宣化录》卷2，《题明豫省丁粮按地输纳以均赋役事》，雍
正间刻本，第35页—第36页。
② 乾隆《怀庆府志》卷8《田赋志》，第20页上。

民丁除原额外还有溢丁额及收并怀庆卫丁额。自康熙元年开始，每五年编审一次，民丁原额分为九等，每等征银数不同，从一两二钱至五分递减；怀庆卫丁也分九等，每丁征银数也从一两二钱到二钱逐渐递减；与之不同的是相邻的济源县民丁数额却不分等则，每丁征银五分，这只达到了河内县民丁最低等民丁的征银水平，怀庆卫丁也不分等则，每丁只征银二钱。济源县丁银数不到河内县丁银数的五分之一。因此，在实施"摊丁入地"后，丁银摊入地亩中，河内县丁银地银比约为济源县丁银地银比的三倍（见下表0.044/0.016），负担远较济源县为重，因此无论是地方官还是一般民户，对土地的控制比以前更加严格。这就要求土地能够有稳定和持续的产量，地方政府才能足额收到田赋，因此，水利条件的好坏制约着土地的丰歉和产量。

表5-1   河内、济源二县丁额、赋银（康熙五十年，1711）

	河内县		济源县	
	民丁	怀庆卫丁	民丁	怀庆卫丁
丁额	33363 丁	774 丁	11719 丁（每丁5分）	6 丁（每丁2钱）
丁银	2882 两 2 钱 5 分	304 两 9 钱	585 两 9 钱 5 分	1 两 2 钱
原额民田及更卫田赋银	72057 两 8 钱		35614 两 5 钱	
摊派丁银	3187 两 1 钱 5 分		587 两 1 钱 5 分	
原额民卫田	11663 顷 60 亩		5448 顷 85 亩	
丁银地银比	0.044		0.016	

资料来源：乾隆《怀庆府志》卷8《田赋志》。

与地方赋役征收制度变化的同时，怀庆府的行政区划也发生了很大的变化，首先是属邑数量的增加，田文镜于雍正二年（1724）

上书建议将黄河北岸原属开封府的原武县划归怀庆府管辖;① 其次,雍正初年更多管理水利事务的机构被重新设立,其中雍正元年(1723)将清初设立的粮盐通判、捕归通判合并为驻城通判,改河捕通判为沁河通判;雍正二年(1724)怀庆府重新设立黄河同知;雍正五年重新设立管河北三府事务的河北道,兼管河北水利事务。② 这一系列与水利有关的地方机构的设立,旨在加强对怀庆府地方水利事务的管理。

二 雍、乾时期的水利纠纷及解决机制

虽然没有材料说明"摊丁入地"的实施加剧河内县与济源县本已紧张的用水矛盾有直接的必然关系。但就在"摊丁入地"实施后不久的雍正七年(1729)五月,河内县广济河、利丰河的公直利户侯珰、赵三福、徐万富等人将济源县民在二渠上游河道内种植芦苇、建造私闸、私设水车的不法行为上报河内县知县马骎云,引发了雍正七年(1729)二县争夺利水的案件,其中侯珰是广济渠公直侯应时的后代。其实在"摊丁入地"之前,已经存在济源县民在广济、利丰二渠上游侵霸水利的情况,"摊丁入地"政策的实施或许成为河内县公直利户采取措施改变这一情况的契机。因此,这起纠纷依然是顺治年间整顿广济、利丰河后争端的延续,也就是说济源县的上游无利之户私自盗水的行为虽经官府下令制止,但却屡禁不绝。《广济利封两河断案碑记》记载:

> 怀庆府河内县知县戴卫蒙沁河通判朱,于雍正八年五月二十三日抄送总督河东部院田批示:广济、利丰二河会详前来细询缘由,系升任前河内县知县马骎云,于雍正七年五月十九日据广济、利丰二河公直、绅衿、利户侯珰、赵三福、徐万富等

禀称培苇建闸，侵霸水利等事通详各宪，其详内略节。以广济、利丰二河创自明季河内邑侯袁公、胡公协同乡绅、衿民捐资谷，买地亩，开山凿洞之由成也，志书碣石昭昭可验。迨其后，济民村居上游，贪得无厌，遂有私闸、私渠、水车、芦苇种种之侵害矣。自国初以来，屡控屡违，几无宁岁。昨卑职据控，两移公文于济令汤权，始以水深难折支吾，继以将粮换水朦混，不得已具申备由，伏乞阅夺施行。蒙总督部院田批，仰河南布政司会同河北道遴委贤员确勘妥议详夺，仍候河东总河部院批示，缴总河部院稽批，公陈情由，查访水利等事详利丰河私建车闸缘由，仰怀庆府遴委贤员确勘妥议详夺，仍候督部院批示，缴布政司谢批，仰怀庆府遴委能员秉公查勘妥议详夺，仍候总督（河）部院批示，缴河北道朱批，仰候总督（河）部院既布政司批示录报，缴怀庆府祁批：水利关系民生，盗截侵夺，殊干法纪，况河内广济河渠虽由济境，久有编订水分，计月日时刻挨次轮灌，上下通流，定制昭然。至济源县亦自有永益渠水，何以倏至今日，辄敢越规占阻，甚为不解。但疏浚淤塞，现奉督部院题定成例，则上流碍道之芦苇立宜芟除净尽，私设水车立宜拆去无留，固不待言矣。惟是彼处河闸创自何年，首事何人，从前因何任其混建，致兹衅端，该县均未查明。既据通详，仰候总督（河）部、院、司、道批示行，仍候严檄，饬令济源县查夺，缴沁河通判朱批，候各宪批示，缴其后，布政司会同河北道遴委沁河通判朱侠、孟县知县李麟源秉公查勘，查勘既明，乃会详云：卑职遵，即会同孟县于九月初八日亲诣济邑之五龙口查勘，得广济、利丰两河由济邑地方经行十余里始入河、孟、温、武四邑，灌地之余，仍归黄、沁，河内志书载：两河之下分二十四堰，以出力开河之民别为利户。济民之有利者分五堰，河、孟、温、武之有利者分十九堰，每月两输，照号用水，必先武陟，次孟、温，次河、济。自下而上，俾狡惰者不得无功窃利，法至善也。迨日久弊生，加以人情喜逸而恶劳，如武、孟、温仅有分堰之名，并无分水之实。究其故，伊等懒于疏浚，浼河民代为出夫，即代用其水，是经制坏而争端起矣。济民之无利者得以藉口曰：五邑协力开河，水利尽归河内，他邑既不沾泽，坏我济地，将粮换水而独不可用水乎？于是，为桥闸开沟，洞培芦苇，无利无号之私开，实有妨于有利有号之公堰。由故明以迄于今，河民哓哓不休，而此案究竟未结也。职等仰体上宪，一视同仁之至意，会商确勘，参考旧卷，博采舆情。查袁令二十四堰之分设，委为百世不易之良规，欲息斯民之争端，当复前贤之旧制，合无仍照袁令详定各堰名色，令各邑秉公，查将有利之户造册送府，用印发各县存案，设立堰长，照号使水，自下而上，河民既不代用三邑之水，济民何由垂无利之涎？又查广济河李化云等水车五辆，利丰河李定宇水车一辆，惟葛自新委系开山公直葛汝能之子孙，汝能有功于河，准其在永益堰灌地，因此堰地高河深，非车不得水利。自新委系利户应准其一车使水，其余一概拆去，庶无利者不得开私建之端。但置车必用矶心，河窄恐多淤塞。今准伊用水车，应将水车上下河深丈量，宽深若干，自本河矶心墙外对面开宽与上下河身相等，则水车从旁转运亦不致堵截河心，有妨下源矣。又查南程、程村、樊庄、梨林、许村、朱村一带，庄村桥闸、芦苇皆济民无利户也，当开河之日漠然视之，诚属愚惰，伊等虽云将粮换水，载在府碑，查碑文实未曾指名，各将某地换某水也。况二十四堰之中济民原分五堰，是有利者已沐其上流矣。至河绅杨姓价买济地开河，不惟勒之于石，而又笔之于书，至今银数、地主班班可考，应将私建私置之处拆去矶心，毁其闸底，芟其芦苇，将见百年未结之案从此一旦冰释，第恐雨泽有愆期之日，宁有水流济地，忍坐视数村之枯槁而不与杯勺以润之者乎？职等细考经制紊乱之由，皆系下流之民去上源甚远，艰于跋涉，以致河身日淤，水流不畅，争端日起，合无行令各邑督率有利之民，各在本管境内照地出夫，及疏浚既免裹粮之烦，又省科派之扰。惟广济、利丰两河咸在济境，既禁其截水，复派其疏浚，无利出力与无功使水者同一辙也，应将两河之在济境者，责令南程、程村、樊庄、梨林、许村、朱村等处无利之户按地疏浚，准其于各家畎头凡地高于水者用桔槔称水灌地，水高于地者用笆斗戽水灌地，人力运水江浙皆然，凡上源无利者止许用此法浇灌，不许私建闸堰。在济民无利者可免槁苗之忧，于下源亦无所妨碍，上下相安，争端自息。然须取具无利户情愿疏河认状甘结，由该县送本府并水利厅衙门存案，如伊等疏浚潦草或有雍阻等弊，许下源之民赴各县禀关查究，倘蒙准行，饬行各邑勒石遵守。其河渠每岁疏浚二次，限以春冬之二月、十月，各县率典史督夫疏浚，完毕报水利厅会同验收，牒府申报查考。如一岁之中疏浚如式者，将该县记功；不如式者，记过。如是则赏罚严明，责有攸归，而争端可息，水利永兴矣。至济民私建水车、桥闸、培置芦苇，昨经职等查询，伊等自知理屈，俯首无辞，相应免究，合并声明是否允行，卑职等不敢擅便，伏候批示，以便遵行等情到府，移咨本司，并图会呈太子太保兵部尚书兼都察院右副都御史总督河南、山东等处地方军务督理营田兼理河道加十一级纪录三次田，蒙批转饬该厅、县照议遵行，勒石永遵，仍取墨榻并济民无利户情愿疏河认状甘结，一并报查，缴图存查。知县戴仁遵即勒石，以垂不朽云。①

这段冗长的碑文详细记载了这次案件审结的全部细节，河南巡抚田文镜也亲自过问和批示了该案件，足见他对此案件的重视。刚设立的沁河通判也参与案件之中，历时一年多这件案件才审结。位于广济河、利丰河上游的济源县无利之户肆意拦截利水并非一朝一夕，自万历三十二年（1604）五龙口三渠引水的格局确定后，这样

① 雍正《覃怀志》卷 3《河渠》，《广济利丰两河断案碑记》，第 14 页上—第 16页上。

的情况就屡见不鲜，主要的原因则是出于河内等四县下游利户对袁
应泰所定用水制度的不严格执行，使得济源县民对于河内县"代用
三邑之水"，利水"尽归河内"这一现实情况的极度不满，广济渠
下游的温、孟、武等县虽有渠堰分水，但由于距离五龙口较远，疏
浚不便，只能出钱让河内县民代为疏浚，因此下游数县所得水分也
尽为河内县民利户所有，这种破坏"旧制"的行为是导致济源县无
利之户肆意盗水的直接原因。但官方判案的依据仍然遵循"旧制"，
河内县公直利户再次获得了一致的支持，济源县民输掉了官司，被
命令割除了芦苇，拆毁了私闸、水车。同时，也考虑到了济源县南
程等村无利之户用水灌溉的现实需要，他们在疏浚渠道时派夫出工
就可以用取水灌溉的工具，诸如"桔槔""笆斗"人工取水，但禁
止私自开挖渠道。此外，济源县民在广济渠上游所建的水车除了广
济渠公直葛汝能的曾孙葛自新有权保留一辆水车外，其余水车尽数
拆毁，同时要求葛自新的水车重新改造，不能堵塞渠道。

　　但雍正八年（1730）的这次结案并未能一劳永逸的解决上游济
民肆意掺越利水的弊端，出于对地方利益的保护，济源县地方官及
无利之户根本就不遵照上宪的命令拆除这些渠闸和水车，也就是说
雍正八年（1730）的判决成为具文，根本没有执行。乾隆初年，发
生在广济渠或是利丰渠上的水利纠纷依然层出不穷。乾隆五年夏，
利丰河"水泛沙涌而河流遂绝。……我侯胡公心恻焉。六年仲春，
偕丞薛君乐天谋浚之河源至五龙头"[1]。在河内知县胡睿榕及济源知
县董榕疏浚利丰河道之际，乾隆六年（1741）七月，济源县曲塚村
民田起忠等人在利仁河上游私挖水渠，"借曲塚有利之枕，霸浇额外
无利之地"[2]。胡睿榕遵照上宪平填沟渠，"仍将曲塚等村每月止许
十四、二十九日两号使水时刻勒碑于王欢闸上，并将沙沟村北十婆
婆庙西有无利清渠二道直通沁河，以有用之水置无用之地，一例填

---

①　（清）范泰恒：《燕川集》卷1，《重浚利丰河记》，第6页下。
②　道光《河内县志》卷13《水利志》，第22页上。

平"①。这里所说的"枚"，指"枚夫"，"利夫"，根据夫数派定用水时刻灌溉田地是自明代以来用水制度中最关键的环节，也是维持用水秩序的根本制度。济源县曲塚村民田起忠本来只能根据自己所得水分浇灌相应的土地，但他私挖水渠浇灌无利之地，多用了水，搅乱了派水时刻，胡睿榕将曲塚等村派水时刻刻在闸口上的目的就是希望利户村民能够按照时刻使水，不能混派私占。在济源县大许村二仙庙内保存了有关此次整顿利丰渠的水利碑刻，碑刻上记载：

> 今春二月间（乾隆六年，1741），河令胡睿榕心存利念，同济令董榕查勘熟筹，称：利丰河自渠口至五龙口……；利人河自口口闸起至梁庄减水闸，……；丰稔河自天平闸起至樊庄小天平闸，……。卑府遂赴工逐一查勘，与该令（缺字）天兴挑。按利人河共利民地二百二十顷，丰稔南河利民田二百五十一顷，丰稔北河共利民田一百八十二顷，（缺字）出夫三名，自二月十五日开工至四月十一日完竣。又修理闸座至二十一日亦并完固，即于是日祀神放水。讫专番修浚，实由河令胡公相杜经营，尽心劳力，始终不倦，其功实堪嘉予。济令董公和衷共济，不辞劳苦，克襄厥成，其功亦不可没，相应详请宪台俯赐鉴核饬示，依照旧例，各循水分，庶河利可垂永久，而两邑沿河农民均荷生矣。……。拟合备详呈明等因蒙批：河邑胡令究心水利，以厚民生，济邑董令和衷共济，克襄成功，均属可嘉，即仰布政司饬将胡令记大功一次，董令亦记功一次，仍勒石示众，永遵旧例，如违即行宪究，缴图存等因，批司，蒙此案照前据该府详已经批饬在案，兹奉前因拟合就查照奉批事理，即便转饬各该县遵照，并饬勒石，永遵旧例，仍将勒石永遵缘由取碑幕，报查毋违等因，先于本月十三日蒙藩宪批据详河内胡令开浚积口，不辞劳瘁，济源董令同（缺字）桌司、粮道、河北道批示

---

① 道光《河内县志》卷13《水利志》，第22页上。

缴，同日又蒙枭宪批据详开浚各河，修理闸座。河、济两（缺字）批示缴图存等因各到府，蒙批：此拟合就行为，此仰县官吏照票事理。又到即速会同济邑勒石（缺字），济邑董令即照遵抚部院宪示勒石，永遵旧例，如违，即行深究，各宜裏遵毋违，特示。乾隆六年十一月初八日立石。①

这通碑记其实就是告诫济源县乡民利户要永遵旧制，各循水分，共同维护用水秩序。此碑背面详细开列了利丰渠所利济源县各村庄地亩数及支渠的管理人员的名单，如下：

表 5－2　　利丰渠水利系统（乾隆六年十一月二十三日，1741）

利丰渠水利系统	流向	管理人员	利地村庄及亩数
利丰渠	自五龙口南流至程村西北天平闸，是为母河		五龙头：利地八十二亩
			王寨：利地六顷一十八亩七分
利人河	自天平闸正直而东至屈塚东南，交河内界	枕夫五名	浇灌程村、许村、梁庄共利地十五顷八十五亩五分。
丰稔河南支	从小天平闸东南水运庄、梨林、薛庄村、河内史村，长一里。	总管二名：王有宽、牛国瑞；埝（堰）长一名：任国旺	水运庄：利地五顷九十三亩，枕夫三名
			桥头：利地二顷四亩，枕夫一名
			梨林村：利地十一顷四十九亩，枕夫六名
			凹村：利地一顷八十六亩，枕夫一名
			薛庄村：利地十五顷六十五亩，枕夫八名
			合计：三十六顷九十七亩，枕夫共十九名

---

① 此碑现存济源市大许村二仙庙内，在此碑头上，绘有五龙口三渠在济源县境的渠道村落图，图中标有水渠渠道、桥闸及村庄。见本章图 5－2。

续表

利丰渠水利系统	流向	管理人员	利地村庄及亩数
丰稔河北支	从小天平闸往东，东许村、沁市村、小官庄，长七里。	总管一名：李思儒	东许村：利地二顷六亩，枕夫一名
			桥头：利地四顷七十五亩，枕夫二名
			水东村：利地二顷三十五亩，枕夫二名
			范家庄：利地二顷，枕夫一名
			小官庄：利地一顷九十四亩，枕夫一名
			沁市村：利地十二顷五十一亩，枕夫六名
			小李村：利地二顷口亩，枕夫一名
			合计：约二十八顷，枕夫十四名

从表中可以看出，自利丰渠自五龙口引水至天平闸分作利人（仁）、丰稔二渠，济源县王寨、程村、许村、梁庄等村庄因有土地被母河和利仁渠道所占，这些村庄"俱系开河承粮故使无号水利，屈塚、沙沟二村原系续河浇灌，利地十二顷派入河内水册照号使水"[1]，即利丰渠的水册上并没有派"水分"给这些村庄，但这些村庄依然可以用水，这些村庄只有在疏浚河道时派夫，他们才可以使用取水工具取水灌溉，但不能开挖水渠引水，前文已述。而曲塚、沙沟二村利地所派"水分"则要根据河内县水册所订时刻用水。

此后的乾隆二十二年（1757），济源县民采取了更为极端的争水措施，不惜在五龙口修建石阁、桥梁以堵塞广济洞的水势，以增大济源县永利洞的水势，这直接导致广济渠仅剩下的十五堰也都无法引到水。沈荣昌《浚广济洞纪略》提到：

乾隆丁丑（二十二年，1757），水流益弱，河身愈高，十五堰中亦纷纷告干，存夫三百二名。前府萨宁阿檄河内丞席芑复

---

① 前引乾隆六年利丰河水利碑刻。

浚黄龙洞，土人呼为黄窝者。然履勘不得故跡，考察数月始知壅塞自在本洞，非□黄龙之开塞也。盖永利洞居广济洞下流，水缓沙壅，济人□□广济入水之势以益永利，乃诡言祈禳，愚人耳目，伺洞起建石阁，则洞门掩蔽，筑桥以盖水道，则深浅不知而私相壅。……。席丞闻其弊于府，萨守亲勘得实。于是，先浚下流渠河，俾有容纳，然后推毁石阁，显出洞门。席丞率夫役乘筏入洞，用辘轳出巨石数百枚，小石以万计，水流如箭，渠水充盈，而告干已久之宏福、广隆、万亿、大济、永通五堰皆沾余润，民庆有秋。是则前守勤民祛弊，功在兹土，而席丞能承奉宣力，勿坏前人成制，可谓能勤其职矣。故志之，以告后贤知淤阻之由，时宜加意也。①

怀庆府及河内县地方官在疏浚广济洞的同时，针对私植芦苇，私建水车、水闸屡禁不绝的情况，严令拆毁，但济源县民依然心存侥幸，试图蒙混。《乾隆二十三年萨太尊断案》记载：

乾隆二十三年（1758）萨太尊饬令河、济、温三县挑广济、利丰等河，搜寻黄龙洞旧迹，芟除济民壅水芦苇，拆毁水车、私闸。济民李德、李大文欲幸存水车混裏，萨宪批：广济河成之始，详分二十四堰，每月两轮照号用水，挨次引灌，必先武陟，次温、孟，次河内、济源，自下而上，不许紊乱，并无许用水车之议，详载志乘，百有余年。嗣因济民或建桥闸、或开沟洞、或置水车、或种芦苇，种种奸霸阻挽水利，结讼不休。迨雍正七年详奉委员履勘，议详内开：查广济河济民李化云等水车五辆，利丰河济民李定宇水车一辆。惟葛自新系开山公直葛汝能之子孙，有功于河，准其在永益堰使水，……，其余一概拆毁等语，……，尔等并不遵照，仍复留

① 乾隆《怀庆府志》卷7《河渠》，沈荣昌《浚广济洞纪略》，第18页下—第19页上。

存，本府因念已经前据饬详批押令拆毁，不究违抗之罪，已属万幸，何得复敢混渎？若论袁公、胡公之旧制，则葛自新之水车亦不应留矣。仍候严催押拆，如再抗违，先行拏究。河、济、温三县会勘具详，其济令萧应植详略云：遵奉宪饬，除止留葛姓水车一辆外，其余一概督令拆去，违者重究。仍令南程等村无利之户按地头勤加疏浚，准其遵照前断，凡地高于水者秸槔称水，水高于地者笆斗戽水，俾得共沾利泽。萨太尊批：雍正八年，议详内开，该河在济境者责令南程等村无利之户按地头疏浚，准其于各家畎头地高于水者秸槔称水，水高于地者笆斗戽水，取具无利地户情愿疏河认状甘结，业已三十年，而石墙矶心竟未拆毁，每年仍复用车盗取利水，实属顽梗狡情，况本年该处习民仍挽用利水，经本府饬查又复以地换水，哓哓置办，业已具详饬禁。及饬挑河亦未据有情愿疏河认状甘结投递，今该已据有利地户出夫挑后，每年岁挑亦易为力更未便，准遵照前断，共沾利泽也。①

这起案件基本上还是雍正八年（1730）案件的继续，雍正八年（1730）案件判决后，济源县并未完全拆除广济河上游架设的水车，盗取利水的情况根本没有任何改观。怀庆知府萨宁阿根据袁应泰所订制度认为公直葛汝能后裔葛自新的水车也不应该保留，但按照雍正八年（1730）判决的结果还是予以保留水车。正是由于保留了葛自新的这辆安置在广济渠永益堰上的水车，在二十多年后的乾隆四十七年（1782）葛自新所在的济源县北官庄葛姓村民冒充公直后代引发了葛氏族人之间一段历时六年的诉讼。笔者在济源县北官庄调查时，在葛氏祠堂发现了一块刻于乾隆五十二年（1787）的判案公词碑刻，碑文全文如下：

广济河开山凿洞公直葛汝能有功于河，许建永益闸（缺）灌地，因村北地（缺）清风庵东建水车一辆，浇灌沿河地亩。

---

① 道光《河内县志》卷13《水利》，《乾隆二十三年萨太尊断案》，第22页上、下。

后因总□□以培苇建闸事，争控不绝。雍正七年（1729）九月初八日部院委员查勘广济河有水车五辆，惟葛自新系公直葛汝能之子孙，因汝能（缺）准其一车使水，其余一概拆去。雍正八年（1730）五月，蒙部院批示河、济、温、武、孟俱勒石。据乾隆四十七年葛元庆自称公直后裔，私建水车，自新之孙天庆在府□争讼，屡年不决。至乾隆五十一年（1786）经府尊布大老爷断案，天庆系公直后裔永建水车，元庆不得争抗，将元庆所建水车拆毁，谨将断语勒之于石，以垂不朽。断云：葛元庆私建水车，行县邑拆，胆敢止拆上棚，仍留下棚水槽；又与葛天庆争控水车，不认祖宗，图利忘本，俱将伊祖名养成改为养本，当堂质对，伏首无词，即属冒认，俟行济源县将葛元庆建车石槽尽行拆净，从宽免枷取，葛元庆再敢兴讼，改过甘结，葛玉美释回。乾隆五十二年（1787）七月。①

公直及其后代享有的用水特权在争水激烈的雍、乾之际成为他人觊觎利水可以利用的资源，葛元庆冒充公直后代私自架设水车就是企图蒙混视听，从而引起了公直后代的不满。在济源市北官庄《葛氏家谱》中，对于葛汝能协助袁应泰凿山开洞修建广济渠的事迹着墨颇多，大力宣扬他的功债。葛汝能的曾孙葛自钧、葛自新分别作为广济渠公直和永益堰的水车公直，葛天庆是葛自新的孙子，他就是利用雍正八年（1730）及乾隆二十二年（1757）判案中允许葛自新及其后代可以保留水车这一特权的规定而打赢了官司，揭露了葛元庆冒认宗派，谎称祖先名讳的欺骗行为。由此可见，通过获得利水可以带来很大的利益，葛元庆才不惜铤而走险，投机取巧。就在发生葛元庆冒认祖先案件的雍、乾之际，也正是北官庄葛氏开始宗族建设，创建宗祠，购置祀田的时期。雍正四年（1726），葛氏族人就开始修建宗祠，购置祀田。乾隆二十三年（1758），葛氏族

---

① 《广济河清风庵东水车碑记》，清乾隆五十二年，碑存济源市北官庄葛氏祠堂。

人重修祠堂，作为生员的公直后裔葛天庆撰写碑文说：

> 雍正十年（1732），与族公议创置院地，修建有基，归并祭田，岁祀有备，事甚善哉！而功未成也。缘□启朋、喜彦等志切敦本，率长孙元勋同自荣、起彦、起儒、振文十三年间劝族资财，修正室三楹，街房五间，续买田地。乾隆十四年三月初九日学孔、天庆府县乞匾旌表，家长自太等选议公举族正元勋等奉县批准充给照，化导族人，世世共守议规，祖宗则历代先灵翕然来临，幼子同孙胥然尽到。迄今工程告竣，将历年事务载石传于人。计开：院地四分，东、西两门祭田六亩，取东门粮二亩，买不连地三分，买李姓地八分三厘，休昌寺西祭田三亩四分一厘，主户共正粮三亩五分三厘。庠生天庆撰，玉兰书。乾隆二十三年（1758）正月吉日立。①

乾隆十四年（1749），在葛氏族人在进行宗族建设时，作为公直子孙的葛学孔（见下图）、葛天庆出面到府、县"乞匾旌表"，表彰何人何事，这里没有言明，但联系到雍正六年（1728）、乾隆六年（1741）的水利纠纷中因涉及葛氏公直后裔所拥有的水车的存废问题，因此持续的水利纠纷对乡村社会所造成的紧张氛围，葛氏公直后裔对此亦有直接的感受，而借修葺祠堂之际，公直后裔出面无非是希望官府继续表彰其先祖葛汝能对广济渠水利建设所做出的贡献，将府县衙门所颁匾额悬挂祠堂内，则无疑使公直后裔在广济渠永益堰上架设水车更加合法，这也是公直后裔保证其用水特权的必要手段。

下图显示出从万历年间到清乾隆年间，济源县北官庄广济渠葛氏公直的谱系。

葛氏祠堂的修缮一直持续到了乾隆二十三年（1758），而乾隆二十二、三年间（1757—1758）正是怀庆知府萨宁阿疏浚北官庄村北

---

① （清）葛天庆：《重修祠堂碑记》，乾隆二十三年，碑存济源市北官庄葛氏祠堂。

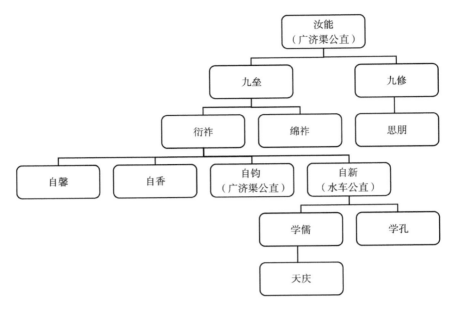

图 5 - 1　济源县北官庄葛氏公直世系图（据北官庄《葛氏家谱》）

五龙口广济洞，再次清理广济河上济源县民私自架设的水车的时候，虽然葛氏公直后裔所架水车依然得到保留，但萨宁阿根据袁应泰所订水利制度中并无水车，对其保留水车的合理性也有所怀疑。乾隆四十七年至乾隆五十二年（1782—1787）间，冒认公直后裔私设水车的案件所反映的正是在激烈的利水之争的社会背景下，对于利水的争夺不仅表现在河渠上下游之间的有利或无利之户之间，还表现在同一个渠堰内部民众之间，甚至乡村宗族内部因利益的争夺也发生了分化。就在乾隆四十一年（1776），虽然葛氏族人葛起彦再次通过修缮祠堂，整理祭田以整合族人，[①]但数年之后，葛氏族人之间还是因为水利利益发生了争执。

　　在葛天庆控告葛元庆冒充公直后代的诉讼期间，一场有关利丰渠的更大纠纷也同时发生。河内县柏香镇乡绅杨道国在乾隆四十八年（1783）也不断控告济源县民在利丰渠上游侵霸利水的不法行

---

① （清）葛起彦：《重修祠堂碑记》，乾隆四十一年，碑存济源市北官庄葛氏祠堂。

为。河内县柏香镇杨氏中杨道国是乾隆时期最积极维护利丰河利户利益的族人，柏香镇《杨氏家乘》载："杨道国，字千乘，詹事府主簿，任四川保宁府通判、敕授承德郎，升直隶宣化府同知。"① 其曾祖父杨蕃生与杨挺生为同辈族人，曾中"顺治辛卯科举人、壬辰科进士，历任井陉道按察司佥事、提督三关兵备，……。诰授朝议大夫，以伯子贵诰赠通议大夫，屈（曲）塚村有祠"②。在康熙十七年（1678）他担任山西井陉道按察司佥事时曾为利丰河的修复撰文立碑。③ 柏香镇杨氏在杨嗣修这一支杨氏族人于明末清初受到打击后，到了雍、乾时期已经衰落，杨蕃生靠科举在清初考中进士，其子孙在雍、乾时期逐渐成为杨氏族人中较为强势的一支。《杨氏家乘》中所记载另一位杨蕃生的曾孙杨道因也因有功德于利丰河，利户为其刻碑悬匾。《杨氏家乘》记载："杨道因，字绍祖，候选州同，奕弼子继……，利丰河利户感德勒碑悬匾。"④ 可见自明嘉靖二十五年（1546），杨纯出资买地开利丰河以来，杨氏族人中的乡绅始终控制着利丰河。杨道因与杨道国都是杨奕弼之子，因奕弼之弟奕鼐无子，杨道因过继给了奕鼐。杨道国还在乾隆四十六年（1781）主持了柏香镇杨氏族谱的第五次续修，他成为整合全族人的领导人物，他在所撰的家谱序文中说出了续修族谱的目的："敬宗收族，合百千家为一家，以施孝友亲长之政。"⑤ 因此，当乾隆四十八年（1783）利丰渠被济源县民侵霸利水时，他自然成为代表河内县利丰渠利户出面与怀庆府交涉的人选。这起纠纷依然是长久以来"济民恃居上流，垂涎水利，渐开私闸、造水车、植芦苇，种种侵霸屡控屡违"情况的延续，经过雍正八年（1730）、乾隆七年（1742）、二十

---

① 《杨氏家乘》第 1 卷，第 100 页。

② 《杨氏家乘》第 1 卷，第 94—95 页。

③ 乾隆《济源县志》卷 6《水利》，杨蕃生《修复利丰河碑记》，第 6 页下—第 10 页下。

④ 《杨氏家乘》第 1 卷，第 101 页。

⑤ 《杨氏家乘》第 1 卷，《宣化司马公续修家乘原序》，第 22 页—第 23 页。

三年（1758）的屡次整顿，情况非但未见改善，而且济源县令萧应植
趁着乾隆二十六年（1761）编修方志时，将济源县本来的无利之地写
入方志，想借此使无利之地成为有利之地，以期在两县的纠纷中占有
话语权，这也为以杨道国为首的河内县乡绅、利户所不能容忍，《乾
隆四十八年利人河济民霸水各上宪断案始末节略》中记载：

（乾隆）二十三年（1758），萨太尊饬令河、济、温三县会勘
挑河，寻觅黄龙洞口旧迹，芟除济民芦苇，拆毁水车、闸口。彼
时济民王寨村李德、李三统之后李大文等以详陈河利等情，混禀
府宪，蒙批令遵照马公前断，严催押拆，如再抗违，先行拏究。
济邑萧公讳应植自知济民无利，具详府宪，其略云：卑职现在遵
奉宪檄，除止留葛姓水车一辆外，其余一概督令拆毁。……。自
二十三年至二十六年不过三载，萧公岂遂忘之而又将无利数村增
入新志，自相矛盾乎？显系济邑经手绅士并奸吏徇私谋骗之故。
况辛巳（注：乾隆二十六年，1761）水灾，河口冲坏，领帑修筑
并无梁庄以上村庄，三年代征还项，尽属河邑解办，济民无利，
不问昭然。今济私造伪志，硬增利丰水利，添入无利地亩九十余
顷，屡控府宪叠行票催，济邑张公左袒推延，虐邻兹讼，幸蒙府
宪洞鉴隐微，批饬：水利有关民生，旧志即略而不书，新志忽行
增入，其为经手绅士徇利谋骗可知。况利丰二渠是否济民止有梁
庄、曲塚二村，其余俱归河邑。该县在任年久，谅所洞悉无难议
覆，慎勿推延，致留讼端，此缴宪批，煌煌悬案可结。但济伪志
刻成，例系刷印呈送各宪，若不通详毁其伪板，拆其私闸，平其
私渠，综一时断明而伪迹犹存，讼机仍伏，侵骗根株长此安穷？
遵将说单并各断案节略上呈，公恳通详合河。①

① 道光《河内县志》卷13《水利》，《乾隆四十八年利人河济民霸水各上宪断案始
末节略》，第21页上、下。

　　河内县乡绅利户所不满的是济源县在编修《济源县志》时将无利村庄也写入利丰渠名下，致使济源县数村增加了九十余顷利地，在乾隆《济源县志》卷六《水利》中这样记载利丰渠：

　　　利丰渠，在五龙口。前明成化、嘉靖间河、济二邑民人开创，粗就规模。至万历间，河令胡从新整饬，利地颇多。其母河自五龙口下至王寨利地七顷有零，迳天平闸分为利仁、丰稔二渠。利仁渠自程村西北流，浇灌许村、安村、梁庄、曲塚等田二十六顷有零；丰稔渠自程村东南流，浇灌朱村、樊家庄等田六顷有零，樊家庄以下又分南、北二支，南河灌水运、桥头、水东、梨林、塚上、薛庄等田三十九顷零；北河灌东许、小许、范家庄、小官庄等田二十四顷零，俱达河内界。①

　　这段文字就是杨道国所说的新增入利丰渠的利地，这与上表5－2所列乾隆六年利丰渠所利地亩数基本一致，② 自母河以下所利济源县民地加起来共九十四顷有零。或许乾隆二十六年（1761）编修《济源县志》的济源县乡绅正是看到了这块碑刻，将此碑刻内容编进方志。但令人不解的是既然乾隆六年河、济二县胡、董二县令疏浚利丰河时已经将该河所利济源县地亩数刊刻碑石之上，为何杨道国

　　　① 乾隆《济源县志》卷6《水利》，第8页下—第9页上。
　　　② 此碑碑阴碑文如下："利丰二渠利地清开于后：利丰河自五龙口南流至程村西北天平闸，是为母河，浇灌五龙头利地八十二亩，王寨利地六顷一十八亩七分，一分利人、丰稔二河。利人河自天平闸正直而东至屈塚东南交河内界，浇灌程村、许村、梁庄，共利地十五顷八十五亩五分，以上俱系开河承粮故使无号水利。屈塚、沙沟二村原系续河浇灌，利地十二顷派入河内水册，照号使水。丰稔河自大天平闸起至小天平闸止，浇灌程村、朱村、樊庄、许村等无号利地三十六顷六十九亩七分，一分南、北二河。丰稔南河自小天平闸分水石起东南流，由水运庄迳梨林曲折东南，至薛庄村南邑史村西交界，计长一里，浇灌水运庄、桥头、水东、梨林村、凹村、薛庄，共利地三十九顷三十三亩七分；丰稔北河自小天平闸分水石起正直而东，由东许村南沁市村北至小官庄村北交河内界，计长七里，浇灌许村、东许、桥头、沁市村、小李村、范家庄、小官庄，共利地二十四顷五十三亩八分。"自母河以下所利地共计一百顷五十七亩二分。

又声称济源县在编修方志时任意在利丰渠下增加了九十多顷的利地呢？他所依据的是济源县在乾隆二十六年（1761）之前的方志里并无记载这些利地，如果杨道国和怀庆府官员知道有这块乾隆六年（1741）碑刻的话，则就不会抓住《济源县志》增入利地一事不放，因此，可以假设如果杨道国所告属实的话，那么很可能这块碑碑阴所刻的乾隆六年（1741）利丰河所利地亩数是济源县民后来伪刻的，① 即杨道国文中所说的"显系济邑经手绅士并奸吏徇私谋骗之故"。因此，济源县利人（仁）河上游村庄除了梁庄、曲塚村外，其余村庄的土地只能按照雍正八年（1730）的规定使用取水工具浇灌，即使用"无号之水"，碑刻中将梁庄上游村庄如程村、大许村的土地称为"利地"，显然是不符合实情。

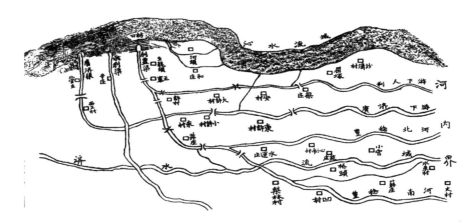

图 5−2　济源县灌田各河图②（乾隆六年十一月八日，1741 年）

乾隆《济源县志》另外一个观点就是二县争水根源产生于万历年间河内袁令与济源史令开山凿洞期间袁令的欺骗行为，编修方志的济源士绅也多次提到了这一情况，笔者在上文已经有所交代，这也是在

---

① 笔者曾前往济源市梨林镇大许村二仙庙察看此碑并抄录碑文，此碑正反两面所刻时间分别为乾隆六年十一月八日和二十三日，字体并不一致，概系两次由不同人刊刻。

② 此图据此碑刻照片经过处理而成，碑存济源市大许村二仙庙内。

雍、乾时期二县激烈争水的社会背景下，处于劣势的济源县民为自己寻求证据支持的一种手段。至此，乾隆年间河、济二邑争水暂告一段落，但此后二县对水利的争夺并未停止。此后，无论是济源县的地方官还是一般民众为维护自身利益继续寻求支持的努力并未结束。嘉庆年间，知县何荇芳通过编修方志，修建三公祠等继续为济源县争取利益，而济源县东部县民则专营五龙口三渠之一的永利渠。

三　重申旧制：争水中的广济渠公直后裔群体

在二县激烈争水的形势下，作为公直的后代，一方面要维护自己的权利，另一方面也要维护水渠原有的用水秩序，而维护用水秩序最为重要的就是要保证水册中派水时刻的严格执行。上文中提到到了康熙六十年（1721）广济渠原有的二十四条支渠只剩下十五条可以引水，其他都已经废弃。因此，就要对分水时刻、利地数量、出工夫役等用水制度作出新的规定。虽然早在康熙五六十年代怀庆府知府方愿瑛、河捕通判赵溥及各公直两次编定水册，规定用水秩序，但利户均未能很好地执行。有鉴于此，乾隆三十五年（1770）河内县知县谢维需根据此时所施行的用水规则对之前广济渠水册进行编定，明确了十五堰的分水时刻、利地亩数和堰夫名数，他在分水册的序言中写道：

前升任本府正堂方（即怀庆知府方愿瑛——笔者注）复疏河渠命造一册，未之颁行，实与旧册大有互异，民多以为不公，惟愿多照旧册遵行。爰传诸公直后嗣住之官署，将各堰遗册汇为一集，细加查核，其中多有时日重复者，亦有时日落空者，重期则起霸截之衅，空期则必至争攘之渐，此皆因告高阜之日期未之均派，而册籍递造，讹以传讹，执事不细心考究，积弊如山。若不急为厘正，窃恐水利不均，争讼日起，而判事者将何所据以为衡断耶？第思旧册不可以为绳，新册又群以为不可遵，计惟有以现在之夫派现在之水，依拨水之分数定时刻之多寡。但分刻之间难为准的，易起事端，故贰叁则除之，陆柒则归之，一月之内心血几尽，遂更正而均派之，令无一刻之重复，无一刻之蹈空，无一夫之偏枯。若稍有霸占掺越之弊，开册了了。及查递高阜之堰，下五堰有广隆、宏福、万亿、大济、永通；中五堰有永济下堰，其使水时刻理宜公分，奈其中广有支堰无告高阜，势将以己物而公用。若全留本堰则又以公物而为私有，故量提出一十二时，应永益、天福、大有、太平照夫增派。但永益、天福居于上流，增一时则大丰一分八厘之水即减一时，于势不可加。太平居中伍，下伍之上浮水足用，可以不必加，故归于大有。此因势揆情，一片均利之心，非有半毫私意于其间，亦即永益堰外加大建一日之谓也。凡尔利户当仰体焦心，各安本分，息其争端，绝讼根，则不啻跂予望之，……。①

这次修订水册只不过是对现行的用水规则予以认可而已，还对已经无水可用的支堰重新按照夫数增派水刻，以使水利能够均衡分配，这也是官府为应对频繁水利纠纷的无奈之举，其目的是希望利户人等能够遵守规则，本本分分用水，避免再起纷争，以杜绝造成纷争的根源。水册的作用不仅是用水顺序的规定，同时还是在发生水利纠纷时判案的依据。

公直后代在这次修订水册的事务中依然发挥了很重要的作用，这些公直后代共十三位，计有："王尚智后嗣王名世、甄周南后嗣甄天富、黄延寿后嗣黄养忠、张思周后嗣张文仲、张思聪后裔张文松、赵扬后嗣赵良名、郝有义后嗣郝振华、段国玉后嗣段英、葛汝能后嗣葛自钧、侯应试（时）后嗣侯铨、闫时化后嗣闫振世、李邦宁后嗣李文祥、萧守祖后嗣萧宗曾等人。"② 这里我们看到了上文提到的乾隆四十七年（1782）深陷水车官司的济源县葛氏公直后裔葛自新之兄葛自钧。

---

① 道光《河内县志》卷13《水利志》，《知县谢维霖广济河十五堰水分清册原序》，第10页上、下。
② 道光《河内县志》卷13《水利志》，《知县谢维霖广济河十五堰水分清册原序》，第12页上。

表 5 – 3　　　广济渠十五堰水利系统（乾隆三十五年，1770）

堰名	起止	利地亩数	堰夫名数	派水时刻
永益堰	自济源县官庄起至休昌、郑村	六顷八十三亩	四名	每月两轮分水，四时。上一轮十五日辰时起至本日巳时终止，下一轮二十九日戌时起至本月亥时终止。若遇大建月三十日之水归于下轮独用
天福堰	自许村起至高村	四十顷六亩七分六厘	二十二名九分	每月两轮，二十三时。上一轮十四日辰时起至十五日卯时止，下一轮二十八日亥时起至二十九日酉时止
大丰堰	自河内县南寻村至刘伴村	共八十六顷六十亩二分八厘五毫，共分六小甲	共六十二名八分，共分六小甲	共分六个小甲，每月两轮分水。上一轮初一日午时起至十四日卯时终止，下一轮自十六日子时起至二十八日戌时终止
		一小甲：利地二十九顷七十四亩五分	十六名五分	上一轮十一日丑时七刻起至十四日卯时终止，下一轮二十四日未时七刻起至二十八日戌时终止
		二小甲：利地十三顷六十亩	十名五分	上一轮初八日亥时六刻起至十一日丑时六刻止，下一轮二十二日巳时六刻起至二十四日未时六刻止
		三小甲：利地十五顷零六分八厘	十名九分	上一轮初六日申时二刻起至初八日亥时五刻止，下一轮二十日寅时二刻起至二十二日巳时五刻止
		四小甲利地十六顷八十六亩五分五毫	十名八分	上一轮初四日卯时六刻起至初六日申时一刻止，下一轮十八日酉时六刻起至二十日寅时一刻止
		五小甲：利地十一顷三十八亩三分	七名一分	上一轮初一日午时起至初四日卯时五刻止，下一轮自十六日子时起至十八日酉时五刻止。浸河水一日分为两轮，上一轮初一日子时起至本日巳时止，下一轮十五日午时起至本日亥时止
		六小甲：各告高阜	七名	

堰名	起止	利地亩数	堰夫名数	派水时刻
大有堰	自南寻村至沙岗村	九十二顷四十五亩六分，共分三小甲	四十七名	每月两轮分水。共七十四时。上一轮十一日辰时起至十四日卯时止，下一轮二十五日酉时起至二十八日戌时止
		一小甲：利地三十顷五十三亩九分六厘	十五名半	上一轮十三日巳时起至十四日卯时终止，下一轮二十八日子时起至本日戌时终止
		二小甲：利地二十七顷二亩一分九厘	十四名	上一轮十二日午时起至十三日辰时终止，下一轮二十七日子时起至本日亥时终止
		三小甲：利地三十四顷八十九亩四分五厘	十七名半	上一轮十一日辰时起至十二日巳时终止，下一轮二十五日酉时起至二十六日亥时终止
太平堰	自武家作至刘家庄	二十九顷九十七亩二分六厘	十五名	一十九时。上一轮初十日午时起至十一日卯时终止，下一轮二十五日子时起至本日申时终止
广有上堰	自七里桥马铺至古涧	二十六顷四十二亩九分八厘八毫	十三名半	一百一十五时。上一轮初五日申时起至初十日巳时终止，下一轮二十日卯时起至二十四日亥时终止
广有下堰	十里	二十顷六十亩	十二名	一百零一时。上一轮初一日午时起至初五日未时终止，下一轮十六日子时起至二十日寅时终止。外浸河水一日分为两轮，上一轮初一日子时起至本日巳时止，下一轮十五日午时起至本日亥时止
永济上堰	自护城村至南尚村	三十四顷一十五亩	十六名八分二厘	五十三时。上一轮初八日辰时起至初十日巳时终止，下一轮二十二日酉时起至二十四日亥时终止

堰名	起止	利地亩数	堰夫名数	派水时刻
永济中堰		三十五顷二亩零五厘	十七名	五十四时。上一轮初六日丑时起至初八日卯时终止，下一轮二十日午时起至二十二日申时终止
永济下堰		六十八顷三十亩四分六厘	三十四名九分	一百零九时。上一轮初一日午时起至初六日子时终止，下一轮十六日子时起至二十日巳时终止。外浸河水一日分为两轮，上一轮初一日子时起至本日巳时止，下一轮十五日午时起至本日亥时止
广阜堰		并入万盈头堰	四名	十一时
万盈堰	自分水石、七里屯、卫村至彭城村	共九十八顷六十一亩	共四十九名半	共一百二十八时
		头堰：一小甲利地二十六顷六十亩二分二厘，外高阜地十七亩七厘。二小甲利地二十三顷七十亩六分二厘五毫，外高阜地十六亩五分	头堰：一小甲夫十二名，外公直夫一名半，共夫十三名半；二小甲夫十二名	头堰：一小甲二小甲今之万盈头堰也，内并广阜堰夫四名水十一时。上轮至巳时，下轮至亥时，共夫二十九名半，水七十七时。上一轮初七日辰时起至初十日巳时终止，下一轮二十一日酉时起至二十四日亥时终止
		二堰：三、四小甲，利地四十八顷一十五亩六分五厘	二堰：三、四小甲共夫二十四名	二堰：三小甲四小甲今之万盈二堰也，分水六十二时。上一轮初四日酉时起至初七日卯时至，下一轮十九日寅时起至二十一日申时止
常济堰	自卫村至程家庄西桥边	一十四顷九十二亩五分	九名	二十三时。上一轮初三日酉时起至初四日申时终止，下一轮十八日卯时起至十九日丑时终止

堰名	起止	利地亩数	堰夫名数	派水时刻
兴隆堰	自郭村、王利、李庄至北张	一十五顷四十三亩二分	九名	二十三时。上一轮初二日酉时起至初三日申时终止，下一轮十七日辰时起至十八日寅时终止
兴福堰	自彭城至尚乡、刘家庄	二十一顷六十七亩八分	十二名	二十三时。上一轮初一日午时起至初二日申时终止。下一轮十六日子时起至十七日卯时终止。外浸河一日分为两轮，上一轮初一日子时起至本日巳时止，下一轮十五日午时起至本日亥时止

资料来源：道光《河内县志》卷13《水利志》。

从上表可以看出十五堰引水次序依然是遵循自下而上的轮灌制度，每月分两轮，从第十五堰开始依次引水。十五堰共有利地五百九十顷九十九亩，堰夫三百二十九名四分二厘，约一顷七十九亩兴夫一名，其中永益、天富二堰灌溉济源县民田约四十七顷，堰夫二十六名九分，平均约一顷七十四亩兴夫一名，远远大于万历年间一顷出一夫的水平，与广济渠平均的兴夫标准基本一致。由于永益堰地势最高，河水的水位较低，仅存夫四名，引水时刻仅有四时，根本不能满足济源县利户使用。"若为多派则夺众堰之期，旧例原将大建三十日让其独用，若小建则无，此皆众堰之情让，不得以势居上流，水不敷用而萌霸截之衅也。"① 因此，按照旧制凡遇到大建月的最后一天为永益堰单独引水，这可以看作是对济源县利户的照顾，其目的是防止济源县永益堰利户从上游截水。对于公直后代免夫的优待在这次修订水册中依然被延续，如太平堰"内有开山凿洞公直萧守祖孙免夫一名，使三分浮水，自武家作至七里屯村止"。大丰、大有二堰由于利地多在河内县，利地较多，故这次修订水册对此二

---

① 道光《河内县志》卷13《水利志》，第11页上。

堰又作出了更为细致的规划，大丰堰所利村庄分作六小甲，这里的"小甲"是乡村中基本的水利组织，这些乡村中的水利组织在派水时刻内也是按照自下而上的顺序依次轮灌，共享该堰所得水分。在每一个小甲内，利户之间还会根据利地亩数编订水册，每次引水灌溉时也要依照利地亩数控制引水时刻。笔者在沁阳市李桥村发现一张时间不详的大丰堰头甲的利地清册。①

下图为整理后的利地清册：

大丰堰头甲夫头侯义法夫一口

上行（自右而左）：
侯兆魁利地口口
侯清秀利地口口
侯乃福利地三亩七分
三教堂利地三亩五分
冯得升利地五亩七分
侯长明利地三亩七分
宋大粮会利地二亩二分
黄正福利地三亩
侯大清利地三亩
李兆清利地三亩
李朝金利地六亩
张银利地二亩
吕振魁利地三亩五分
吕振典利地三亩五分
郜君方利地四亩
王文智利地二亩
吴广滔利地八亩七分
侯肇山利地七亩

下行（自右而左）：
侯兆士利地三亩八分
侯天花利地三亩
李明伦利地四亩五分
侯广盛利地二亩二分
侯门宋氏利地六亩
张允荣利地十二亩
秦位西利地九亩八分
张清盛利地二亩五分
张立明利地二亩
张口得利地五亩
口受然利地二亩八分
口少彦利地二亩四分
口广伦利地三亩四分
吴通元利地五亩九分
吴广伦利地三亩
侯兆礼利地三亩

图5-3 广济渠大丰堰一甲利地清册
（资料来源：沁阳市李桥村侯凤同先生收藏）

---

① 感谢沁阳市李桥村侯凤同先生惠赐此清册。

　　从这张利地清册可以看出，大丰堰头甲中以侯义法为"夫头"的利户所拥有的利地亩数介于一顷三十五亩八分到一顷五十五亩八分之间，① 根据上表中大丰堰头甲夫有十六名五分，利地二十九顷七十四亩五分，则可以计算出大约平均一顷八十亩出夫一名。这张清册上作为"夫头"的侯义法名下有夫一名，其下共有三十三名利户，而所利地亩数也大致接近一顷八十亩出夫一名的规模。可见，这三十四个利户共同组成一个小甲中的一夫。由此推算，一个小甲之中应当有若干名"夫头"，每一个夫头下有利户若干，夫头下的利户所拥有的利地亩数共同组成该甲内出夫的名数，其所利地亩数大致等于出夫的标准。这张利地清册还反映出一个水利系统内部精细运作的机制，在广济渠各支堰所利及的乡村中，诸如公直、老人、各支堰的总管、堰长、夫头、甲夫等人是直接参与维护水利秩序最主要的群体，而这些活跃在乡村水利中的人员本身就是水渠的利户。

　　面对乾隆年间不断发生的诉讼案件，公直后裔也意识到了自身利益所面临的威胁。乾隆四十七年到五十二年间（1782—1787）济源县北官庄葛元庆冒充公直后代私自架设水车的案件并不是单一的个案，冒充公直后代以获得用水特权的事例在积善担任河内县知县的乾隆四十三年就曾发生过。这对公直后裔来说极大地侵犯了他们的利益，这些公直的后代在葛氏官司还未判决的乾隆四十八、九年间（1783—1784），集体商议创立"社"，将前令袁应泰、河内县令积善、知府布颜、河北道台康基田等官员绘于画轴上，岁时祭拜，并重申自己免夫用水的特权。这幅画轴的原件如今已不知所踪，笔者在沁阳市李家桥村敬老院内发现了这幅画轴的复制品。② 题款上显示这幅画轴已经是第二次被复制了，题款上显示"乾隆四十九年

---

① 假如侯兆魁、侯清秀利地最大为十亩的话，则利地总数为一顷五十五亩八分。

② 笔者在李家桥村调查时，该村侯凤同等老人告诉笔者袁公祠香火一直很旺盛，直到 20 世纪 60 年代才被彻底拆毁，这幅复制的画轴也是该村侯启玉保存，后来悬挂在了敬老院，敬老院位于该村最东部，与袁公祠遗址相邻。上文曾讲到万历四十七年公直侯应时建袁公祠，他希望自己的后代一直能够管理该祠堂，世世代代奉祀袁应泰。

（1784）甲辰闰三月郡庠生杨永言敬撰，道光二十七年（1847）丁未十月邑庠生员刘成书薰沐重录，公元一九九六年丙子季夏侯氏裔孙启玉敬复图文"。在这幅画轴上方有一篇《兴复广济渠水利记》的长文，该文撰写者杨永言是柏香镇人，《杨氏家乘》中记载，杨永言，字孝则，岁贡生，其高祖父杨蕃生，曾祖父杨赐昌，祖父杨奕辅，曾任云南临安府同知，他与杨道国同为杨蕃生的后人。① 在乾隆四十八、九年（1783—1784）时，杨道国与杨永言叔侄均在为河内县争取利益，这篇长文就是应公直后裔的请求而作，通篇记文都是在不断强调公直后裔的特权，文中写道：

> 考袁公广济渠水利记，其申请各宪陈情乞恩以励勤苦也，载有广济洞之开，石未易凿而功未易成，原委各公直王尚智等裹粮从事，有面目黧黑指堕肤裂者；有家有丧变及灾患义不反顾者；有捐资以犒匠争先成功者，三年如一日，众人惟一心。然后凿石穿山，开洞建闸，波及五邑，利被万家。业蒙院道准给冠带、牌扁，奖赏有差矣。夫有永赖之功者，宜食永赖报。公直所有利地，其子孙用水免役本身，不得冒免他人，各给贴永久遵守。呜乎！公之惠我黎庶何其有加无已也！微子孙虽兹父母，不是过宜乎？刻石肖像，祷祀不绝，以志山高水长之风焉。迄我朝渠之兴废不一，每旱则当道接踵疏浚，父老传之，非不赫赫。但以后人莫睹经理，罔见貌颜，未免意惝恍而靡所属兹者。公直后裔纠合同人创立社事，欲历久勿替。前自袁公，今自邑侯积公（善）、金宪康公（基田）、郡宪布公（颜）、邑侯吴公（纲）、左邑沈公（葆光）、右尹俞公（振业）统绘一轴，岁时瞻拜，敬效福禄，纯嘏之祝焉。盖自乾隆四十二年丁酉秋及次夏，子粒不能种，积公怆然议起。公有谓公直后裔宜役者，公曰：前人所谓有永赖之功者，宜食永赖报，其在兹乎？

① 《杨氏家乘》第1卷，第94—95页。

即饬知旧，勿庸议。又旧公直并刻石像侍袁公侧，仍有冒认宗派，改名易姓者，积公辨之真伪，判然。其后秋水暴涨，洞口淤塞，康公知府事，旋升河北道，观风视学，问以广利水利，论急先务为何如。癸卯（乾隆四十八年），府宪布公自河南司马升怀庆，署河道，上溯枋口，下穷唐郭济水入河处，俞公先后从事，一时绅民踊跃，奋锸间稍或怠慢。沈公亲执朴以行，夫役驱邑黔者固非所愿也，且于公直勤苦，知最悉，时达上宪，免役事理仍如袁公旧。夫天下事有利必有因，因者之制作，每精于作，创因者之利泽亦广于所创。是故枋口木也，龙口石也。始则阳砌之，继则阴凿之，岂非精而愈精乎？枋口一也，龙口五也，始灌以千计，继灌以万计，岂非广而益广乎？此皆自然之势也。因势利导，法立令行，仁人之用心，夫岂一朝夕而已哉？曰：上之劳心无不至，仅以如是报，无乃贻朦蹄诮欤？不知十二公直居二十四堰之上、下，轮流会社，春秋迎送，不惟家人、妇子共仰思容，即行道之人亦恍见诸公献远流泉间也。原阳苏之记、王静堂画像，以为思之于心则存之于目，故其思之于心也。固谨窃斯意以为记。[①]

公直及其后裔免夫用水的特权在争水激烈的乾隆中期也遭到了他人的质疑，认为公直也应该应役，可见"旧制"也遭遇到了挑战，但作为维护水利系统正常运转的公直群体来说，地方官必须依靠他们才能保证渠道疏浚、按时派水等事务的顺利施行。从公直后裔创立"社"事，图绘、祭祀历任河内县地方官的目的就是维护"旧制"，以共同捍卫他们自身的利益。

---

① （清）杨永言：《兴复广济渠水利记》，乾隆四十九年，画轴存沁阳市李家桥村敬老院。

第三节　专营永利：河、济二县分水格局的回归

雍、乾时期，河内、济源县民在广济、利丰二渠上的水利纷争基本以济源县民的失败而结束，济源县乡绅尽管通过编修县志来为自己争取水利利益，但引起了河内县乡绅利户更强烈的反对。面对这样的现实，济源县利户只有通过对五龙口三渠之一的永利渠的一系列建设，如在永利洞上仿效袁公洞开凿三公祠以祭祀明代济源县的三位知县等措施来恢复永利渠的用水制度，充分利用永利渠来灌溉县东的田地。

一　创建三公洞：重叙前朝故事

万历二十八年到三十年（1600—1602），五龙口三渠的开凿使得关于河内县令袁应泰、济源县令史记言的故事在乡村中广为流传，河内县公直侯应时甚至在自己所在的村庄建造袁应泰的生祠来颂扬其功德。乾隆《济源县志》中虽然对河内县人在广济渠上建袁公祠、在利丰闸上建河内县令胡沾恩的塑像颇有微词，但在争水中处于劣势的济源县乡绅利户也不得不在嘉庆七、八年（1802—1803）间在五龙口永利渠渠首的山上开凿石洞，祭祀明代的三位对于济源县水利建设有功的县令史记言、石应嵩和涂应选，大力宣扬三位知县在任期间经营水利的功绩。三公祠石壁上刻有《创修永利河三公名氏记碑》记载了三位知县的功绩：

> 史公讳记言，字秉直，号忆春，进士出身，系山西延津县人，于明万历三十年凿山开河名曰永利；石公讳应嵩，字五峰，号维岳，进士出身，系直隶永平府栾州人，于明万历四十二年（1614）因河水逆行不顺改河由辛庄正村直达南程；涂公讳应选，字行吾，号名卿，进士出身，延庆州人，见河水不敷浇灌，争水兴讼不休，亲临勘验始知洞高水底，不能畅流。公于万历

四十七年（1619）自捐俸金谷五百石，招夫洞底挖深三尺，河水涌流不竭民自今享其利。①

通过塑造三位县令的形象，济源县绅民想要告诉河内县绅民的是济源县三令对地方水利开发的贡献不比河内县令袁应泰和胡沾恩少，言外之意，是想表达对二县分水不均的不满。嘉庆七年（1802），时任济源县知县的何荐芳撰文说：

> 盖闻国以民为本，民以食为天，而食之出厥为田，田所利厥惟水。……。邑五龙口河水清涟，其地被灌溉者优渥沾足，几无复知有凶年，斯必有开之者，伊谁之力也？详披邑乘，前明万历三十年邑令史公讳记言开河凿山，远引沁水，名为永利河。虽资利无多，而其念切民依者为已至矣。夫天下事莫为之前，虽美弗彰；莫为之后，虽盛弗传。史公固为之于前矣，倘非有为之后者，未免犹有遗憾也。四十一年，宰是邑者又有石公讳应嵩，续开玉带河，自南程以下共灌田二百五十顷有零。斯有史公固不可无石公也。至四十七年，宰是邑者又有涂公讳应选，复开兴利河，自河头以下共灌田一百六十顷有零。斯有史公、石公更不可无涂公也。此三公者，本忠君爱民之心，法召父杜母之治，而济至今享其利。……。若三公者，其施法益民为何如哉？乃广济闸上塑袁公像，利丰闸上塑胡公像，崇德报功，岁时拜献，河民可谓不负二公矣。而三公竟无专祠，斯因济民之所不安者也。迄今二百余年，被其泽者既久，思其德者难忘，绅士耆老慨然兴报本之举焉。凿山为祠，立像以祀，则三公之劳徽不惟与河邑二公并著，而三公之德泽亦且与河流俱长矣。功值告竣，请文于余。余治济七年，兴养立教未能自问无愧。然三公之事实窃羡焉，而乐为天下后世告也。爰允众

---

① 《创修永利河三公名氏记碑》，清嘉庆八年，碑存济源市五龙口三公祠石壁上。

请，以志不朽。

　　赐进士出身敕授文林郎知济源县事加四级何荇芳撰

		耆老赵尔忠
邑增广生乔□□沐手敬书		总约李福隆
总理 监生冯有富		首事 职员张得功
		职员李永芳
		职员李瑞麟

嘉庆七年岁在壬戌年秋七月吉日①

　　嘉庆七年（1802）距万历三十年（1602）正好二百年，在五龙口三渠建成后不久济源县民并未像河内县民在广济渠首上凿洞建袁公祠一样在永利渠上建造祭祀史记言的生祠，而此时忽然凿洞立像，除了所谓的崇德报功之外，济源县绅民试图以此为契机扭转在与河内县利水争夺中的劣势，可能也是这次凿洞建祠的动机之一。三公之中只有史记言曾有功于永利渠，而其他二位知县则对永利渠的建设并无多少贡献，为何济源县绅民还要将这三公一起祭祀？何文将济源三公与河内二公的功绩进行对比，"并著"二字意味深长，何县令强调济源县令与河内县令都有同样的功劳则意味着济源县也应与河内县得到同样的利益。

　　主持开凿石洞工程的是水渠所流经村庄的乡绅利户，碑文下的名单中冯有富、李瑞麟、李福隆、张得功、赵尔忠等人出力尤多，而永利渠自五龙口向南所经过的村庄利户也积极捐资助工。现存三公祠内的捐输碑上写道：

　　　　从来事贵倡率，功贵赞襄。愚等不揣，创修史、石、涂三
　　　公洞府，事属善举，但石工艰巨，费用甚多，非一、二人所能
　　　办理。幸有绅士、利户人等踊跃乐输，各捐资财，以成厥事。

---

　　① （清）何荇芳：《修建三公祠碑》，嘉庆七年，碑存济源市五龙口三公祠内。

工竣之日，□□勒诸贞珉，永垂不朽。

　　监生　　　　冯有富

总理　　　　王魁儒　　督工首事　总管李福隆

　　　　　　李永芳 商思阳 牛大信　　　李瑞麟 赵尔忠

　　首事职员　张得功 商廷成 贾德成　　成员 张得臣 牛祥吉

大清嘉庆八年六月吉日①

　　在冯有富、李福隆等人的主持下，三公祠得以建成，碑上刻有大批捐资人的姓名，这些捐资的绅士、利户基本上是以村庄为单位，参与捐资的村庄计有"蒋村、添浆村、南官庄、瑞村、梨林、临泉村、牛家社、官庄镇、苗店村、正村、王贯庄、郭路、南荣、北荣、礼庄村、轵城村、南程村、永太村"共十八个村庄，这些村庄散布在永利渠及其支渠流经的济源县东南部地区。

　　对于三公祠的维护和管理，这些乡村中的利户捐出土地作为祀田，所得籽粒作为三公祠运作的资金以及永利渠首闸夫的补贴，以保证永利渠水闸的正常启闭。嘉庆八年（1803），立于五龙口三公祠内的《永利河捐施地亩碑叙》中写道：

　　　　……。永利河口创建三公洞府，工程将竣，焕然一新，但祀田缺乏，香火无资，甚至闸夫工食时久渐减，实不敷用。试问十堰之中谁是慷慨不吝乐善好施者？幸有上三堰南程村考授正九品职衔李君讳瑞麟，其母郭氏，年近九旬，素性好善，今子捐肥田三亩零；又有四堰西湖村已故监生冯君讳有富□人郎氏，亦命子尚武、尚祥施地五亩零。二氏所施之地俱入永利河，作为官田，孰谓巾帼中无丈夫哉？每年招佃耕种，秋夏所获籽粒，除奉祀三公外，余征资贴备闸夫度用。庶闸夫既有工食银两，又有稞租贴备，得以永远看守，因时启闭，将见淤塞既鲜，

① 此碑无碑名，嘉庆八年，碑存五龙口三公祠内。

咽喉常通，利泽滚滚，此河永久不废者，亦甚端赖于此矣。猗欤休哉！既扬旧规之渐彰，又瞻新模之忽振，后之人饮水知源，憩木见植，睹枋口而歌三公，亦当庆乐土而念二氏于不朽云，是为叙。

邑庠生王元文撰　邑庠生赵文拔书

计开

议定每年十一月初一日三总管同施之家敬献三公神祠

头堰职员李瑞麟所施地亩，坐落南程村西南，……（四至），见地三亩一分七厘五丝三忽。

中四堰冯尚南、尚祥所施地亩坐落西湖村南窨地一段，……（四至），计地五亩零九厘二毛八丝。

引进善士张得功　冯魁元

李福隆　冯尚周　赵腾龙　住持道人郭一通　石工　李大英　刘谟刻

嘉庆八年又二月廿六日立石①

捐纳祀田的二家都是参与修建三公祠的乡村绅士家庭，南程村李瑞麟拥有正九品的职衔，冯有富是监生，他作为建造三公洞的总理，能负责整个工程的实施就说明他是乡村中很有威望的绅士，在嘉庆八年（1803）二月前他虽然已经去世，但本文上引的碑文中还是将他的名字列入。他们两家所拥有的利地分属永利渠中不同的堰所灌溉，在整个永利渠水利系统中一共分成十堰，即上三堰、中四堰和下三堰，上、中、下各设一总管负责各堰水利事务，因此碑文中称每年十一月一日三总管与施地之家要负责祭祀三公。这里要提到祀田对于整个水利系统的重要意义，五龙口三渠往往由于闸夫的疏于管理看守导致洞口淤塞，不能顺利引水。自永利渠开凿之后，闸夫工食银就有定额，济源县每年都要按时拨付。乾隆四十二年

---

① （清）王元文：《永利河捐施地亩碑叙》，嘉庆八年，碑存五龙口三公祠内。

（1777），就是因为永利渠闸夫工食银被裁减，闸夫不愿看闸，导致永利洞口的淤塞，因此，这次修建三公祠设立祀田的目的也就是将本应该官府拨付给闸夫的工食银由祀田来负担，将祀田交给闸夫招佃耕种，所得收入作为闸夫工食银。嘉庆八年（1803），立于五龙口三公祠石壁上的《创修永利河三公名氏记碑》中写道：

> 又稽河开工日，邑令即详请上宪，奉文设立闸夫，看守启闭以防淤塞。议定每年闸夫工银闰月十五两六钱，不闰月十四两四钱，在正粮内扣除，四季支领，本不敷用。又于乾隆四十二年（1777）经前任将闸夫工食银拨入壮班一两八钱，以致闸夫推委不看，启闭失时，河每淤塞。今创修史公等洞府，虑及于此。又劝勉善人冯郎氏捐地五亩零，李郭氏捐地三亩零，坐落四至已载入碑记，立于洞内。地亩即交闸夫招佃收租，施地虽少，其利甚渥。又恐年远更变，复于嘉庆七年（1802）十一月经生员王元文等以再恳治给匾等事秉明何太爷案下，蒙批给匾李郭氏曰：巾帼善人，冯郎氏曰：闺中义士，卷存礼房，勒之于石，永垂不朽。嘉庆八年（1803）五月吉旦。[①]

至此，嘉庆初年济源县永利渠乡绅利户在五龙口三公洞的建设告一段落，济源县乡绅利户通过塑造三公形象、重新叙述二百年前的故事来整合永利渠水利系统，并通过建立祀田制度恢复乾隆四十二年（1777）以后废弃的闸夫制度，在二县争夺水利最为激烈的乾隆末年之后不久，济源县永利渠乡绅利户所实施的这一系列措施的目的也就十分清楚了。

二　永利渠十八村：碑刻所见乡村水利组织的结构

以修造三公祠为契机，永利渠所流经的十八座村庄被纳入永利

① 《创修永利河三公名氏记碑》，清嘉庆八年，碑存济源市五龙口三公祠石壁上。

图 5 - 4　济源县五龙口三公洞

渠水利系统之中，成为一个"利益共同体"。乡村中的绅士出任各堰的总管、老人，负责管理各堰的修浚、派水等事务。各村作为一个基本水利单元，组成为一个小甲，每一个村庄有一小甲，根据利地亩数来分配派水时刻。每村利地亩数对应一定的"夫"数，每夫有夫头一名，下有若干利户，这些利户所拥有的利地总数组成"夫一名"所对应的利地亩数，而由夫头及其利户组成乡村中最基本的水利单位。"夫"不仅仅代表利地亩数，而且还对应着一个基本的水利单位，这就是明清时期五龙口三渠系统的水利组织的基本结构，这一结构在永利渠水利系统中得到了很好的体现。三公洞内所立嘉庆十六年（1811）济源县知县何苻芳率领利户修浚永利渠的碑记题名就显示出了参与工程的水利组织的结构，这些名单与参与捐资修建三公祠的村庄一一对应。该碑记如下：

　　……。兹值嘉庆十六年（1811）岁次辛未，河道淤塞，难为灌溉，播种之计，我邑侯何太老爷念切民瘼，不惮劳苦，亲管工挑挖河渠。又委捕廉安老爷沿河巡查，凡厥庶民踊跃从事。

不数日而工遂告竣。植秋得以灌溉，晚秋得以播种，千仓万箱不卜而知非我侯大德纶□而决骨髓，乌能获子来之效。……，因勒之永垂，公讳荇芳，字倚川，号三一，江苏镇江丹徒县人，赐进士出身，敕授文林郎知济源县事。候补清军分府捕廉名作桐，湖北德安府云梦县人。

　　　　总理职员　李瑞麟　　　　邑庠生　李步瀛拜撰

　　　　　　　　　　　　　　　　邑庠生　李步云书丹　　　　　　　李永

同　贾万昌　王世禄　原有福

　　　上三堰总管李位成　老人郭虎文　柴存德　郑有魁　　小甲　张作仁　张大祥　赵学礼

　　　中四堰总管商殿元　老人任世锡　赵继祥　郭大本　　小甲　李应甲　焦宪章　商增业监生赵奎元

　　　　　　　　　　　　　牛大信　　　　　李继贵　王学逵　牛文杰

　　　下三堰总管郭寿昌　老人崔世举　栗天禄　韩光先　　小甲　张顺成　刘德义

　李尚志　陈绍肃

　　　　　李阳玉　　　　　　　　天

　　　住持郭一通　徒 李阳安　　石匠 李光德　　仝立

　　　□□□　　　　　　　　　书

　　　大清嘉庆十六年（1811）五月吉日①

　　从这些名单中可以清晰看出这一渠系中乡村水利组织的结构，永利渠十堰中，上、中、下各设一总管，下设老人，每堰一个老人，共十名。上三堰中共有七个小甲，中四堰七个小甲，下三堰四个小甲，十堰共有小甲十八，这与捐资修建三公祠的村庄数一致，也就是说十八个小甲对应十八个村庄，每一名小甲代表一个村庄。在上

---

① （清）李步瀛：《重浚永利河序》，嘉庆十六年，碑存济源市五龙口三公祠内。

文嘉庆八年捐资碑中，我们还能从中找到这些小甲的名字以及他所在的村庄，如上三堰小甲原有福在王贯庄，牛文杰在南官庄；中四堰小甲赵奎元在梨林村，焦宪章在范庄，下三堰小甲陈绍肃在南荣村，商增业在官庄镇。总管、老人的名字也出现在捐资名单中，如下三堰总管郭寿昌在瑞村，中四堰老人牛大信在南官庄。虽然笔者没有看到这些水利组织中总管、老人、小甲是通过何种方式选拔出来的资料，但从其中某些人的头衔可以看出其在乡村中所具有的威望和地位。

此后不久的道光六年（1826），婺源人王凤生从归德府知府升任河北道，兼管河南黄河以北三个府的水利事务，他令各县知县将所辖县内水利及社会情形向他汇报，其中济源县知县周承锦介绍济源县永利渠的情况时说：

> ……。其沁河行至县之五龙口，有就山开凿之三洞引沁水灌田，分为三渠。一广济渠，一利丰渠，均由济源县入河内县，灌本境之一隅，普甘膏于数邑，现皆通顺。其永利一渠系万历年间经济源史、石、涂三令鸠集县民凿洞导渠，以灌东乡之地。又因限于地势，不能过于宽深，故仅足以利一乡中之一隅。分定十堰，共浇地二百五十余顷。编立号期、水册，一月之内除朔望通河用水，下余二十七日每五刻浇地一顷，周而复始，此数百年相安之乐利也。①

从中可以看出永利渠十堰所遵循的灌溉土地的规则，水册中派水日期时刻都有严格的规定，这也是永利渠各堰利户"相安乐利"的保证。

永利渠十八村的水利组织结构相当稳定，到了晚清光绪年间，

---

① （清）王凤生：《河北采风录》卷4，《怀庆府济源县覆禀》，第24页下—第25页上。收入马宁主编《中国水利志丛刊》第13册，广陵书社2006年版。

这一水利组织还在发挥着相当大的作用。光绪七年（1881），立于三公祠内记载济源县令疏浚永利渠的碑刻题名中依然看到这样的组织结构。碑刻上记载：

	□□□	高茂林 郭振德	牛建云 贾学楷 李全心
总管耆民	□□□	闫恒德 商志正	商承儒 吴大兴 张云川
	□□□	老人 张殿清 冯全茂 小甲	赵年大 王廷扬 王玉珍
	□□□	潘立中 郑法曾	孙克旺 陈国瑞 张百春
总管耆民	□□□	□□和 李全林	焦居侯 陈同秀
	□□□		李大经 郭同寅
			赵清合 张元太

大清光绪七年荷月上浣　　仝立①

除了十堰之中总管数量增加一倍外，老人与小甲的数量与嘉庆十六年（1811）碑刻上的完全一致，这也说明直到晚清时期济源县东部十八村所组成的永利渠水利组织还一直在运作，这也从一个侧面说明济源县乡绅利户对于五龙口三渠中唯一属于济源县的永利渠更加重视，对其管理也更加精细，因而乡村中的水利组织才能得以长久的发挥作用。

至此，历经近百年的纷争，五龙口三渠的分水格局又重新回归到万历三十年（1602）时的状态，河内县独享广济、利丰二渠，而济源县专营永利一渠。但济源县为争取其他二渠利益的努力并未停止，嘉庆十八年（1813），济源县令何荐芳在续修的《济源县志》中，继续为济源县民在广济渠上五堰架设水车引水的合法性提供证据。嘉庆《续济源县志》卷四记载：

广济河渠，……。济民所资止永益等四堰，后以地高水低，

---

① （清）王会图：《邑侯晓山陈大老爷德政碑》，光绪七年，碑存五龙口三公祠内。

永利、常丰二堰不资灌溉,水归河境,而永益堰仅灌田六顷零。公议添设水车四架,每架所灌竟日不过六、七亩,为利无几,再水车所灌之利地,仍永利、常丰之利水,非别有侵占,其车制又顺水运转,不碍河流,相沿已久。至于桥以济涉,闸以用水,当开渠之始即设架桥,载在河、济两志,惜碑石多湮漫,惟第七广福堰万历四十二年(1614)碑记内开河令赵详情动支广济仓谷重修桥闸,委济民老人李士楚、公直郝友义等督率河、济两境利户运石修砌,由是均沾灌溉之利,并免徒涉之苦等语。前志开永益、永利、常丰、天福四堰,漏载桥闸,又水车四架,语未明晰,兹特详之。①

这次续修方志是对乾隆二十六年(1761)萧应植所修方志的补充,可见济源县地方官不断为本县利户使用利水合法性寻求证据支持,来应对河内县乡绅利户的不断告发,以期改变这样的被动局面。

从"济民挽越"到"恢复旧制",不仅为我们展现出百年来河、济二邑有关五龙口三渠水利的博弈过程,也为我们展现出明清时期华北地区县级基层社会水利运作的实际状况,同时还为我们展现出在用水秩序确立、破坏的历史过程中,伴随着地方赋役制度的变革,利益分配格局的变化引起的水利纷争及其解决纠纷的机制。在水利博弈的过程中,寻求用水合法性的证据不仅仅是二县地方官所要面对的问题,更是那些从利水中获益的乡村利户更加迫切面对的问题。所谓的合法性证据,无非是前朝的"旧制",在激烈的争水时期,不同的人通过不同的方式和手段来寻求合法性证据,如地方官及乡绅重新编修地方志书;公直、老人的后裔将前朝官府颁发帖文给其祖

---

① 嘉庆《续济源县志》卷4《水利》,第三页上、下。

先的"帖文"重新刻石立碑;① 无利之户采取不法手段冒认祖先、自称公直后裔等等。

本章小结

明末清初王朝鼎革之际,社会的动乱破坏了原有的用水秩序,无利之户肆意开挖渠道的现象十分严重,原有的水利系统也遭到了破坏。加之,清初怀庆府地方赋役的无序征派,用水利户不堪繁重的徭役,这些都破坏了原有制度运作的基础。同时,烦苛的赋役也驱使地方官对地方的水利事务格外留心,公直后裔在整顿渠务中的努力不仅是为了追念先辈的功绩,更重要的是他们要极力维护前朝旧制中所规定的用水权益,他们在这一方面的努力从未停止。

康、雍时期,长期的社会稳定带来了人口的大量增长,人地紧张的关系日益显现,康熙末年人丁编审制度的变化为雍正初年赋役制度的改革创造了条件,在河南巡抚田文镜的大力推行下,怀庆府地方官也很快实施"摊丁入地"的改革,河内、济源二县原有人丁征银等则的不同导致在摊入地亩后每亩征银数的差异,这虽然不能说是导致此后二县激烈争夺水利的直接原因,但或许是二县激烈争水的诱因。从雍正初年到乾隆末年,持续的水利纠纷在二县乡绅利户中造成了巨大的影响。在处理纠纷的过程中,地方大族在其中发挥了很重要的作用,他们代表的不仅是个人的利益,同时也是代表整个渠系利户的利益。另外公直后裔在重新整理水利系统、重新制定用水秩序的过程中,也是地方官所倚重的重要群体,他们对于"旧制"的维护不遗余力,这也是激烈争水对他们所产生的影响,争水的过程就是重新分配利益的过程,也就是要打破旧制的过程,公

---

① 万历三十二年(1604)永利渠老人牛思务,其后裔牛文达、牛文郁在道光七年(1827)三月将其帖文重新立石刻碑,笔者在济源市南官庄调查时,在牛氏祠堂内看到了这块石碑,碑文所叙乃万历三十二年(1604)永利渠修成之后,官府颁发给牛思务的,与前文广济渠侯应时帖文为同一时间,帖文参见附录。

直后裔群体维护"旧制"越是出力，则说明其所拥有的特权受到的挑战越强烈。公直后裔通过成立"社"这样的祭祀组织对前朝县令袁应泰崇祀不断，不断强调他的功绩，其目的也就不言自明了。在乡村内部，公直后裔的用水特权往往成为宗族内部无利之人的觊觎对象。争水激烈的雍正、乾隆年间，也是怀庆府乡村内部宗族组织普及的重要时期，建祠堂、撰家谱、购祀田、修祖茔等活动成为整合族人的重要举措，但这种松散的宗族组织并不能完全起到"尊祖敬宗""敦睦族人"的作用，在水利利益面前，同族之人冒充公直后裔、修改祖先名讳这样的事情也会发生。

通过对解决水利纠纷机制的分析，我们也就可以理解当二县争水的紧张气氛稍微平复的嘉庆年间济源县令及乡绅利户旧事重提——建造三公洞的深刻动机了，明万历年间对水利控制话语权的丧失使得济源县在水利分配格局中一直处于不利的位置，虽有地方官的努力争取，通过编修地方志来获取话语权，但依旧无济于事。此后专营永利渠如果说是他们无奈的选择的话，那么这样的选择也表达出他们对现实水利分配格局的不满。在济源县永利渠所利及的东部十八村乡绅利户的经营下，永利渠水利系统一直稳定的发挥作用，通过对这一水利系统的考察，我们才能够深入的了解历史时期乡村水利组织的结构及其运作的机制，才能够将永利渠渠堰系统与所利及的乡村之间的关系展现得如此清晰。

第六章　渠润五封：近现代沁河下游水利事业的变迁

> 我们在烈日下成长，在风雨中壮强，测量的队员举起钢铁的臂膀，走向沁河的岸旁，为了防止泛滥，为了兴修水利，我们要测量测量。
>
> ——平原省水利局第一测量队队歌《走向沁河旁》
>
> （《新黄河》1950年第1期）

民国建立后，虽然社会制度发生了改变，但传统乡村社会的运作机制并没有发生颠覆性的变革，广济渠及其他渠系的水利系统还依然保持着原有的机制在运作，但由于渠堰淤塞、疏浚不及时带来的灌溉效益低下，使得仅仅位于上游的沁阳、济源县部分乡村才能进行灌溉，而下游的孟县、温县、武陟县不仅无水可用，在雨季由于渠道淤塞导致渠水淹没农田带来很大的损失。同时，在可以用水灌溉的渠堰上下游，旧日"故事"依旧重演，因水利而兴讼不常，地方政府处理水利纠纷依然依据前朝制定的用水规制；随着黄河、沁河的河务治理成为政府的重要事务，与沁河相关的水利行政机构共有两套，一套是河南黄河河务局管辖的沁河河务机构，一套是县级的水利机构，这些机构在北洋政府时期和国民政府时期不断分化整合，引沁灌溉的方式也得以拓展，新的引水机械的使用及凿井运动的开展在一定程度上提高了灌溉面积。新中国成立后，河渠管理机构和体制发生了巨大的变化，传统的渠堰用水制度和乡村水利组织不复存在，在国家大兴水利建设的背景下，原有的渠堰水利系统被整合成覆盖范围更大的广利灌区，并成立了现代管理机构和基层民主管理组织，同时，在科学用水观念的影响下，人民群众改变了原有大水漫灌的浇地方式，提倡节约用水的观念以及提升灌溉效能的技术也被群众所掌握，真正实现了沁河水的"渠润五封"。

第一节　民国时期广济渠渠堰系统的
衰落与水利纠纷

一　引水自贻患：民国初年广济渠系统的衰落

晚清至民国，广济渠渠堰系统一方面为怀庆府五县"利户"带来灌溉之利，另一方面，由于渠道的淤塞和下游流入黄河河口的抬升，导致渠水不畅，遇到暴雨季节，渠水四处泛滥，淹没良田的现象时有发生，尤其是位于广济渠下游的武陟县，受灾最为严重。因此，经常性的疏浚下游渠道是一项艰巨任务，但下游得水利较少。道光二十九年（1849），武陟县组织临渠村庄疏浚渠道，减少因渠水泛滥导致的灾害。民国《续武陟县志》卷五《挑疏广济渠碑记》中记载：

> 广济渠由武邑董宋村入黄滩，旧矣！水淤滩高，致下流不通，四面泛滥，害及河武两邑，而武邑被害尤钜。自上而下，湮没良田千余顷，抵城之南，三面堤围，水无所出，潴蓄浸淫，即仓库衙署皆在可虞，奈数十余岁，但蒿目束手，付之嗟叹而已。道光二十九年（1849），邑侯许大老爷念切民瘼，躬亲勘验，视工程洪大，非一村所能办，饬令临渠十九村同力合作，经三次挑疏，始顺轨而下，由赵庄入蟒，由蟒达河焉。噫！侯之明德远矣！告竣因劳赐恩，永将十九村一切杂派概予优免，

示体恤昭公道也。并立岁修规模，勒诸贞珉，使永著恪守云。①

由于广济渠在武陟县汇入黄河的河口淤塞，河口位置抬高，导致渠水无法汇入黄河，在雨季时，渠水泛滥不仅淹没良田，武陟县城也受到威胁。因此，疏浚渠道是保证上下游村庄都能有效利益渠水进行灌溉的有效举措。在地方官员的主持协调下，得以整合沿渠十九村合力疏浚，并制定每年维护渠道的制度，而参与修渠的十九村被免除县里的杂派差役。不过，到了民国初年，武陟县民却认为疏浚广济渠渠道是劳民伤财、出力不讨好的事，拒绝参与。民国《续武陟县志》卷五记载：

　　按：广济渠，凿山开洞，创兴水利，济沁两邑渥霑利益。武陟地处下游，小旱之年尚可少分余润，大旱则水为上流堵截，渠可扬尘，一遇霖潦，遂成潴水之壑。前志谓泛滥县西南境，害田亩甚多，洵非诬也。渠道壅塞已久，民国三年（1914），道宪胡公督饬疏浚，济沁两县分任其责，武民拒不与闻，非敢放弃权利，盖深明利害之故，诚不欲劳力伤财，引水自贻患也。②

在武陟县官民看来，广济渠受益最大的是沁阳（即河内县）和济源两县，武陟县位于广济渠最下游，在旱情不太严重的时节，还能分到广济渠水灌溉农田；遇到大旱之年，广济渠水被上游截留，根本就不能到达武陟县，而遇到雨季，渠水泛滥淹没农田，受灾严重。民国三年（1914），鉴于广济渠道淤塞已久，河北道胡道台下令济源和沁阳两县疏浚渠道时，武陟县民拒绝参与，因为疏浚渠道所带来的危害远远大于所得收益，即所谓的"引水自贻患"。为何武

① 史延寿纂修：民国《续武陟县志》卷5《地理志·水利》，民国二十年刻本，第12页上。
② 民国《续武陟县志》卷5《地理志·水利》，第12页上、下。

陟县对胡道台的饬令充耳不闻，也许与民国初年地方行政区划与官员变动的重大变化有关。民国二年（1913），怀庆府被裁撤，河内县改名沁阳县，清代彰卫怀道改称豫北观察使。民国三年（1914），又将豫北道改为河北道，下辖 24 县，其中原怀庆府所辖五县归河北道管辖。在豫北道改为河北道的同时，豫北观察使、署理河北道道尹的胡道台，即胡远灿离任，新任河北道道尹、原任豫东观察使的浙江绍兴人范寿铭于民国三年（1914）六月三十日到任，[①] 不久，河北道道署移驻原属卫辉府的汲县。[②] 至民国四年（1915）二月，河北道道署正式由武陟县迁往汲县。[③] 因此，在行政体制和官员发生变动的民国三年至民国四年（1914—1915），署理河北道道尹胡远灿因离任、新任道尹范寿铭忙于搬移道署而无暇顾及疏浚广济渠渠道一事，估计胡远灿督饬疏浚广济渠渠道一事可能并未实施。因此，武陟县官民对疏浚渠道一事拒不参与也就可以理解。广济渠下游的武陟县不配合疏浚渠道，导致渠道水流不畅，日益淤塞，导致整个渠堰系统的运作出现问题，广济渠渠堰系统日渐衰落。

二　率由旧章：水利纠纷的处置

到任不久，正忙于搬迁道署的新任河北道道尹范寿铭就参与调查判结了沁阳县一起因水渠上下游村庄私建水闸而引发的纠纷。虽然不是发生在广济渠系统内的纠纷，但此类事件在明清以来的怀庆府乡村社会中屡见不鲜。纠纷起因是位于沁阳县城东北部金城村（今属博爱县）的"刁绅"在距离马营村旧水闸三里的地方破坏已

---

① 徐世昌：《河南巡按使田文烈呈据河北道道尹范寿铭呈报到会日期转呈鉴核文并批令（中华民国三年七月十八日）》，《政府公报》第 35 册第 793 期，第 51 页，1914 年 7 月 21 日。

② 徐世昌：《河南巡按使田文烈呈开缺河北道道尹胡远灿交卸清楚情殷觐见据情转呈请训示文并批令（中华民国三年九月八日）》，《政府公报》第 39 册第 845 期，第 21 页，1914 年 9 月 11 日。

③ 徐世昌：《内务部呈转报河南河洛河北两道治所遵案实行移驻文并批令（中华民国四年二月二十五日）》，《政府公报》第 50 册第 1008 期，第 15 页，1915 年 2 月 28 日。

建水闸并私自建设新水闸，被沁阳县高等小学堂校长杨克恭等人告发，并惊动北洋政府内务部，民国四年（1915）一月二十九日，内务部批示河南巡按使核查，批文说：

> 据河南沁阳县人、高等小学堂校长杨克恭等禀为刁绅恃狡展，破坏旧有已修水闸，恳恩准与严究一案到部。此案是否属实，业咨行河南巡按使查覆，再行核办，仰即遵照。此批。①

河南巡按使接内务部批示后指示河北道道尹派人调查，此时正是河北道道尹范寿铭刚到任不久。民国四年（1915）三月，内务部根据调查结果判决此案，内务部《内务公报》记载：

> 前据河南沁阳杨克恭等禀为刁绅恃狡展破坏旧有已修水闸恳恩准予严究等情，当经本部据情行查河南巡按使并批示遵照在案，兹准河南巡按使咨陈：据河北道尹派员查覆，沁阳河渠林立，用水灌溉具有旧章，若在金城村于距离马营村旧闸三里许之处，添建新闸，从此旧章紊乱，纷纷效尤，争讼将无底止。似应仍令将新建之闸即日平毁。嗣后，两村应率由旧章，马营村灌田之后，即行开闸放水。金城村虽无水分，仍用水斗、水车浇灌，亦可利益均沾。马营村如有霸水勒索情事，准金城村控县究办。各情系为消弭争端，率由旧章起见办理，甚属平允，自应如拟完结。仰该民人等遵照判决，永远遵守，勿得再行越诉，致多讼累。切切，此批。②

金城村在马营村东部，两村都处于沁河北部，并不属于广济渠

---

① 《批杨克恭等禀刁绅破坏旧有已修水闸请严究一案业咨河南按察使查复再核行办文》，《内务公报》第 17 期，第 42 页，1915 年 1 月 29 日。
② 《批杨克恭等禀称刁绅破坏旧有水闸恳严究一案仰即遵照河北道尹判决完结勿得缠讼文》，《内务公报》第 19 期，第 55—56 页，1915 年 3 月 1 日。

渠堰所流经之地。马营村在水渠上游，可以用水闸优先引水，紧邻的金城村没有用水权利，无"水分"，因此，金城村的所谓"刁绅"强行破坏马营村所建旧水闸，并在距旧水闸三里的地方建设新水闸，此举破坏了渠系旧有的引水秩序。因此，内务部判令将新建水闸拆毁，两村遵照以前的引水秩序用水，马营村引水灌溉后，开闸放水，金城村使用引水工具来灌溉。如果马营村霸占水闸不开闸放水，则允许金城村到县控告。可见，"率由旧章"是自明清以来直到民国时期，政府在处理水利纠纷所遵循的一贯原则。

民国初期，由于广济渠堰水利系统的衰落，水利秩序的紊乱导致村落间因引水产生的纠纷时有发生，有的纠纷旷日持久，常年得不到解决。沁阳县内的广济渠支堰大有堰下游的杨村等村与上游的彰仪村因用水纠葛兴讼多年，直到民国十二年（1923）十月才经沁阳县知事王攀桂判结了案。彰仪村属于柏香镇，位于广济渠二十四堰中的第十一堰的上游，杨村在彰仪村东，属于今天的沁阳市王曲乡，王曲乡西接柏香镇，因此，柏香镇的彰仪村在大有堰的上游，杨村在大有堰下游。诉讼的起因是大有堰三甲中彰仪村所拥有的"半名利夫"所分得的"水分"是本甲杨村等十余个村所拥有的"十七名利夫"所分得"水分"相等，明显是不符合"按夫取水"的旧制。因此，杨村等十余村人王国栋、王思贤、杨春华、刘学舜、司连璧等人"以截霸利水"为由将彰仪村的大有堰三甲夫头董来仪告到县府，沁阳县经过审查核对相关证据并将涉案人等传案集讯，查明了原因。民国《沁阳县志稿》记载：

据查：该埝三甲之夫共计十七名有半，每夫应分水利若干，自应平均规定，方为允当，乃每号用水之际，以彰仪村半夫所得之水，竟与王国栋等十余村十七名所得之水相等，按之情理，殊有未妥。至以三甲之夫，当年如何移入一甲之内，质之王国栋与董来仪，均不能确切指明。本县亦无凭深究，惟徒执此不适用之碑文、水册与执照，即认为确证，不惟不合事实且适以

益长纠纷。兹即以现有之夫，按名派水，并限定以本甲之水浇
溉本甲之地，俾两无亏损，永免争执起见，着将三甲彰仪村半
名之夫提入一甲，并将三甲上下两轮之水各减四刻，递归一甲
所有。二甲号期每轮起止均前移四刻，是全埝（堰）四十七名
之夫仍得四十七名，原派之水由下而上，次第浇灌，既无截留
之弊，讼端亦自此而息。除将董来仪河厅执照谕令缴案涂销外，
合将改定各甲夫头数目，用水时日开列于后，仰即一体遵照勿
违，切切，此布。①

自明代广济渠系统开始运作之后，从万历年间的二十四堰轮灌
到乾隆年间的十五堰轮灌，每条渠堰的灌溉范围、堰夫名数、轮灌
派水时刻都有具体的规定，其中大有堰水利系统如下表：

表 6 - 1 　　　　　　　　 广济渠大有堰水利系统

起止	利地亩数	堰夫名数	派水时刻
自南寻村至沙岗村	九十二顷四十五亩六分，共分三小甲。	四十七名	每月两轮分水。共七十四时。上一轮十一日辰时起至十四日卯时止，下一轮二十五日酉时起至二十八日戌时止
	一小甲：利地三十顷五十三亩九分六厘	十五名半	上一轮十三日巳时起至十四日卯时终止，下一轮二十八日子时起至本日戌时终止
	二小甲：利地二十七顷二亩一分九厘	十四名	上一轮十二日午时起至十三日辰时终止，下一轮二十七日子时起至本日亥时终止
	三小甲：利地三十四顷八十九亩四分五厘	十七名半	上一轮十一日辰时起至十二日巳时终止，下一轮二十五日酉时起至二十六日亥时终止

从表中可以看出，大有堰系统中共有三个小甲，共有堰夫四十

---

① 荆壬秌修、刘恒济纂：民国《沁阳县志稿》卷 7《民政·水利》，民国二十六年
（1937）稿本，第 390—392 页。

七名，用水时刻也有具体规定，但在此次讼案中，三小甲原本十七名半，本应根据派水时刻，平均分配水利，但彰仪村半名利夫所分水利和杨村等村十七名利夫所分水利相等，原因是这半名利夫不知何时被划入一小甲之内，原有派水秩序被破坏。沁阳县政府也无可奈何，找不到凭据，"惟徒执此不适用之碑文、水册与执照，即认为确证，不惟不合事实，且适以益长纠纷"，只有根据已经不能适用当时的前代碑文、水册作为判决的依据，同时，对派水时刻进行调整，如下：

> 一甲原派夫十五名半，上轮十三日巳时起至十四日卯时终止，下轮二十八日子时起至本日戌时终止。现将三甲之夫提入半名，共夫十六名，每轮加水四刻，改为上轮十三日辰时五刻起至十四日卯时终止，下轮二十七日亥时五刻起至二十八日戌时终止；

> 二甲原派夫十四名，上轮十二日午时起至十三日辰时终止，下轮二十七日子时起至本日亥时终止。现因三甲去夫半名，提入一甲，用水号期起止均应前移四刻，改为上轮十二日巳时五刻起至十三日辰时四刻止，下轮二十六日亥时五刻起至二十七日亥时四刻止；

> 三甲原派夫十七名半，上轮十一日辰时起至十二日巳时终止，下轮二十五日酉时起至二十六日亥时终止。现去夫半名，归于一甲，共十七名，改为上轮十一日辰时起至十二日巳时四刻止，下轮二十五日酉时起至二十六日亥时四刻止。①

县政府解决纠纷的办法，一是承认现状，调整各甲利夫之数，即将原来三小甲半名提入一小甲内，二是将派水时刻进行调整，以

---

① 民国《沁阳县志稿》卷7《民政·水利》，《判结广济支河大有埝水利纠葛》，第393—395页。

达到均平用水的目的。从大有堰上游彰仪村与下游杨村等村庄的水利纠葛可以看出，直到民国前期，明清以来广济渠的用水秩度依然在发挥作用，"旧章"依然是在纠纷发生时地方政府判决的重要依据。不过，随着近代水利机构和水利技术的变化，旧有的用水秩序和灌溉方式都发生了较大的变化。

第二节　民国时期沁河水利机构与灌溉模式的演变

一　北洋政府时期沁河下游河务机构的成立与改组

民国成立后，地方行政体制发生了较大的变化，从民国建立到国民政府成立，内乱不止，政局不稳，各级水利机构变动频繁，主管沁河及其渠堰水利的机构在不同时期也有所不同。

沁河作为黄河在下游的重要支流，一直都是治理的重点。因此，主管沁河水利事务的机构随着政府治理黄河机构的变化而发生变化，而沁河水利机构的变化对地方水利灌溉所产生的影响是不言自明的。随着政府对黄河治理的重视，新的治理黄河的机构及在沁河流域的附属机构相继成立。因此，沁河及其相关的渠堰水利运行必须放在治理黄河的大背景下来考察。

治理黄河是历朝历代都非常关注的大事。民国成立后，河南的黄河河务由河南都督兼管。民国二年（1913）三月，河南省改河防公所为河防局，总领河南省内黄河、沁河河务，首任局长马振灜。五月，马振灜将黄河南北两岸河厅改为南岸分局和北岸分局，并设置上南、中牟、中北、郑中、上北、下北等六个支局。① 民国《续武陟县志》记载：

> 民国二年，河南河工改章。沁工自光绪十六年实行官督绅

① 陈善同、王荣揩：《豫河续志》卷12《职员·官制》，民国十五年河南河务局印行，第1页下—3页下。

办，二十余年未有变更，河防局长马振濂以黄沁事属一体，旧章未免歧视，改沁工公所为河防支局，直辖于河南河防总局，并受黄河北岸分局监督。由民政长委任邑绅闫鼎铭为支局局长，办公车马各费由总局支发，原定额款全数归修防之用，沁工体制为之一变。①

从光绪年间官督绅办到河防支局的设立，标志着沁河管理体制发生了根本性变化，但实质性的河工运作并未发生大的变化，由邑绅闫鼎铭出任武陟支局局长就可见一斑。不久之后，沁河在沁阳、武陟县决口，民国三年（1914）四月出任河南河防局长的吕耀卿认为是改章之故所致，因此呈请恢复原有体制。《豫河续志》记载：

> 查沁河工程向系官督绅办。民国二年（1913），河防设局未久，适沁阳内都、武陟大樊先后决口，吕（耀卿）前局长谓系改章之故，呈请规复旧制。②

沁河在武陟县大樊村决口，时在民国二年（1913）八月，武陟支局"查该堤身与河流距离约七八十丈，向系无工，处所乡民引水灌田取便，就堤身设闸滩地挖沟，计有多处，叠经示禁，莫能制止。是时，上游山水暴发加以大雨，又兼下游拦黄堰河水同时陡长，漫溢成灾"③。虽然时值暴雨，但村民违规在河堤上开闸挖渠引水灌田，致使河堤遭到损毁，这是沁河决口的主要原因。民国七年（1918），河南河防局长吴赞孙"莅任年余，迭次巡视，目睹河身淤垫，堤埝残缺，每值大汛，甚以为忧，而岁费钜万工款，性质复类包办，竟措施能否得当？局长监督虽属有责，考核固实无从，再四

---

① 《续武陟县志》卷7《河防志》，第9页上。
② 《豫河续志》卷11《沿革·工程》，第38页下—39页上。
③ 《豫河续志》卷11《沿革·工程》，第36页上。

筹维，与其任听绅办，徒有监督之虚名，不如收回设局，转收统驭之实效，用是提请仍归官办，于沁阳设西沁河务分局，武陟设东沁河务分局各一处，各置队兵四十名"①。

民国八年（1919）一月，北洋政府内务部调整全国河务机构，将河南河防局改为河南河务局；二月，时任河南督军兼省长赵倜呈请北洋政府，将沁河工程由之前的民办改为官办，并在沁阳县设西沁河务分局，武陟县设东沁河务分局，负责沁河河务。其中西沁分局："分局长驻扎沁阳县城内管辖沁河南北两岸。南岸自覆背村起至西张计止，计工十一（黄河谓之堡），共长一万四千二百四十丈；北岸自窑头村起至张武村止，计工十六，共长一万三千七百七十丈。民国元年（1912），名曰沁阳沁工局，大率官督绅办。二年，改为沁阳支局，收为官办。三年，仍还之民。八年，又收官办，改为西沁分局。"② 东沁分局："分局长驻扎武陟县城内，管辖沁河南北两岸，南岸自张计村起至方陵止，计工有七堤，共长九千四百一十丈；北岸自沁阳村起至白马泉止，计工有四堤，共长一万零九百七十丈，设汛长一人。民国元年（1912）名武陟沁工局，余与西沁分局同。"③关于河务分局的设立及架构经费，民国《续武陟县志》记载：

> 民国八年（1919）三月，奉令改沁工为官办，沁武各设河务分局，名曰东沁、西沁。东局设局长一员，并设技术、事务、稽查等员，编制工巡队四十名，年支经费洋七千一百一十八元，其原有沁河岁修款项，全数作为办公之用。④

至此，负责沁河河务的两个河务分局成立，开启了近代沁河河务事业的篇章。但由于河南地区战乱频仍，政局混乱，地方水利事

---

① 《豫河续志》卷11《沿革·工程》，第39页上。
② 《豫河续志》卷13《职员·职掌》，第13页上、下。
③ 《豫河续志》卷13《职员·职掌》，第14页上。
④ 《续武陟县志》卷7《河防志》，第13页下。

业处于停滞不前的状态，沁河频繁决口，造成非常大的灾害。民国十一年（1922），直奉战争爆发，冯玉祥赶走河南督军赵倜后主政河南，此后军阀混战，直到国民党在武汉成立国民政府。

二　国民政府时期地方水利机构的分合与整顿

与黄河河务相关的沁河水利机构改组完成后，地方上另外一个水利机构——水利局也由国民政府治下的河南省政府统一进行整合。

民国十六年（1927），河南省政府成立后就将北洋政府时期形同虚设的全省各县水利支局全部裁撤，在河流较大、水利较多的地方成立一个联合数县的水利分局。民国十七年（1928），水利专家曹瑞芝来豫省，任河南省政府水利工程师兼水利工程委员会委员，对河南省的水利开展调查研究，著成《河南省水利规划》一书，书中《水利机关》一节对河南省水利机关自民国以来的沿革作了详细的梳理：

> 豫省黄河，历来政府设有专官，专司河防；民国二年（1913）三月，改为河防局，管理黄、沁两河防务，此外别无专办水利之机关。四年（1915），省政府奉北京政府令，设河南水利分局，为办理全省水利之最高机关；当以财政支绌，议就省署先设水利会，暂为筹备。七年（1918），令各县设立水利分会。八年（1919），河防局改组为河务局，并筹定契税附加之三成水利费。九年（1920）一月，河南水利分局乃正式成立，同时取消水利会。十年（1921）十一月，北京政府内务部饬令各县劝办水利公会，其后呈报成立者虽有数十县，大都有名其无事实。十一年（1922）四月，河南水利分局又奉令缩小范围，减少经费。十二年（1923）三月，各县水利分会改组为水利支局。十六年（1927）六月，因政局变迁，分局即行中止。八月，省政府成立后，始将原设之河南水利分局改为现今之河南水利局，并设立水利分局四十八处。十七年（1928）四月，经省务

会议决议，凡两县以上之水利分局，仍旧存在，各县单独设立者取消，归各县建设局接收，当时仅有水利分局四十三处。……。十月，成立河南水利工程委员会，委派专员，组织测量队，赴各处办理水利，并由省政府随时发给工程补助费；十一月，拟定水利协会章程，通令各县设立水利协会，协助政府办理水利。本年（民国十八年，笔者注）四月，河南水利局又缩小范围，局长由建设厅长暂兼，并将原设水利各分局，按河流区域改组为十一处，刻已完全成立进行一切矣。①

随着水利行政机构的分合，办理水利事业的机构让人眼花缭乱，政出多门的弊端显而易见。因此，水利专家曹瑞芝呼吁统一全省水利行政机构，他说：

河南现有河南水利工程委员会，建设厅，水利局，各县建设局，民政厅，河务局等机关均办理水利，似此水利争相提倡，殊途同归，固有收众擎易举之效。然各自为政，究未免窒碍丛生。若以河南水利工程委员会，为河南水利行政最高评议机关，河南水利局为执行机关，各项水利案件，经该委员会决议，均交由建设厅令水利局执行，其他机关，对于水利有所措置，可提交水利工程委员会核议，议决施工会同水利局办理之，如是则行政统一，上述之弊自免矣。②

至民国十九年（1931），河南水利局被裁撤，民国二十年（1932）印行的《十九年河南建设概况》中《河南省各水利局概况》记载：

河南水利分局及各县水利支局系成立于前北京政府时代，历

---

① 曹瑞芝：《河南省水利规划》，河南书局1929年版，第3—4页。
② 曹瑞芝：《河南省水利规划》，第24页。

时虽久，然因经费支绌，率皆有名无实。民国十六年（1927），河南省政府成立，将河南水利分局改为河南水利局，各县原设水利支局一律取消。择河流较大、水利较多处所，联合数县设一分局，其不甚重要县分暂不设置，计共设水利分局四十八处，于十七年元月先后成立。四月，复经省务会议议决，凡两县以上之水利分局仍旧存在，各县分单独设立者一律取消，归并各县建设局，……，其存在者尚有四十三处。十八年四月，河南水利局缩小范围，局长由建设厅长兼任，将原设各水利分局按河流区域改组为十一处。十九年四月，奉省政府令将河南水利局裁撤，由建设厅第四科接收，并按各水利分局原有名称将分字取消，简名为某河水利局，惟十一水利局中洛河与白河两局因地方不靖，未曾设立，现时所有者即淮河、汝洪、汝颖、贾鲁、惠济、丹卫、漳淇、沙河、沁河等九局而已。①

其中，沁河水利局驻地在沁阳县，管辖"沁济溴漭等河"以及济源、沁阳、武陟、孟县和温县等县水利事务。其主要职能是：

1. 查验沁河水量及每日灌田亩数，测量孟县溴河、温县大有埝、济源县甘霖渠、孟县余济渠、沁阳县珠龙河及其他各县河渠；2. 督促沁河上游民众尽量开闸灌田；3. 督挖温县大有埝、济源县永利河南支渠、沁阳县广济河北支渠及丰稔河孟县余济渠、武陟县惠济利济两闸渠、济源县温县沁阳等县利丰干支各河及利丰河至带河温县丰稔北河。②

显然，沁河水利局的职能主要是流域内各县的渠堰水利事务，

---

① 《河南省各水利局概况》，载河南建设厅编《十九年河南建设概况》，1932年，第75页。

② 《河南省各水利局概况》，载河南建设厅编《十九年河南建设概况》，1932年，第78页。

与东沁、西沁河务分局关注沁河河务的职能有所不同。不过，十一处分局维持不久，又遭省建设厅整顿。

民国二十一年（1932）冬，河南建设厅"决定整顿水利机关为求人才与经济，集中计决将原有十一个水利局归并改组为四个水利局。一方增加水利事业经费，一方提高技术人才待遇，计设第一水利局于开封，第二水利局于信阳，第三水利局于洛阳，第四水利局于新乡，均于二十二年（1933）一月一日正式改组成立"①。此后，凡与沁河水利及河务的有关事宜则由东沁、西沁河务分局及省建设厅第四水利局相宜处置。

三　民国时期沁河下游乡村水利灌溉模式的拓展

民国十七年（1928）十月，河南水利工程委员会成立之后，就向全省各地派出水利测量队，调查各地水利情况，其中：

"豫北两组……，据调查所得，截至十七年（1928）年底，全省水田共有五万一千二百四十六顷，其中水利最多之处，计有十余县，列表如下：

按上表所列，以一县之大，灌田数百顷，乃至二三千顷，水利事业颇有可观，然与全省农田三百五十万顷比较，则各县所有水田仅占百分之一点四，假定未调查各县所灌农田为百分之零点六，共占全数百分之二。换言之，即全省农田尚有百分之九十八不能享灌溉之利。②

县名	武陟	郑县	沁阳	灵宝	修武	安阳	辉县	博爱	宜阳	洛阳
水源	沁河	贾鲁河	沁河	好阳河	丹河	漳洹	卫河	丹河	洛河	洛伊
灌田（顷）	460	2241	1784.5	1444.5	1182	1037	922.2	809.5	713.5	690.06

① 河南建设厅编：《河南建设概况》之《水利》，1933年，第1页。
② 曹瑞芝：《河南省水利规划》，第24页。

在全省水利灌溉面积最多的十个县中，武陟、沁阳两县灌溉田亩数均居全省前列。可见，沁河水利在全省水利灌溉事业中居于重要地位，而武陟县灌溉田亩数几乎是沁阳县的两倍，武陟县在利用沁河河水的效益更高。不过，全省绝大部分农田不能享有灌溉之利的现实也说明水利事业还有巨大的提升空间。因此，全省各地一系列的水利开发计划被设计出来，其中济源县的水利计划颇为宏大，该水利计划依然是延续自明代以来在济源县五龙口沁河出山处凿山开洞开渠引沁河水。《河南省水利规划》中记载：

> 济源县沁河引水灌溉计划：查济源县沁河于出山处，沿山凿洞开渠引水灌溉，极为便利，历年政府，因此处工程竣后，可灌沁济温孟武五县民地，约五百顷，曾拨款兴工，然其事终未竟成，殊为可惜！亟应添款继续开凿，以利民生，尚需工程费洋三万余元，计其利益每年约三十万元，兹分列于后：
> 甲．工程费用
> 1. 购地费：按延长干渠，约需购地四顷，每亩需洋三十元，共需洋一万二千元。
> 2. 土工费：开凿干渠，计挖土方四万方，每方按洋五角计算，共需洋二万元。
> 3. 闸工费：修筑导引闸，及分水闸，计需工料洋二千二百元。
> 4. 桥梁费：修筑桥梁五座，计需工料洋二千二百元。
> 5. 测量费：测量地形，及灌溉面积，约需要测量费六百元。
> 总计以上各项，共需洋三万七千元。按灌溉面积五百顷计算，每亩地摊洋七角四分。

乙．利益概算

按灌地五百顷，每亩每年增加生产值洋六元计算，每年共计增加生产值洋三十万元。①

济源县水利计划虽然投入与产出的效益非常可观，但由于河南省政府财政枯竭，并没有能力大规模在全省实施水利计划，许多水利灌溉工程仅仅停留在规划上。曹瑞芝说：

> 查各项水利工程往往需款甚巨，豫省财政枯竭，民力凋敝，地方人民虽拟兴办，而有心无力，只有望洋兴叹，徒唤奈何。例如济源县去年拟开甘霖渠，因需款甚多，曾请省政府补助，虽业已准拨千元，而该渠人士终以不敷之数尚巨，未敢具领，迄未动工。②

济源县计划在民国十七年（1928）开挖甘霖渠，但由于施工资金不到位，一直未动工。迟至民国二十一年（1932），国民政府水灾救济会才拨款一万三千元，甘霖渠水利工程才得以实施。河南《政治月刊》记载：

> 济源县旧有甘霖渠一道，年久淤塞，民众屡欲兴修，因工程浩大，迄未动工。顷据济源县县长方延汉呈称，去岁国府水灾救济会，拨洋一万三千元，兴修此渠及永利河，并将修筑甘霖渠经过情形，摄制影片，呈请本府及建设厅备案。经本府令饬建设厅查核具报，已令知济源县将整个计划，及施工情形，遵照呈报，以凭查核。③

---

① 曹瑞芝：《河南省水利规划》，第14—16页。
② 曹瑞芝：《河南省水利规划》，第24页。
③ 《一月来之建设·水利·考查济源县甘霖渠施工情形》，载《河南政治月刊》第3卷第5期，1933年6月，第7页。

民国二十年（1931），济源县将全县水利计划呈送建设厅，但该计划多有未完善之处，建设厅做了具体的修改，主要有：

（1）甘霖渠土工应按照河南省交通水利工程征用义务劳工条例，征用民工开挖，并应规定在第一期内（即二十一年六月以前）完成。占用土地，可依照土地征收法及本省公布之条修筑公路征收土地章程办理。

（2）永利南支渠既拟定挖深八尺，底宽一丈二尺，则两岸按1.5比1坡度，口宽应定为三丈六尺。

（3）永利东北两支渠，既拟定挖深七尺，底宽六尺，则两岸按1.5比1坡度，口宽应为二丈七尺，底宽六尺，则两岸按1.5比1坡度，口宽应为二丈七尺。所有土方，亦应按全县地亩摊派民工挑挖，不给工资。

（4）全县河渠统计表，所列各渠面积，均嫌太窄，应分期濬宽。

（5）千仓渠，上堰，应出示严禁民众在河身栽置芦苇，以畅水流。至该县一二三四各区，并应推广凿井，以资灌溉。①

河南省建设厅对甘霖渠及永利渠的工程建设给予了非常详细的修订，并对全县河渠疏浚做了明确要求，同时，派出水利工程专业技术人员前往济源县指导济源县水利工程的施工。建设厅在呈报给省政府的实施济源县水利计划汇报情况中说：

济源县甘露（霖）渠工程浩大，叠次修凿，迄未收效。去岁（民国二十一年，1932），国府水灾救济会拨洋一万三千元加

_____

① 《一月来之建设·水利·令济源县改进水利计划》，载《河南政治月刊》第1卷第3期，1931年11月，第2—3页。

工重修。本厅于十一月十日亦派技士黄兆嶙前往，会同济源县长及甘露（霖）工赈委员督促进行，现在上游要工如石洞口、闸门、桥梁等均已次第落成，其下游土河一带亦经督率民工依次挑挖，预计年内足可全河告竣，实施水利。更有甘露（霖）渠东毗连处有永利河一道，经过数十乡村，溉田五百余顷。去岁，洪水暴涨，全河淤塞，亦乘农隙之际，征集民工从事疏浚，于月日终于完工，恢复故道，因之，两河农民同声称便。①

得益于国民政府水灾救济会的拨款，延迟两年的济源县水利计划才顺利实施，济源县五龙口三渠之一的永利渠也得以疏浚，永利渠本为济源县专营专利，延续数百年，但在晚清民国时期，渠堰淤塞，水利失修，藉此次全县水利计划得以疏浚。与济源县水利计划实施、疏浚永利渠的同时，民国二十二年（1933）九月，建设厅委派人员会同第四水利局、济源、沁阳、孟县三县共同商议整理疏浚余济渠的计划，以充分利用永利渠的余水来灌溉孟县的农田。建设厅指令说：

> 济源县五龙口永利渠至苗店，分为二流，北支流至官庄，南支流至瑞村，前经孟县猴村薛家购地开渠，由南荣隔沟架桥至官庄村西，汇入北支，全村灌田之余，水量尚大，乃开渠东流，经沁阳大位、小位、王亮、葛万等村，东南流入孟县，现在南荣架桥坍塌，永利南支由瑞村流入溴河，余济渠身淤垫，永利北支余水无法东泄，亦由官庄流入溴河，弃水不用，至为可惜。查余济渠，为已成之渠，稍加整理疏浚，即可灌溉，工程极小，利益至大；惟关系三县，事权不一，非经会商办法，

① 《修筑济源县甘露（霖）渠》，载河南省建设厅编：《河南建设概况》，1933年8月，第29页。其中，误将"甘霖渠"写为"甘露渠"。这里原文并未注明完工月日，据《河南政府年刊（1933年）》中《工作报告：四、建设：四、水利：（八）修筑济源甘霖渠》记载："现此渠及永利河，业于本年四月完工"，第96页。

彼此协助，决难收顺利之效。兹经孟县县长阮藩侪呈请，遴派委员会同办理，已令沁阳、济源及第四水利局，择定日期，齐集济源官庄，会商永久办法，成立管理机关，以期事权统一，进行顺利，务期永利余水，完全灌溉，以厚民生。①

就在这次建设厅派员会同三县及第四水利局共同谋划疏浚余济渠之前的民国十七年，鉴于余济河淤塞已久，孟县建设局曾疏浚北支渠，民国《孟县志》记载：

　　余济河久已淤塞，民国十七年，经建设局长葛凤梧呈准开挖北渠，着沿渠之赵改、洪道等村一律动工，三越月告竣，但济源上游不肯放水。十九年，邑人杨挺亚、崔晴岚往返交涉，水始得下南渠，则澳身已高，尾闾不畅，原状势难恢复。②

因此，在民国十七年（1928）和十九年（1930），在疏浚余济河效果并不理想的情况下，民国二十二年（1933）孟县县长阮藩侪才呈请建设厅，请求协调三县及第四水利局共同完成余济河的整理疏浚，以恢复原有的灌溉效益。建设厅特派员及第四水利局、三县齐聚济源县官庄会商的结果因无建设厅的文件记录，不得而知。不过，沁河水利渠堰系统的勘察和疏浚工作一直在进行，如济源县普济渠的勘察计划及沁阳县利丰河的疏浚。

民国二十二年（1933），济源县计划引沁河水开挖普济渠，向建设厅报告水渠规划路线，但事关三县，建设厅派第四水利局会同三县查勘，再向建设厅汇报，建设厅指示：

---

① 《一月来之建设：水利：令孟县沁阳济源及第四水利局会商整理余济河》，河南省政府秘书处编印：《河南政治月刊》第3卷第8期，1933年9月，第5页。有关余济渠的历史，参见本书第四章第二节。

② 阮藩侪纂修：民国《孟县志》卷3《建置·水利》，民国二十二年刻本，第36页下。

据济源县呈准开辟普济渠，自北红石坡地方，开渠一道，引沁河之水，旋绕县北、县西及县南各乡，东趋孟县、温县，曲折入黄，长约三百余里，可灌田一万余顷。惟事关三县水利，该项路线是否合宜，下游温、孟两县民众，无从悬揣。兹由建设厅派第四水利局长详细会县查堪，有何意见，俟接到报告再兴令县局测量规划进行。①

该项工程规划颇为宏大，利益巨大，所需工程款项也必定不菲，在河南财政困难的民国二十二年（1933），此项工程应该未能实施。

民国二十四年（1935），沁阳县县长荆壬秌组织勘验全县水渠，发现利丰河淤塞最严重，于是倡议疏浚利丰河干支渠道，不到两个月便疏通了河渠，《利丰河水利记》中说：

利丰河之创始，年久无稽考。旧志：原为利人、丰稔二河。自嘉靖二十五年，柏香乡贤杨公挺生捐金七百余两购地，自枋口至程村之大天平闸，河基地一百三十余亩作为两河之干，河名曰利丰河，又曰十埝河，由天平闸分水东流为利人，曰北五埝，长七十里，尾绕沁城入于沁，灌田二百六十余顷。由天平闸东南流者曰丰稔，至济邑之樊家庄名曰南五埝，樊家庄之东有闸曰小天平闸，复分南三埝、北二埝两支流，南支长六十五里，灌田一百五十余顷，由韩吴村注入猪龙河；北支长六十里，由温邑之双流村入猪龙河，灌田一百三十余顷。全河共灌田五百余顷，其挑挖灌溉之法虽年久不详，尚存大略。总理河务者曰河主，曰总管，下分十埝，每埝有埝长一人，管枕头二十、三十不等。每枕头管利户地二顷四十亩，各枕皆有详细用水时

---

① 《一月来之建设：查堪普济渠》：《河南政治月刊》第 3 卷第 3 期，1933 年 4 月，第 6 页。

刻，由下而上每月两轮。每逢挑疏时，先由河主、总管招集全河公正士绅报告河工大小，决议挑挖程序，呈县请委由委员谕饬各埝长、各枕头开大会一次，规定何时动工，而各段应挑之宽深，详细指示各河士绅为监督员，佐其成，此利丰之大略也。惜久失修，渠道淤塞。二十四年，荆公壬秋首倡振兴水利，勘验全县沟渠，惟利丰淤塞尤甚，自任督工，总监从事挑挖，庶民之来踊跃，工作猾者不能施其巧，朴者无所爱其力。不二月，利丰之干支小渠咸广深一新，因记载以昭不忘。①

记文不仅追溯了自明代嘉靖二十五年（1546）柏香镇杨纯出资购买河身开凿利丰河的"故事"，还详细讲述了利丰河的长度、流经、利地亩数、水利系统运作的机制，包括水利组织的架构、用水时刻、疏浚河渠的程序等等。本书第三章第四节中对利人、丰稔二渠的分合已经作了具体的论述，显然，记文中把嘉靖二十五年（1546）出资购买利人河河身的柏香镇人杨纯，误写为杨挺生，关于杨挺生，前文第四章也已经详细论述。

在水利机构不断演变、地方水利系统不断整理疏浚的过程中，充分利用沁河水资源并扩大灌溉效益的措施也逐步实施；同时，随着近代科技的提升，地方水利灌溉的手段和模式得以拓展，水利机械的使用大大提升了水利灌溉的效益。如大规模凿井并使用虹吸抽水机等，都拓展了旧时靠人力引水灌溉的模式。

首先是为充分利用沁河水资源，兴建引沁河水的水利工程，主要是沿沁河南北两岸开挖水渠及兴建河闸。在沁河设置闸口，由来已久，如济源县五龙口广济渠渠首水闸。晚清至民国初年，在沁河下游的武陟县沿沁河两岸也曾建设诸多水闸，较早的可追溯至同治十二年（1873）（见表6-2）。

---

① 民国《沁阳县志稿》卷7《民政·水利》，第396—398页。

表 6 - 2　　　　　　武陟县引沁闸口（民国十七年之前，1928）

闸名	方位	建设时间	备注
惠济闸	张村西	同治十二年（1873）	放水淤田
惠济闸	沁阳村西	光绪五年（1879）	沁阳村建
普济闸	白水村西	光绪六年（1880）	东西白水村合建
永固闸	石荆村西	光绪七年（1881）	石荆村建
作霖闸	小董村西	光绪七年（1887）	小董南官庄卧牛庄贾村合建
顺宣闸	方陵村南	光绪十年（1884）	河北道尹曹秉哲建
润田闸	北王村东	民国元年（1912）	北王村建
沁润闸	大陶村西	/	大陶村建
济众闸	高村西	民国元年（1912）	高村、樊庄合建
永济闸	东张计村	民国二年（1913）	东张计王顺村张武村合建
公义闸	南王村	民国二年（1913）	南王村、南耿村合建
同心闸	北樊村西	民国二年（1913）	小高村、北樊村合建
王顺闸	王顺村	民国七年（1918）	王顺村建

资料来源：民国《续武陟县志》卷 5《地理志·水利》，第 14—15 页。

　　虽然在下游沿沁河河堤处开挖水闸引水灌溉，利益颇大，但沁河河堤多为土质，沿河堤开闸引水，对河堤的危害极大，尤其是汛期时，洪水极易冲毁河堤造成决口，因此，沿河堤开建闸口常常被禁止。如民国十二年（1923），武陟县沁河两岸农民呈请东沁分局要求在沁河上开闸引水灌田，事毕后将闸口堵闭，但河务局以威胁堤防安全加以禁止。《豫河续志》卷十一记载：

　　民国十二年（1923）八月，河务局长陈善同训令东沁分局：案查武陟沁河两岸附近居民，每遇春旱辄欲呈请开闸溉田以利耕种，事毕，虽经堵闭，究于河务堤防，实有莫大之危险。兹本局长仿照豫南各属沟渠溉田办法，制造木制石垆模式一具并附说明用法，合行令仰该分局长即便遵照，会商该县绅董妥慎筹议，嗣后，如遇春旱不得再请开闸，即以发去石垆依式照办，必须详察河势情形，万不可在顶冲迎溜之处设置，以防意外之虞。灌毕,随将垆洞堵闭,用时再启,庶于堤埝既不相妨,而于农田可资灌溉,事关创始,务须慎审为之。①

从防洪安全角度考量,河务局严禁沿河居民在河堤上开闸是自然而然的事。但为了能引沁河水灌溉农田,河务局借鉴其他地方引水灌田的办法,推广"石垆模式"引水,要求石垆的位置选择以不妨害堤防安全为要。"石垆"模式毕竟只是权宜之计,且在武陟县属"创始",其推广效果应该不甚理想。但时人也认为担心堤防安全而禁止建设闸口是因噎废食之举,只要闸口工程质量坚固,能够经受洪水冲击,消除被洪水冲垮的危险,开建水闸则是兴复水利的重要举措。民国《续武陟县志》中提到:

> 武境沁河环绕筑闸溉田之利,咸同以前莫或讲求。光绪三年,豫省大旱,河北尤甚,给事中夏献馨请修水利以裕民食,而沁阳、白水、石荆等村始先后建闸。民国以来,叠遭亢旱,闸门增多,获利益厚。虽北樊、大樊决口无不因闸失事,实则修筑未坚,防守不力所致,固不能因噎废食,谓水利必不可兴也。②

不过,禁止开闸灌田的禁令因河南政局发生动荡而有所松动。民国十六年(1927)五月,冯玉祥率国民革命军第二集团军进入河南,六月,北伐军占领省会开封,河南省政府成立,冯玉祥兼任河南省主席,主持河南政务,他非常重视水利事业,指示要振兴河南水利事业。次年(1928)五月,河南河务局局长张文炜将《拟定沁河两岸开闸灌田暂行规则》呈省民政厅审核,民政厅同意照办,《豫

---

① 《豫河续志》卷11《沿革·工程》,第40页上。
② 民国《续武陟县志》卷5《地理志·水利》,民国二十年刻本,第15页下—16页上。

河三志》卷八记载：

　　河务局长张文炜呈总司令部民政厅，呈为拟订沁河两岸开闸灌田暂行规则，呈请鉴核，令饬办理以兴水利而重农业事：窃查豫省河流交错，沿岸居民直接受水之害者甚多，而获利者盖鲜。以天然之利源弃而不用，至使旱潦无备，司农有仰屋之嗟，殊为可惜。考之引河灌田，历为民生要政，而兴利除害尤属当今急务。局长受任以来，仰体钧宪为民众除水患兴水利之至意，驰赴黄沁两岸查勘情形，研究办法。因黄河水性太猛，暂从沁河入手，并查该河原有闸口甚多，或岁久失修，或废弃无用。时遇夏秋亢旱，间有私自启闸灌田者，向来县为例禁。与其蹈常习故，阳奉而阴违，何如妥定章则，上行而下效。当令饬各分局邀集临闸各绅，规定开闸灌田简章，加以修正，并调查闸口数目，坐落何堡，是否能用，灌田若干，除分呈外，理合具文呈报。奉民政厅指令：呈及附件均悉，所拟开闸灌田规则应准照办。本局奉到是项指令后，即转令沁阳、武陟两县县长，东、西两沁分局遵照。①

　　由主管沁河河务的省级机关制定开闸灌田的规章制度，并经民政厅照准推行。河务局拟定的开闸灌田的规则共分十二条，具体如下：

第一条	开闸灌田办法，其目的为人民谋兴水利，但以不妨碍堤防安全为原则
第二条	各闸开放时须事前由当地绅民声请，该管分局长亲往勘验河势之险夷，闸工之良窳，分别指定某处为适宜开放区域，始准开放，否则概予禁止

---

　　① 陈汝珍纂修：《豫河三志》卷8《工程第三之六·水利·沁河闸工》，开明印刷局铅印本，1932年，第7页下—8页上。

第三条	各闸如系坚固，有开放之可能者，计分普通、特别两种： 甲、有护闸圈堤一道及石砌引洞建修闸门四道者为普通坚固； 乙、有护闸圈堤两道并用石抛及石砌引洞建修闸门六道者为特别坚固
第四条	在指定开放各闸其开闸时期以冬春两季为限，如遇夏秋亢旱，有必须临时开放时，须经邻闸各村绅民声请该管分局实地考查，并酌定开闸最短期限，呈由河务总局核许，始准开放。遇有阴雨仍即随时封闭，以防危险
第五条	在指定开放各闸应由邻闸绅民按灌溉地亩数目征收相当代价，以供闸口之建设及改善，该管分局有指导监督之权
第六条	临闸堤土应由该管分局会同邻闸各村绅民于启闸前由所收费中购备相当之石料土方，以资抢修而防不测
第七条	各闸启闭应由邻闸绅民报由该管分局派员监视，以昭慎重
第八条	开放各闸应由该管分局酌派妥实汛兵协同村民常川驻守，在夏秋汛内并由汛长弁及查汛员轮流查考，其常驻闸官兵与民夫所需火食、灯油等费由分局长与邻闸各村绅民会商，由灌田收费内开支之
第九条	开闸灌田利期普及任何地何村不得垄断把持，其邻闸各村绅民应彼此互商平均分配，协订用水征费公约，以杜绝纷争，呈由河务局县政府备案
第十条	各闸开闸时期并宜注意道路之完整或建筑桥梁，以利交通
第十一条	各闸于夏秋汛前封闭时须将闸门封闭坚实，并由该管分局督饬队汛加意防守，勿任疏虞
第十二条	本规则系暂行办法，其有未尽事宜得由该分局随时呈明修改，如因河势变迁本规则不合需用时，须删改或废止，应呈明总局核准通知办理

在以上十二条暂行规则中，第一、二条仍以堤防安全为开闸灌田的首务；第三条明确可以开放闸口的标准；第四条明确开闸引水的时间及河务分局、总局的职责；第五、六、七、八条要求各闸可根据灌田亩数征收水费及水费的用途，即购买石料维护闸口、看护闸口人员的工食等；第九、十、十一条则规定平均分水的原则、开闸时不能影响交通、闭闸期间的维护等事宜，第十二条则是对本规则暂行性质及修改废止的说明。

民国十七年（1928）六月，省民政厅在照准河务局《拟定沁河两岸开闸灌田暂行规则》的同时，又训令河务局：

查沁河各闸口开渠灌田事件，业经督同该局长前往考察在案，兹就考察所及拟定办法四项分列如下：

1. 闸工坚实者照旧准其尽量灌溉；

2. 闸工不坚实者须即迅速修理以免发生危险；

3. 无闸处准其添开闸口；

4. 黄河北岸距铁道七十里武陟县境之北贾村闸，构造最便，能灌田五百余顷，应即均照此闸修造。预定本年各闸灌田亩数较往年加至十倍，可至万顷以上。上项办法除电呈总司令鉴核并分行外，合行令仰该局即便遵照办理。①

同时，也是在六月，沁阳县县长李德斌及西沁河务分局局长孙佐就会同沁河两岸管闸绅董查勘现有各水闸，"惟查奉发启闸灌田规则大纲虽增完备，而对于施行手续及征费诸端尚无明细规定，实施以后，虑起纠纷。兹经分局长（孙）佐会同县长（李）德斌，按照当地情形另拟施行细则十四条，期补充规则所未尽理，合具文会呈鉴核，俯赐指令"②。河南河务局收到审查开闸灌田实施细则的请示后，作了具体指示："会呈暨启闸灌田施行细则均悉，核拟各条尚属可行，惟查细则内第七条所载其余悉充字下应加添筑闸门及购储等字；又本局内料石土方字下宜加工津二字较为完善，仰即遵照宣布施行。"③

《西沁两岸开闸灌田施行细则》共十四条，具体条款如下表所列。

---

① 《豫河三志》卷8《工程第三之六·水利·沁河闸工》，第11页下。
② 《豫河三志》卷8《工程第三之六·水利·沁河闸工》，第9页下
③ 《豫河三志》卷8《工程第三之六·水利·沁河闸工》，第9页下。

表 6 - 3 　　　　　　**《西沁两岸开闸灌田施行细则》**

第一条	本细则依据河南河务总局颁发《开闸灌田暂行规则》并参酌当地情形拟订,凡启放西沁各闸时适用之
第二条	西沁两岸各闸口遇有必须启闭时,应由各闸所在地保董会同应需灌溉地各村村长备具声请书,分向县局请求核许
第三条	各闸保董及村长声请开闸时应陈明下列诸点: 闸口所在地及距离河势之远近; 是否旧有引河抑须新加挑挖与经过各村之距离; 拟启放之时日,如伏秋汛内至久不得逾二十天; 各村灌溉之地亩数由各村将灌溉各户亩数造具鱼鳞清册
第四条	西沁分局得前项书面呈请后,立即派员前往考查,如认为不妨启放,应酌定限期会县发给许可证,由声请之保董负责启放,并由县局会派员警常川驻闸监视,一面呈报河务总局备案
第五条	遵照开闸规则第五、六两条规定,各村灌溉地亩应酌量收费以资整理及改善闸口之用,此项缴费拟定名为保闸费,其缴收数目暂定为溉地每亩征大洋一角,自启闸之日起由监视员警协同保董村长按各村灌溉地亩数目挨次征收,并随时发给收据以便查考
第六条	管理闸口之村负有启闭及修补专责,应于各村征得之保闸费内酌提二成交由原管理该闸保董或村长,充作启闭闸口及办公等费用
第七条	征得之保闸费除津贴启闭口用费及启闸期内支给办公员警及驻闸保护官兵等津贴暨各项开支外,其余悉充添筑闸门及购储防闸料石土方工津之用,所有收支数目每年由西沁分局造册具报河务总局查考
第八条	启闸灌田自近闸地起挨次灌溉,由员警督察监视,不准任何村民把持垄断,如水至某户地应灌而不灌者,一经让过不得再任意掘口私灌,违则按应征保闸费加三倍处罚
第九条	各村灌溉地亩如须添挖引河,应由各该村自行派夫办理,惟所挖引河经过地占用地亩,应由监视员警协同村长查明所占某户地亩数目,按照所损稞租给以相当津贴,以资弥补,如系旧有河道或所挖系属支河,则不在此例
第十条	各村灌溉地亩数于灌溉之前一日,由监视员警协同村长按照原呈鱼鳞册确查,如查与原报不符,应照短报数目加倍收保闸费

---

① 《豫河三志》卷 8《工程第三之六·水利·沁河闸工》,第 9 页下—11 页上。

第十一条	各闸口在准许启放期内，除由西沁分局拨派汛兵驻守外，其各村绅民仍应负责协同保护，以昭慎重。倘在伏秋汛内尤宜格外注意，一遇阴雨应即时严行封闭，以防危险。至闸口之启闭、修补，并须听受监视员之监督与指挥
第十二条	自本细则实行之日起，遇须启放各闸均应遵照规定手续办理，设有未经呈明私自启放，一经查明应处以二百元之罚金，由该闸所在地之保董村长负责承缴，一面仍照章补征保闸费
第十三条	本细则自呈奉河务总局核准即由县局布告实行
第十四条	本细则如有未尽事宜应随时呈明通告办理

该细则仅仅适用于西沁分局辖内各水闸的启闭事宜，不仅规定了各闸启闭所需申报流程，还对缴费标准、财务管理、惩罚措施、日常维护等做了详细规定，具有很强的指导性和可操作性，便于沿河各村依照细则申报开闸引水。

各级河务部门除了制定颁布沁河开闸灌田的规章制度，尽快启用原有水闸引水灌田外，另外一项比较重要的工作是在沁河上建设新的水闸。民国十七年（1928）秋，河南发生严重旱灾，赤地千里，冯玉祥指示河务局长张文炜派人赴上海购买水利机器；同时，张文炜局长还亲自前往沁河沿岸，召集武陟、沁阳、博爱三县县长、东西沁河务局长、武陟温县修武县水利局长等研究开闸、修闸事宜，以充分利用沁河水资源灌溉田地，《豫河三志》卷八收录的《沁河修凿闸口灌田碑记》记载：

> 沁河有闸口久矣。考《沁阳县志》载：隋卢贲为怀郡刺史，引沁水以灌农田。唐、元、明因之，沿岸添设闸口多处，水利大兴。迫其后，司宣防者鉴于沁工历年溃决之原，率由于口门启闭之失慎，因偏重于防患之一途，常年禁民启用。于是，日久闸口圮而水利废。自民国十六年（1927）六月，总司令冯公主持豫政。越明年秋，大旱，赤地千里，五谷不登，公恻然自

励曰：吾闻之人定者胜天，昔魏引漳水以灌邺而河内富，秦引泾水以开渠而关中饶，吾但兴水利以补救之而已，旱灾何惧焉！乃命河务局长张君文炜携款赴沪，凡兴办水利之机械无不购，……；又因沁河两岸闸口甚多，虽年久失修，然举其废而兴其新较易为力，乃与河务局张局长亲诣该处，召集武沁博三县县长、东西沁河务分局长、武温修水利分局长及当地绅首，约曰：有能开新闸两个，修废闸三个，于三个月限期内提前完成者受上赏；有能不逾限期开新闸一个，修废闸二个者受中赏，否则罚。各官绅唯唯听命，分途劝告，督催民众及时兴工，罔敢或后。据张局长先后转呈到府，计修废闸者三十三处，开新闸者五处，且均能如期告竣，约可灌田二千余顷，然亦劳矣。……。今幸沁河闸口废者举而新者兴，灌溉之利甲于各处，推而行之，豫省水利之兴也不亦溥乎？于此，知提倡者之难其人而督饬襄助者之成功亦不易也。因将在事出力之官绅姓名勒于石，以志不忘云。①

民国十七年（1928），在冯玉祥的大力支持和河南河务局及沿沁河两岸数县的积极努力下，修复或新建沁河沿岸三十八座水闸，成效显著，河南河务局将兴复沁河水利作为振兴河南水利事业的标志性工程，并计划推行到全省。

碑记中提到的奖励各县积极开新闸、修废闸的措施共六条：

1. 沿沁河县长、河务水利各分局长限三个月以内最少须开新闸一个修废闸一个；

2. 限期内能开新闸一个引渠灌田者或修好废闸两个者均酌给补助金，由省政府直接承领之；

---

① 《豫河三志》卷8《工程第三之六：水利》，《沁河修凿闸口灌田碑记》，第15页下—16页下。

3. 限期内能开新闸一个、修废闸二个灌田者，该县长、分局长酌发给办公费；

4 按期限能提前完成或开新闸二个、修废闸三个者，除照数发给办公费并酌予奖励；

5. 限期已满毫无成绩者分别撤惩；

6. 开闸、修闸均由省政府派员监督，河务局指导之。①

沁河沿岸新开及修复的三十八座水闸，如下表所列：

表6－4　　　　　　　　　沁河沿岸水闸表

沁河北岸（十六座）				
名称	建设年代（开工日期—竣工日期）	地点	灌溉面积	备注
自利闸	民国十七年（1928）（7.4—8.28）	王范村	二十顷	西沁
顺利闸	民国十七年（1928）（7.6—9.4）	长沟	二十顷	西沁
羡利闸	民国十七年（1928）（8.7—10.1）	鲁村	三十顷	西沁
纯利闸	民国十七年（1928）（7.25—9.20）	西张村	六十顷	西沁
麻利闸	民国十七年（1928）（7.18—9.30）	大岩村	四十顷	西沁
均利闸	民国十七年（1928）（7.12—10.6）	内都村	六十顷	西沁
福利闸	民国十七年（1928）（7.24—10.6）	白马沟	四十顷	西沁
宏利闸	民国十七年（1928）（8月20日兴工）	南张茹	四十顷	西沁
赞霖闸	光绪四年（1878）、民国十七年（1928）（7.9—9.10）	沁阳村	七十顷	东沁
普育闸	民国十三年（1924）、十七年（1928）（7.8—9.10）	渠下村	一百顷	东沁
公义闸	民国三年（1914）、十七年（1928）（7.28—9.20）	南王村	三十顷	东沁
统一闸	民国元年（1912）、十七年（1928）（7.20—9.15）	北王村西	三十顷	东沁

---

① 《豫河三志》卷8《工程第三之六：水利》，《修正沁河开闸灌田奖惩办法》，第12页下。

续表

沁河南岸（二十二座）				
名称	建设年代（开工日期—竣工日期）	地点	灌溉面积	备注
润生闸	民国十三年（1924）、 十七年（1928）（6.11—7.5）	贾村	四百顷	东沁
宏济闸	光绪七年（1881）、 民国十七年（1928）（6.15—9.8）	小董村	七十顷	东沁
沁润闸	光绪七年（1881）、 民国十七年（1928）（7.1—9.10）	大陶村	五十顷	东沁
济众闸	民国元年（1912）、 十七年（1928）（7.10—9.15）	高村	四十顷	东沁
胜利闸	民国十七年（1928）（7.14—9.30）	葛村	二十顷	西沁
增利闸	民国十七年（1928）（7.10—8.25）	王曲	三十顷	西沁
因利闸	民国十七年（1928）（7.11—8.24）	孔村	五十顷	西沁
振利闸	民国十七年（1928）（7.15—8.30）	马坡	三十顷	西沁
固利闸	民国十七年（1928）（7.7—8.6）	西王召	一百顷	西沁
同利闸	民国十七年（1928）（7.29—9.14）	亢村	三十顷	西沁
乐利闸	民国十七年（1928）（7.20—9.12）	徐堡	三十顷	西沁
民利闸	民国十七年（1928）（7.3—8.4）	寻村	五十顷	西沁
益利闸	民国十七年（1928）（7.28—10.5）	慕庄	三十顷	西沁
庆利闸	民国十七年（1928）（7.1—8.6）	西张纪	五十顷	西沁
和济闸	民国十四年（1925）、 十七年（1928）（6.25—9.11）	东张纪	四十顷	东沁
赞育闸	民国七年（1918）、 十七年（1928）（6.12—10.12）	王顺村	四十顷	东沁
丰利闸	民国十七年（1928）（9.2—10.18）	滑封村	一百顷	东沁
普济闸	民国十七年（1928）（7.1—9.13）	西白水	三十顷	东沁
广济闸	民国十二年（1923）、 十七年（1928）（6.10—9.10）	东白水	三十顷	东沁
安澜闸	民国十七年（1928）（7.20—9.15）	北杨村	五十顷	东沁
永固闸	光绪六年（1880）、 民国十七年（1928）（6.15—9.10）	石荆村	四十顷	东沁
西虹桥闸	民国十七年（1928）（7.8—9.20）	西虹桥	二十顷	东沁

续表

沁河南岸（二十二座）				
名称	建设年代（开工日期—竣工日期）	地点	灌溉面积	备注
广济闸	民国十七年（1928）（7.12—9.10）	东虹桥	四十顷	东沁
惠济闸	同治十二年（1873）、 民国十七年（1928）（7.8—9.15）	西张村	四十顷	东沁
永赖闸	民国十七年（1928）（8.15—10.20）	朱原村	二百顷	东沁
利济闸	民国元年（1912）、 民国十七年（1928）（7.6—9.15）	杨村	四十顷	东沁
合计			二千一百九十顷	

资料来源：《豫河三志》卷末《表第六·工程表二十》。

　　上表所列沿沁河两岸水闸中，沁河北岸有 16 座、南岸有 22 座，合计 38 座，其中，33 座为旧闸，5 座为新闸，最早开工的是民国十七年六月十一日开工的润生闸，其他大部分水闸在六—七月间开工，工期多为 1—2 月，最迟十月底完工，这也与奖惩办法中所提的要求相一致。如要求各县最少新开闸一座，修复废闸一座，而沁阳、博爱等县都超额完成任务：

　　　　查沁阳县属原有广闸十二处，又慕庄新开闸口一处，共十三处；博爱县属原有废闸三处，又新开白马沟、南张茹新闸二处，共五处，计沁河两岸共修新旧闸十八处。现除南张茹新闸因中经停顿尚未完全竣工外，其余新旧闸一十七处已于十月六日先后修筑藏事。①

　　沁阳县慕庄所新开的水闸就是益利闸，博爱县白马沟所新开闸

---

　　① 《豫河三志》卷末《表第六·工程表二十·西沁两岸修筑新旧闸口工程报告表·十七年十一月》，第 45 页上。

为福利闸，南张茹所开新闸为宏利闸，两县所修新旧闸共十八座，其中沁河北岸八座，南岸十座。

迟至民国二十一、二十二年（1932—1933），沿沁河河堤开闸引水的计划还在继续，如沁阳县开挖尚香渠，"用砖石修筑闸口于沁河堤，藉以引沁河水灌溉农田。二十一年（1932）四月开工，六月完工，县政府督该村水利会修治。工程经费由各水利户摊派土方由民众分挖，受益农田15000亩"；开挖和善台渠，"民国二十一年（1932）五月开工，六月完工，县政府督该村水利会修治。工程经费由各水利户摊派土方由民众分挖，受益农田1200亩"①。民国二十二年（1933），沁阳县、温县计划在沁阳县王曲村西的沁河堤上开闸修渠，"东南穿越利稔、广济两渠，贯入大丰、大有及丰稔北堰，计长二十里，可灌田一千余顷"②。武陟县的开渠修闸工程更为宏大，在民国二十一年（1932）九月至二十二年（1933）元月期间，共开挖杨庄渠、贾村渠、小董渠、王顺渠，引沁河水挖渠闸门以砖石砌成，长共六十余里，受益田亩78000亩。③

在民国十七年（1928）下半年，沿沁河大规模修闸开闸工程实施的同时，十月，冯玉祥还指示河南河务局长张文炜派人赴上海购买吸水机械，通过吸水机从黄河、沁河等抽水灌溉，从技术层面提升水利灌溉效益。《豫河三志》卷八记载：

民国十七年（1928）十月，河南省政府训令河务局：现为兴办水利亟应购置吸水机器以资应用，所需价款业令财政厅即拨一万元，交该局长具领，持赴上海购用。除分令外，仰即遵照办理。十二月，河务局长张文炜呈省政府：窃局长前奉总司令令赴沪购买吸水机器，即会同水利工程师曹瑞芝驰赴上海、

---

① 河南省建设厅编：《河南省建设概况》，1933年，第31—32页。
② 《一月来之建设：勘测沁阳温县开渠情形》，载《河南政治月刊》第3卷第5期，1933年6月，第7页。
③ 河南省建设厅编：《河南省建设概况》，1933年，第30—31页。

常州等处，分别购妥装车，于十一月二十日回汴。奉批上海瑞昌三十五匹马力引擎一部，带九寸吸水机三部，八寸吸水机一部，呈缴总部，交兵工局接管；上海慎昌十八匹马力引擎一部，带九寸吸水机二部；常州厚生十七匹马力引擎二部，带八寸吸水机二部。遵将慎昌、厚生机器运往河干，以二部安设于柳园口地方土坝上，一部安设于斜庙第二造林场，均于十二月一日动工开挖蓄水池、引水沟等，并由局长分调各分局官兵二百五十员名，加紧工作，每处需三千余工，预计一个月科研试验出水。①

近代新式吸水机器的安装、实验及使用，对于灌溉效益的提升是不言自明的，因此，利用虹吸机吸水灌田的计划被参与购买吸水机的水利专家曹瑞芝写进了他于民国十八年（1929）出版的《河南省水利规划》一书中，其中的《虹吸引水计划》提到：

查黄、沁两河，寻常水面，高于堤外地面者，随处多有，利用虹吸引水灌溉，甚为相宜。去年冬季，曾设计虹吸管子，并由上海购回六寸、四寸者，各两付。四寸者，已在黄河煤口吸水站蓄水池试验，……，开渠灌田，其利甚溥，则将来黄、沁河沿岸，不难普及也。兹按灌田千顷计划，共需二十四寸虹吸管子八付，每付每秒钟出水三十立方尺，八付每秒钟共出水二百四十立方尺，即可灌田一千顷。②

---

① 《豫河三志》卷8《工程第三之六：水利·吸水机》，第1页上、下。在笔者出生地村庄旁的开封市柳园口引黄水闸的黄河大堤上，竖立着民国十八年五月十三日河南河务局长张文炜撰文并书丹的《柳园口虹吸机记》碑，就记载了这件事，这是首次在黄河上使用吸水机械引水灌溉，意义重大，所以立碑纪念。笔者曾多次前往此碑查勘，此碑另外一侧则是清代《大王庙捐置香火地碑记》，惜碑文漫漶不清。

② 曹瑞芝：《河南省水利规划》，1929年，第38—39页。

在黄、沁两河沿岸使用虹吸机吸水灌溉的效率非常可观,非常值得推广普及,尤其是河水水面高于河堤外地面的地方(即所谓的悬河,黄河河南开封段就是典型的悬河——笔者注),便于用吸水机引水。民国十九年(1930),武陟县就计划在该县两处地方安装吸水机,一处在县东南部方陵村旁的沁河河堤上,"可增加水田一百余顷;东南乡之御坝村,黄河水势甚平,河岸均经石镶,距堤不过二里许,若开渠引水至堤岸,修筑闸口,或设大马力之吸水机,可增加水田三千余顷。……。此两处水利一兴,武陟全境,可谓普及矣"①。只需安装两部吸水机就可以灌溉 3100 余顷田地,足见这两处水利设施增加后,对提升全县水利灌溉效益意义重大。

民国时期,随着水利技术的提升和水利机械的出现,原来制约沁河水资源利用的因素逐渐减少,水资源利用效率得到提升,如沿沁河开闸引渠、架设安装吸水机械等等,都有效扩大了沁河下游的受水区域,灌溉面积大幅度提升,因水利不均造成的县际、村际关系紧张、争讼不时的局面也大大缓解。但对于一些由于地理位置等因素不能受水的区域或遇到旱季、沁河水量不足时,则通过另外一种灌溉方式——凿井来解决浇地问题。民国《沁阳县志稿》中指出:"沁阳是农业区域,关系农产最重要的就是水利。然水利除了河川水泊的处所外,惟有凿井是救济旱灾的惟一良法。"② 民国十七年(1928)秋,河南省发生严重旱灾,为应对旱灾,河南省政府颁布凿井奖励办法,鼓励各县开凿水井。曹瑞芝根据每十亩田地需凿井一口计算,估算出全省各县需凿井数量,在《全省凿井计划》中,他提到:

查豫省各县除山岭地域外,含水含沙层距地面多不甚深,

① 《农业消息:豫省水利消息一束:(五)武陟县水利情况》,载《农业周报》第17 期,中国农学社 1930 年版,第 23 页。
② 民国《沁阳县志稿》卷 5《建置·凿井》。

普通约在一丈与五丈之间，凿井汲水尚属相宜。有河流经过县
分，自宜开渠导水以资灌溉，而无河流县分，或有河流而距河
较远地方，均应凿井以辟水源而救旱荒。惟各县水利情形，未
能得精确之调查，……。参考旧有各县地图，求出各县田地约
数，减去调查所得之现有水田及预估不能凿井之田地面积，平
均以每十亩须凿一井计算，造具全省凿井计划一览表，虽未能
十分详确，而有此大略之数，即可着手进行，兹将该表列下：

表 6 - 5   河南全省凿井计划一览表（仅列本书五县）

县名	沁阳	济源	武陟	孟县	温县
田地总面积（顷）	24237	25232	22464	7566	7069
水田面积	2033	784	1875	4231	703
不能凿井田地之面积	14400	22000	18000	3200	1400
预算应凿井数（口）	77900	24400	25800	1300	49600

上表所载应凿井数，为目下农田防旱最低之需要，进行不
容稍缓。去年省政府曾规定奖励凿井章程：小地户三户以上联
合共凿一井者，由该管县政府给以十元之补助金，呈报省政府
作正开销，……。现拟请省政府指拨赈款，作为凿井补助金，
责成各处水利分局及各县建设局会同各县现政府督促民众开凿，
并依照原定奖励凿井章程或另定办法以奖励之。"[1]

显然，凿井计划中五县需凿井数量巨大，不可能一蹴而就，因
此，凿井计划将持续数年。为鼓励各县推行凿井计划，省政府颁布
奖励凿井章程，"吾豫去年（民国十八年，1929）亢旱，省政府为
提倡水利计，曾颁布人民凿井章程，规定三人以上共凿一井者，由
县政府补助洋十元。此章定后，各县凿井者极形踊跃"[2]。甚至在乡

---

① 曹瑞芝：《河南省水利规划》，第131—132页。
② 《省政府奖励凿井》，载《农业周报》第26期，中国农学社1930年版，第20页。

村中，一些能人还成立凿井合作组社，推广凿井技术并培训凿井技术人才，如沁阳县"有沁民侯学工者，关心民瘼，素有提倡各种合作之志，年前适天气亢旱，天禾枯槁，灌溉乏术，侯君学工乃纠合同志，组织一农村凿井合作社，聘请技师训练人才，开始穿凿数井，灌溉颇为便利，诚有益于民生不浅"①。在省政府提倡及奖励支持下，自民国十九年（1930）起，沁阳、武陟等县开凿水井成效显著，如在"武陟县西乡沁河两岸，有闸口二十一处，均甚坚固，四季皆可随意灌田，而且井眼遍地，农田水利，可称普及。东北乡虽无河流，井亦甚多"②。民国二十四（1935）年十月，经河南省政府秘书处统计室统计，自民国二十年至民国二十四年（1931—1935），沁阳、济源等六县凿井数目如下表所示：

表6-6　　　　河南省五年来各县凿井数目统计表（部分县）

县别	总计	类别		
		砖井	土井	机器井
沁阳	4300	4300	0	0
济源	5100	5100	0	0
博爱	5685	5685	0	0
武陟	7000	7000	0	0
孟县	1620	1620	0	0
温县	6910	6910	0	0

资料来源：河南省政府秘书处统计室编：《河南省政府五年来施政统计》，1935年10月。

五年间，六县开凿水井超过三万口，虽与曹瑞芝所估算计划开凿水井数量相差甚远，但各县凿井成效非常显著。民国二十六年

---

① 《各县社会调查：沁阳县农业与农人》，载《河南统计月报》第2卷第1期，1936年1月，第100页。
② 《农业消息：豫省水利消息一束：（五）武陟县水利情况》，载《农业周报》第17期，中国农学社1930年版，第23页。

（1937）《农友》杂志评价沁阳县凿井成绩时说：

> 沁阳县凿井成绩甚佳，类多能成自流井。民国二十五年（1936），河南省农村合作委员会第十班凿井班在该县城西八里古章村信兼社社员赵书文耕地内，凿一自流井，眼深二百六十七尺，费时二十日，需款十余元，不用人力机器，泉水上涌，喷出地面二尺余高，水味甘美，饮食最为适宜，流量宽六寸，深二寸，一小时能出水六七百桶，一日夜可灌地十余亩，利益甚巨，农民异常庆幸。①

所谓自流井，又叫改良井、自流泉，是一种新式凿井法。民国《沁阳县志稿》记载："现在所凿的改良井，遇着泉旺的地层，下了水管以后，随用随上，源源不绝。若逢干旱年岁，惟有这种水旺的改良井用作灌溉，算是救旱的不二法门。"② 这种自流井不仅可以灌溉，而且水质适宜饮用，对缓解旱情作用巨大。截至民国二十六年（1937），沁阳县乡村中采用新式凿井法情况见下表；

表 6 - 7　　　　　　　　沁阳县乡村新式凿井统计表

村名	数目	种类	经费	每日灌溉亩数	备注
大木楼村	2	井底穿泉	20	14	
贾村	1	井底穿泉	12	8	
索庄村	2	井底穿泉	46	13	
徐堡村	5	平地穿泉	72	20	
西王曲村	4	平地穿泉	68	20	内有自流泉2个
北金村	1	井底穿泉	25	5	

---

① 《农友》第 5 卷第 1 期，中国农民银行总行 1937 年印行，第 4 页。
② 民国《沁阳县志稿》卷 5《建置·凿井》。

续表

村名	数目	种类	经费	每日灌溉亩数	备注
东乡村	1	井底穿泉	13	5	
路村	5	平地穿泉	68	19	内有自流泉 3 个
中王赞村	8	平地穿泉	97	40	内有自流泉 7 个
北里村	1	平地穿泉	9	5	
古章村	5	平地穿泉	62	23	内有自流泉 4 个
前杨香村	19	平地穿泉	224.7	75.5	
郜庄村	6	平地穿泉	70.3	25.5	内有自流泉 4 个
彭城村	2	平地穿泉	30	10	

资料来源：民国《沁阳县志稿》卷 5《建置·凿井》，1937 年。

可见，采用井底穿泉或平地穿泉的新式凿井法在沁阳乡村中较为普及，每口井每日平均灌溉田地在 5—8 亩左右。此外，各县乡村中成立的凿井合作社或凿井班在推广凿井计划中发挥了重要作用。民国二十六年（1937）四月，省凿井事务所主任马自强向省建设厅报告了派遣视察员赵建侯前往武陟县视察凿井工作的情况，马自强报告说：

> 奉派视察武陟凿井工作进行情形，遵赴该县四乡视察，见农田中灌溉水井，触目皆是。该县民众近来曾组织新法凿井班，自动开凿，技术亦佳，足证民智早开，惟其依赖性大，是其短处。自本所派班到县后，各乡民众凿井班均行解散，似此情形，殊难普遍，拟请转请令县将各乡民众凿井班详细调查登记，呈报备案，然后指定负责人员督饬施工，如所凿之井数量、水量，均与河南省奖励人民凿井暂行办法第六条符合，并请发给奖金，以资鼓励。[1]

---

[1] 《河南省政府公报》第 1906 期，《河南省政府训令》（建字第□六六一号，四月一日，令武陟县政府），1937 年，第 5—6 页。

凿井事务所建议省建设厅将此建议转呈省政府并令武陟县政府遵照办理，建设厅回复说：

> 查凿井为救济旱荒之要图，亟应推广，以期普遍，该县民众凿井班既系成绩卓著，应即设法调查登记，以便督饬之后而资提倡。兹据前情，合行令仰该县即便遵照办理具报，以凭核办为要，此令。[1]

省政府的奖励措施的颁布，新式凿井法在沁阳、武陟等县的普及推广，各县乡村农民的积极性得以充分调动，凿井成效非常明显，是应对旱灾的有效之举。

民国二十六年（1937），七七事变爆发，开启了全面抗战的序幕。此后，沁阳、武陟等县相继沦陷，民国时期开启的水利建设不得不停滞，原有水渠及水闸多遭废弃，凿井计划亦告终止。由于连年战争，沁河河务及地方水利均遭到巨大的破坏，沁河下游区域的水利事业直到解放后才逐渐恢复，其中最为重要的是广利渠的建设与整合。

第三节 新中国成立初期广利渠的建设与经济用水的实践

1949 年 10 月 1 日，中华人民共和国成立。稍早之前的 1949 年 8 月，华北人民政府设立平原省，管辖区域包括原河南省黄河以北地区，省会设在新乡，下设湖西、菏泽、聊城、濮阳、新乡、安阳等六个专区，安阳、新乡两个省辖市，共管辖 56 个县，其中，沁河下游的济源、沁阳、温县、孟县、武陟等五县均归平原省新乡专区

---

① 《河南省政府公报》第 1906 期，《河南省政府训令》（建字第□六六一号，四月一日，令武陟县政府），1937 年，第 5—6 页。

所管辖。① 自 1950 年开始,鉴于连年战争造成的旧有渠道的淤塞、水利设施的破坏,人民政府围绕济源县五龙口旧有的广济渠、利丰渠、永利渠等进行修整和扩建,形成广利灌区,灌区包括济源、沁阳、温县、孟县、武陟等五县。在中国共产党的领导下和人民群众的民主管理下,灌区的水利效益得以充分发挥,真正实现了"渠润五封"。

一　广利渠管理机构的设立与渠系整理

随着新中国的成立,旧时沁河水利管理机构被裁撤,由人民政府主管的水利机构成立,沁河及地方水利开发和管理进入了新的历史时期。

1950 年 2 月,平原省新乡专区在沁阳县召开沁阳、济源、孟县、温县、武陟等五县水利代表大会,宣布成立平原省新乡专区广利渠管理局,局址设在沁阳县城内,全面负责管理广济、利丰等河渠的水利灌溉事务。② 以水渠为单位的管理机构的成立,打破了行政区划的限制,因此,1950 年 8 月召开的全国农田水利会议上,农田水利局张子林局长在总结一年农田水利建设成绩时着重提出:

> 一九五〇年除在水利灌溉上做出许多成绩外,在灌溉管理方面,全国各地已初步改造了过去的封建管理组织,打破了历史上区与区、县与县、专区与专区、省与省的本位界限,组织了以渠为单位的统一管理机构,并建立了许多科学制度,减少了历史上从来解决不了的许多水利纠纷,扩大了灌溉面积。③

---

① 《华北人民政府八一通令　调整华北行政区划》,《人民日报》1949 年 8 月 1 日第 1 版;《华北区新行政区划》,《人民日报》1949 年 8 月 1 日第 2 版。

② 黄河水利科学院编:《黄河引黄灌溉大事记》,黄河水利出版社 2013 年版,第 130 页。

③ 《华北各地水利建设有成绩　今年增加灌溉面积三百万亩　约可增产粮食三亿多斤》,《人民日报》1950 年 10 月 12 日第 2 版。

1950 年 9 月中旬,平原省召开渠道管理会议,重点讨论了合理用水、渠道实行民主管理等问题,会后公布了《水渠管理局组织条例》,进一步加强水渠行政机构,并由沿渠村民自选代表,组成各级水渠管理委员会,共同推进水利事业的发展。① 为落实平原省渠道管理会议精神,1951 年 2 月,在沁阳县召开了广利渠灌溉管理代表大会,会上决定成立县、区、村三级灌溉管理委员会,由各级行政部门与广利渠灌溉管理局共同主管。

在新的水利机构成立之前,由于日寇破坏及战争导致的淤塞的水渠也在解放后得到疏浚。1946 年年底,人民解放军解放济源县,并在济源县开展土地改革,极大激发了农民的积极性,济源县政府就着手修复济源县五龙口的四大水渠,《人民日报》作了详细报道:

> (本报太岳十五日电)济源今春大疏河渠,五龙已恢复四龙,现已能浇地两万余亩。并挖通猪龙河,救出被淹田地三千亩。济源一、二、三区都是平原,沁水、济水(猪龙河)纵横交流,其中有五道大渠,第一道叫利丰渠,第二道永利渠,第三道广济渠,第四道广霖渠,第五道广惠渠,这五渠合称"五龙",灌溉面积极广,仅济源境就可浇地四百三十七顷。抗战以后,屡遭日寇破坏,渠道淤塞,积水横流,不少良田竟被冲毁。去年实行土地改革后,当地政府即着手筹备修复,吁请上级贷款四百万元,于今春与工现已修复四龙,群众情绪高涨,如广惠渠长十八里,原预计二万人工,但只用了一万四千四百个人工便全部修通,开始时尚庄向化村、留村、任寨三村发出挑战书,谁不能定期完工输猪、羊各一口,尚庄看见快要落伍,在最后三天,全村七百户,所有男女老幼一齐动手,整整作了一夜,赶天明他们也完工了;利丰渠长达三十二里半,可浇地一

---

① 《海河志》编纂委员会:《海河志·大事记》(中华人民共和国时期—1950 年),中国水利水电出版社 1995 年版,第 79 页。

万零二百亩，经过修理之后，已可浇地将近二分之一；永利渠长四十里，可浇田二百五十顷，现在也已挖通，广济渠亦已挖运，能浇地二千四百余亩；猪龙河自四月十七日至五月二十日，也在牛社、西湖、梨林地段挖通，明春可增加水地面积三千亩。总计济源恢复旧的工作，截至目前止，已能浇地二万余亩，提高了群众战胜灾荒的信心。在修河当中，有这样几个经验：一、必须改造旧河务人员，由翻身农民自己参加领导，因为这些旧河务人员恶习甚深，工作受损失很大，自改由农民自己来管理以后，打破了老规矩，上下游互相照顾，解决了互相纠纷，使工作顺利进行。二、领导干部亲自动手，带头做工，激励了群众情绪，群众都说：这是咱自己的活，干部都是这样下力，我们更应好好干。因而许多妇女也都自愿参加修河。三、精确计算，多想办法，如广惠渠过去修河用的石头得到山上去抬，今年他们研究出办法，用木筏在河对面拉石头，又省工又快。①

五龙口四大水渠的修复开启了人民政府主导沁河下游水利事业的序幕，在修理水渠中总结出的经验也为之后全面开启沁河下游渠系的整理提供了参考。此后，对五龙口水渠的修理工作一直进行。1949 年 8 月 22 日，广济渠全部疏浚工程完工，沿岸的济源、沁阳、温县三县数十万亩良田得到灌溉。② 10 月 1 日中央人民政府成立后，11 月召开了全国各解放区水利联席会议，决定了 1949 年水利建设的基本方针是：防止水患，兴修水利，以达发展生产的目的。③ 1950 年年初，在全国开展农田水利建设的大背景下，平原省又开始对广

---

① 《济源修复四条大渠　两万亩地重获水利》，《人民日报》1947 年 6 月 17 日第 2 版。

② 河南省地方史编纂委员会：《河南省大事记/平原省大事记（1949—1990）》，河南人民出版社 1993 年版，第 603 页。

③ 鲁生：《揭开新中国农田水利建设的第一页——记一九五○年农田水利建设》，《人民日报》1950 年 10 月 23 日第 2 版。

济、利丰、柴库等三大渠道进行修整，工程于七月底前完工，还新挖二十四道小渠，共增加水地四十二万亩。① 中央人民政府非常重视广济渠的修复工作，派出平原省工程队开展水渠渠道的测量工作，《人民日报》报道说：

> 如修复平原省广济渠时，中央人民政府平原工程队，在风雪中也没有停止测量。有时，风特别大，他们蹲在地下看仪器，天黑了，他们划着火柴看十字线。为了抓紧季节争取在农闲时施工，过年也不休息，依然进行着测量、制作图表、工程预算、施工计划等工作。在施工中，他们更表现了忘我精神。经过全工程队同志的艰苦努力，从一月七日出发到八月一日的七个月中，共测量了一百八十八平方公里，设计并绘制广济、利丰、柴库三渠的图表一百零一件，并领导组织群众完成干渠四万四千八百二十八米，凿土石方五十九万一千二百七十余方米，还建筑桥、闸、坝等七十座，使该地区在今年即可恢复灌溉面积三十六万亩，将可增产粮食三千六百万斤。②

七个月的测量工作及三条水渠干渠及配套水利设施的修建完成，使水渠灌溉面积得以恢复，灌溉效益的提升进一步提高了粮食产量。自1952年开始，人民政府对广济渠、利丰渠等原有七条水渠的大规模扩建和改造，改建引水渠首、修建干渠及支渠，进一步将水渠系统整合为广利渠灌区，进一步扩大了灌溉面积。

解放初期，五龙口原有水渠的修复及改造计划是平原省水利工作的重点，广利渠系的修建完成，标志着一个涵盖了济源县、沁阳县、温县、孟县、武陟县的现代水利灌溉系统正式形成。

---

① 徐达：《今年的农田水利工作》，《人民日报》1950年8月25日第5版。
② 《华北各地水利建设有成绩　今年增加灌溉面积三百万亩 约可增产粮食三亿多斤》，《人民日报》1950年10月12日第2版。

二　广利渠基层水利灌溉组织的结构与运作机制

解放初期广济渠等旧有渠系的修整，为五县农民充分利用沁河水资源进行农业生产提供了条件，同时，基层水利组织及相关用水制度也逐渐完善。1950 年，"华北各省今年十分注意各渠道的管理养护工作与水利纠纷的解决。各地除加强水利委员会的领导外，大部地区都发动了农民进行民主管理。如平原省新乡专区曾召开水利代表会，制订了灌溉计划与使水公约，并研究出各渠分段负责养护的办法"[①]。在实际运作中，由于百废待兴，基层灌溉管理组织不完善，导致灌溉效益不高。1952 年《新黄河》发表了《广利渠加强管理组织领导经济用水的经验》一文提到：

在一九五一年以前，由于灌溉管理的不好，浪费水量很严重，纠纷多，浇地少，下游的群众普遍反映："政府和河局，光管修河不管浇地，过去是没水不能浇田，现在是有水浇不到地"。上游的群众则是站在水头，用水自由，下游浇不浇不管。河局因为未与各县行政领导密切结合，孤立管理，不能够全面发动群众，在统一调配水量上也受到很多限制。[②]

在解放之后，人民政府和河局主要任务是修复和疏通淤塞的水渠，因此，对用水制度和秩序没有作出具体规定，从而导致有水浇不到地的情况。水渠上下游用水不均的问题和明清时期出现的情况一样，所以，用水不均导致纠纷就不可避免，广利渠灌溉管理局与地方政府之间也没有形成协作关系，直接影响到整个广利渠的灌溉效益。鉴于此，1951 年 2 月，三级灌溉管理委员会成立，地方政府

① 《华北各地水利建设有成绩　今年增加灌溉面积三百万亩　约可增产粮食三亿多斤》，《人民日报》1950 年 10 月 12 日第 2 版。
② 秉钧：《广利渠加强管理组织领导经济用水的经验》，《新黄河》1952 年第 C1 期，第 47 页。

与广利渠灌溉管理局共同管理浇地事务。但是如何组织和发动群众，统一调配水量？1951年9月9日，中共中央发出《关于农业生产互助合作决议（草案）》，平原省积极响应党中央号召，积极推动互助合作组织的发展。截至"1952年10月，全省共有44.65万个互助组（农业生产合作社），组织起来的户数由1951年的38%增长到55%，组织起来的劳力占总劳力的58.4%，土地占总土地的53.9%，牲畜占总牲畜的60.47%"①。在农业互助合作组的框架下，一些县的乡村探索出一种新型的水利灌溉组织——浇地队。截至1952年年底，广利灌区共有6000个互助合作组与浇地队，如沁阳县庞门村下辖18个自然村，共成立了三个农业生产的互助合作组，每个互助合作组下设若干浇地队，其运作机制如下：

> 沁阳县庞门村三个农业生产互助组，有七条引水农渠，组内确定有经验的人管理浇地工作，每到浇地时依照渠道大小及每人浇地定额（按渠浇地难以确定每人浇地亩数），各组混合抽人，制成七个浇地队，在农渠组长和农业组长的统一领导下浇地，农业组长指导浇地和农业耕作技术，农渠组长掌握浇地制度，按时接水送水启闭闸门，检查渠道。浇地队员在互助组内算工记分，组与组之间相互按地多寡算账，这种组织形式，农业互助和浇地小组、灌溉与农业技术完全结合起来了，同时，组员与组长也都固定了，便于考核浇地的好坏。②

农渠组长的职责与明清时期水渠堰长的职责类似，是负责浇地制度顺利运转的关键角色。按照工分制，互助组（组长）——浇地队——队员，三者协同配合，有效地提高了灌溉的效益。如沁阳县

---

① 河南省地方史志办公室、新乡市地方史志局编：《平原省志》，中州古籍出版社2019年版，第148页。

② 《广利渠的灌溉管理经验》，《新黄河》1953年第3期，第41页。

庞门村的例子：

> 由于全部组织起来，两年没有发生争水事件，而且提高了灌溉效率和产量。这村在一九五零年是各户自行浇地的，男女老幼齐动员，十二天只浇地一千一百亩；一九五一年响应了政府组织起来的号召，六天浇地二千八百亩；一九五二年全村组织起来并实行畦浇和沟浇，同样的水量一天一夜浇地二千八百亩。平均每人浇地二十到三十亩。徐海互助组九户人家十二个劳动力，有一百六十七亩地，由于组织起来，克服了庄稼收、打、浇、种的矛盾，适时浇种晚秋一百三十亩（边割、边费、夏至前播种），每亩产玉米二石三斗。单干户打完场再浇的玉米（夏至后播种的）每亩产九斗到一石三斗。①

由于村民被组织起来，灌溉效率的提升非常明显，改变了以往因单干而产生争水矛盾的弊端，提高农业产量的效果也非常显著，沁阳县庞门村的例子为我们了解解放初期基层水利组织的运作机制提供了很好的视角，其典型性也被中央水利部所认可，中央水利部灌溉总局董其林撰文对沁阳县庞门村以互助组形式进行浇地的做法进行了肯定，文章指出：

> 以农业生产互助组为骨干吸收单干户参加的互助浇地组织，不但节省了劳力、水量，还丰富了互助组的内容，提高单干户的集体思想。河南沁阳县庞门村的浇地互助组就是这种形式，前年用水户各浇各的，浪费水是非常严重，三天三夜只浇540亩，去年组织起来一样多的水三昼夜浇4540亩。按斗渠范围领导用水户组织起来成立互助组的形式，在各灌区广泛使用着，也达到了省工省水的目的。值得着重提出的是专业化浇地队的

---

① 《广利渠的灌溉管理经验》，《新黄河》1953 年第 3 期，第 41 页。

组织形式及一把锄头放水制度。浇地队是以斗渠范围或以村为单位，推选出热心积极浇地有经验的农民组成。①

实践证明，沁阳县庞门村基层水利组织的运作非常有效，这也是自五龙口引水灌溉以来基层水利组织的新形式，保证了用水的高效。

三　广利渠经济用水方式的实践

在加强基层水利组织建设的同时，积极探索有效的灌溉方式和灌溉技术来提高单位水量的灌溉面积也是有效利用水资源的途径。由于解放初期，沁河下游区域遭遇旱灾，有效利用沁河水资源更加显得迫切，针对解放前用水模式及用水观念存在的问题，政府及河局积极提倡经济用水的方式。

首先是政府加大宣传和教育力度，提升群众经济用水的自觉性。

> 由于历史上浇地封建把持的结果，群众认为管理浇地是河局的事，与自己无关，自己浇上浇不上只能听天由命。这样，就使群众不能自觉的作到经济用水。所以发动群众时，必须首先解决此一问题。在一九五一年一月，即由河局拟定民主管理经济用水公约草案，大批印发给县、区、村干部和群众，开展群众性的讨论；并由专署印成布告，张贴在每一个村，使之家喻户晓。最后，召开了代表会议，通过了经济用水公约，使群众认识到水是国家的，自己成了国家的主人，就应该组织起来把水管理好，并且通过讨论，也都懂得了用水办法，认识到照顾上下游是合理的。这样使群众自觉的作到经济用水。②

---

① 董其林：《经济用水增强抗旱力量》，《中国农业科学》1953 年第 1 期，第 5 页。
② 秉钧：《广利渠加强管理组织领导经济用水的经验》，《新黄河》1952 年第 C1 期，第 47 页。

同时，政府还加强沿渠群众的爱国主义教育。1952 年 5 月，广利渠渠道管理局召集了全灌区三百八十个村、六百多人的水利代表会。"各县、各区、各村也分别召开了代表会和群众会。农民们经过爱国主义教育后，政治热情大大提高，更加了解到经济用水的重要。济源县曲中村农民说：'一碗水一碗米，爱国必须爱水。多浇一亩地就多增加一分抗美援朝的力量。'"① 平原省评价广利渠灌区的群众教育工作做得最好。《人民水利》报道说：

　　　　他们提出了"丰产就是爱国"、"想丰产就必须适当用水"、"一碗水即是一碗米"等口号，深入宣传教育群众，把爱水丰产与爱国结合在一起、开展了爱国丰产竞赛运动，家家户户订立了爱国增产公约或计划。如（沁阳县）屈塚村就有一百九十五个丰产户，其中丰产地一亩以上者即有一百三十五户，内有特别丰产户五户，丰产标准一般六百至八百斤，特别丰产户一千斤至一千二百斤。同时贯彻了"天下农民是一家"的阶级教育，使上游群众认识过去的本位主义、地域观念不对，提出节省水量充分供给下游，发展新灌溉区，使更多农田得到水利，并及时召开水利代表会议，研究经济用水办法，定出自己的用水公约及一切管理原则，大家执行。这样便树立了灌溉区群众的主人翁思想，奠定了民主管理基础，成为扩大灌溉面积的主要原因。②

由广利渠灌溉管理局制定经济用水公约，以召开水利代表会议的形式通过并宣传到村，家喻户晓，为经济用水、上下游一体用水奠定了群众的思想基础，树立了沿渠群众的主人翁意识，对推行经

---

　　① 扈庄：《广利渠的灌溉面积是怎样扩大的》，《新华社新闻稿》1953 年 4 月，第 241 页。

　　② 《平原省渠道经济用水的经验与今后工作的方向》，《人民水利》1952 年第 2 期，第 49 页。

济用水、有效扩大灌溉面积起到了非常重要的作用。

其次是加强对经济用水的统一领导。对全灌区各县、区、村的灌溉用水进行统一领导，制定公约。主要是"采取各种方式，使每个人充分认识到统一领导的重要。如广利渠四个县、十一个区、一百四十个行政村，将近二十万人口五十万亩水地的地区，如无统一领导，随便使水，必将造成严重浪费。经代表会讨论研究后，从思想上树立了整体观念，从组织上建立健全了统一管理的机构；并在群众的自觉基础上，制定了统一的管理公约，互相监督执行，适时放水浇地"[①]。广利渠灌溉管理局还组织召开渠道管理委员会会议，"全灌区的济源、沁阳、孟县、温县、武陟五县建设科长和十四个区的区长都参加了这个会，共同研究了统一配水计划，统一各地领导干部的思想。实行经济用水过程中，渠道管理局的干部密切配合县、区工作干部，实行分工；放水时，渠道管理的干部负责指导农民浇地技术，行政干部负责发动农民。村干部也作了严格分工：村长领导调解纠纷组、武装委员会领导民兵巡河组保卫治安，村水利主任领导检查组，堵塞漏洞和检查经济用水执行情况"[②]。

第三是加强经济用水的组织和管理。主要做法是：

> 首先把全体干部组织起来，分工包干，作到人领水走，不能让水自流。渠局干部与有关县干部，以干渠为单位组织起来，在灌溉时，具体领导检查，掌握由干渠往支渠配水的工作；支局干部与有关区干部组织起来，以支渠为单位分段掌握配水；村水利委员会，要把干部组织到各个浇地组内，以便深入领导，掌握浇地秩序，其次是把群众组织起来，以村为单位划成小区，或是以斗渠为单位组织起来浇地，或是以打麦场为单位组织浇

---

① 《平原省新乡专区管理灌溉的经验》，《人民日报》1951 年 6 月 25 日第 2 版。
② 扈庄：《广利渠的灌溉面积是怎样扩大的》，《新华社新闻稿》1953 年 4 月，第241 页。

地组, 这样可以有组织的节省水量, 并且也可以照顾烈、军属和孤、寡户的浇地困难。如沁阳县杨庄, 一九五零年用水六十小时, 只浇地二千四百亩, 可是到一九五一年组织起来后, 在同样的时间内, 比一九五零年浇地提高到三倍。①

第四是提升灌溉技术和方法。

事先要充分发动群众, 贯彻"不平好地不浇","不整好地不浇"、"不准备好不浇"、"不轮到号不浇"等"四不浇"的办法, 做到使人等水, 而不能使水等人。广利渠在夏季灌溉中组织群众成立了临时的互助组、辂犋、变工、换工等形式, 有力的结合了四个不浇, 并使当时的收麦、打场、犁耙地、平地整畦等繁重工作互不误, 给浇地种麦提供了充分保证。"② 同时"尽量发挥现有水利设备的潜在力量, 加强组织和管理工作, 改善用水方法, 使现有工程发挥更大的效能。一九五二年平原省广利渠实行包浇和浅灌、沟灌等办法, 每一秒公方的水源, 浇地达三万亩, 使灌溉面积从四十万亩增加到六十万亩。"③

除了包浇、浅灌、沟灌等方式外, 还有畦灌法和隔沟浇等方法, 具体如下:

畦灌法: 把耕地分成若干畦, 一般长度五十步左右, 宽度三耧至四耧。这样解决了漫灌浇不到头的困难, 大大节省了水量和时间。根据夏灌秋灌中各渠道的经验, 一般节省时间一半以上。新乡专区的丹东、广利诸渠, 用水量都较过去减少, 过去用一百公方以上, 现在只用到六十至八十公分, 减少了百分

---

① 秉钧:《广利渠加强管理组织领导经济用水的经验》,《新黄河》1952 年第 C1 期, 第 47 页。

② 《平原省渠道经济用水的经验与今后工作的方向》,《人民水利》1952 年第 2 期, 第 49 页。

③ 《防旱抗旱, 保持水土》,《人民日报》1952 年 12 月 27 日 第 1 版。

之二十至四十。掌握了合理浅浇，发挥了水的潜在力。

沟灌法：又叫冲沟法，先把地用犁头犁成沟，适当的把沟再分成圪截，以避免沟过长浪费水量。这样浇一般可比畦灌节省水量二分之一左右，最适用于突击浇地下种。

隔沟浇：这是最省水的办法，即冲好沟后，一三五单数垅浇、复数垅不浇，但不适用于目前浇地种麦，而使用于抗旱保苗。因为在目前种麦中我们必须掌握一个原则，就是浇地与精耕细作密切结合，做到种好麦，保证丰收，若是糊里糊涂种上必致影响产量。①

广利渠灌区采用经济用水的办法，不仅有效节省了水资源，还大幅度提高灌溉面积，有效应对了旱灾等自然灾害，确保了粮食的增产。"全灌区六十万亩秋季作物，共增产了三千万斤粮食。农民普遍反映：经济用水办法好，扩大了浇地，增产了粮食。这就给今后实行严格地科学用水打下了有利基础。"②

1952 年 11 月，平原省被中央撤销，新乡专区划归河南省管辖。③ 1955 年 12 月，河南省全省水利代表会议上，广利渠管理局副局长田培青作了《新乡专区广利渠两年内扩大浇地 10 万亩的计划》的发言，他介绍广利渠灌区的情况时指出："（广利渠）灌区包括沁阳、济源、温县、孟县、武陟等五县的 47 个乡，486 个村，耕地面积 928547 亩，农户 80479 户，农业人口 312063 人。现已入社农户 65000 余户，占总农户的 75%；最近期内就可达 85%，实现半社会主义的合作化，灌溉渠道共有大干渠 3 条，小干渠 5 条，引沁河水

---

① 扈庄：《广利渠的灌溉面积是怎样扩大的》，《新华社新闻稿》1953 年 4 月，第 241 页。
② 扈庄：《广利渠的灌溉面积是怎样扩大的》，《新华社新闻稿》1953 年 4 月，第 241 页。
③ 申志锋：《平原省废置缘由考》，《河南科技学院学报》2015 年第 5 期，第 104 页。

18 个流量（最大可引 25 个），灌溉面积达 483000 亩。"① 这份发言中提到广利渠灌区灌溉面积为 483000 亩，与前文提到的灌溉面积 60 万亩有所出入，具体原因不详，但田培青所作发言的题目中是计划在两年内扩大灌溉面积 10 万余亩，即到 1957 年，力争将灌溉面积提升到 58 万余亩，接近 1952 年 60 万亩的水平。

自解放以后，自五龙口引沁河水的旧有渠系经过大规模的修复与整合，成为大型的水利灌区，乡村基层水利组织与用水制度重新建立，由人民当家做主民主管理的灌溉秩序得以确立，在人民政府科学用水、经济用水的指导下，灌区灌溉面积不断扩大，真正实现了"渠润五封"，至今依然发挥着重要的经济和社会效益。

本章小结

民国成立后，广济渠堰水利系统的淤塞导致灌溉效益日益低下，渠道抬升导致雨季河水泛滥对最下游的武陟县造成很大损害，武陟县民甚至拒绝参与县际之间联合疏浚渠道的工作，因为疏浚渠道导致"引水自贻患"，所带来的危害远远大于所得收益；伴随渠堰系统的日益衰落，争水的纠纷在不同水渠的上下游村落之间依然不断上演，并延宕多年而不决，甚至惊动北洋政府内务部的过问，地方政府处理水利纠纷依然依据清代所形成水利文献，如碑文、水册及用水执照等；但随着近代水利机构及水利技术的提升，旧有的用水秩序和灌溉方式也逐渐在发生变化。北洋政府时期，随着沁河治理机构的设立，沁河管理体制由清代的官绅督办改为河局管理，设在沁阳县，即清代河内县的西沁河务分局与设在武陟县的东沁河务分局共同负责沁河河务，但由于政局混乱，沁河频繁决口，地方水利事业停滞不前。武汉国民政府成立后，河南省政府裁撤掉北洋政府时

---

① 河南省水利规划委员会办公室编：《河南农田水利工作经验介绍之三：怎样做好渠道工作》，河南人民出版社 1956 年版，第 10 页。

期形同虚设的全省各县水利支局，成立区域性的水利分局，并延聘水利专家对全省水利进行系统规划，但由于办理水利事业的机构眼花缭乱，全省水利行政机构经过不断改组整顿，河南省建设厅在全省设立四个水利分局，其中第四分局设在新乡，沁河水利归第四分局负责。在水利行政机构变动的同时，一系列水利计划被推动。济源县甘霖渠、五龙口永利渠、沁阳县利丰河、孟县余济渠等水利计划相继实施，在疏浚旧有渠道之外，新建引沁河水的水利工程，如引水闸，也由此前的禁止改为解禁，东沁、西沁两河务局组织各县沿沁河两岸开建或复建水闸数十处，并制定详细使用规定，确保既能有效灌溉田地，又能保证防洪河堤安全。除了新建水闸，新式抽水机也被推广使用，全省的凿井引水运动也大面积展开以应对旱灾。近代沁河水利事业呈现出的积极动向因日本侵华战争的爆发而停止，水利计划及水利工程也因战争遭到巨大破坏。

新中国成立前夜，辖黄河以北地区六个专区的平原省成立，沁河下游各县均归新乡专区管辖，连年战争之后，人民政府围绕济源县五龙口旧有的广济渠、利丰渠、永利渠等进行修整和扩建，形成广利灌区，灌区包括济源、沁阳、温县、孟县、武陟等五县。在中国共产党的领导下和人民群众的民主管理下，灌区的水利效益得以充分发挥，真正实现了"渠润五封"。

第七章 结语——以"人"为 中心的水利社会史

　　明代以来，豫西北沁河下游的水利开发在地方历史发展进程中十分重要，笔者在前几章中通过梳理明清以来引沁水渠开发的历史过程，将沁河水利的开发置于具体的时间和空间中加以考察，并将地方水利兴废的历史过程与地方赋役制度及社会权势的变动联系起来，以反映出明清以来地方社会变迁的部分图景，而要更全面展现一个地方社会变迁的全貌，则需要从更多的角度去审视，这需要更多的工作。

　　水利是笔者思考和讨论问题的出发点，但不是落脚点。

　　无论在历史时期还是在当今社会，"水利为农业之本"这一反映水利与农业之间关系的话语并没有随着社会的发展变迁而改变。尤其是在中国传统历史时期，水利无论是对于小的行政地理单元，还是对较大区域的重要性都是不言而喻的。历代王朝对于水利的关注从大量的正史及地方文献中就能反映出来。在历代王朝的水利事业中，既包括王朝政府对大江大河的治理——使其变害为利，也包括王朝政府、地方有司和民间大规模兴修的水利灌溉工程——渠、堰，而本文所讨论的显然属于后者。水利兴废的过程何以反映出一个区域社会的变迁，这正是本书所要讨论的问题，这就涉及对具体的历史时空下水利与社会之间诸多关系的探讨，这既要关注在具体的水利开发过程中大的社会背景及社会制度的变化，更要关注参与水利开发过程的"人"或"人群"的变动，而"人"或"人群"的变动也许更能揭示出地方社会变迁的内在机制。

正是关注到"人"或"人群"的变动，笔者才将视角着落于元末明初怀庆府地方社会结构的考察之中，无论是明初的移民、军户还是后来的藩王，都成为重新勾画地方社会秩序的重要群体。虽然本书未曾提及本地土著，其原因一方面归结为资料的稀缺，其二则是明清以来移民故事的广泛传播模糊了土著与移民之间的界限，故现在已经很难分清楚二者，或许现在自称的"移民"本身就是土著。不过这并不是本书所要关注的问题，无论移民也好，土著也好，都是一个相对的概念。本书所讨论的怀庆卫军户的例子就很好地回答了移民如何成为土著，并在认同和塑造地方传统的过程中书写了地方社会的历史。从明初到明中叶，可以清晰地看出军户在地方社会崛起的过程，这一过程也伴随着明中期引沁水渠的持续开发，而在水利开发过程中，卫所屯营的位置影响了水渠的分布和走向。

水利开发一方面涉及不同时期的不同人群，另一方面也受到地方自然环境因素的影响。不同地区之间自然环境的差异非常明显，如华北地区与江南地区、珠三角地区之间自然环境的差异就非常大；同样，就是在同一个地区内由不同地形、地貌所展现的环境差异也很显著，诸如同一区域内的山区与丘陵、丘陵与平原之间的差异等等。这些客观存在的自然环境的差异决定了不同地区水资源的利用及灌溉方式的不同，也决定了不同地区人们之间用水习惯的不同，这种习惯既包括观念上的习惯，也包括实际用水的习惯。我们可以理解在缺水的华北地区与水资源丰富的江南及珠三角地区之间人们在用水观念上的差异以及用水习惯的不同。在历史时期的华北地区，遍布各地的与求雨相关的神明崇拜就是该地区缺水这一客观的自然环境的具体体现。本书对祈雨神明——汤帝、乐氏二女（二仙）从山西泽州传播到怀庆的考察，除了说明自宋代以来地方神明正统化是使其快速向周边地区传播的原因外，也想说明由于这二个相邻地区在地形、地貌、海拔等自然因素的差异使得元代以后这些神明在怀庆呈现出与泽州不完全相同的面貌，这除了地方传统的影响外，也与两个地区不同的水利条件及引水的难易程度有关。丹、沁二河自北向南从泽州流向怀庆，山地到平原的落差使得河流在出山的太行山南麓——即怀庆地区北部山区及丘陵地带的水量尤为充沛，山下众多的山泉也形成自然的水道，这都为水利的开发提供了先天的条件。位于沁河上游的泽州，其地形决定了利用沁河水利的困难，这一自然环境的特点也影响到这一地区民众长久以来的祈雨传统。

地形的特点也决定了怀庆地区引沁水渠位置的选择，而这一选择也是在长久的历史过程中形成的，这一枢纽位置位于沁河从太行山进入平原的出山口——济源县东北部的五龙口，从历代王朝在此处的水利建设就可以看出其位置的重要性。进入明代以后，以五龙口为核心的引沁水渠的开发逐渐形成整个地区的水利系统，其中经历了从官方主导到地方大姓参与的开发格局，这显示出明中叶地方大姓力量的增长以及地方权势的转移。万历中期，怀庆府县地方官积极实施"一条鞭法"，赋役征派方式的变化也促进了五龙口水利开发的规模。其关键的变化发生在一条鞭法实施后的万历二十八年到三十年间，通过技术手段凿山开洞，修建新的引水口，以解决长久以来由于引水口位置选择的不当造成的水渠通塞不时地弊病，并最终形成了广济、永利、利丰三渠引水的局面。除了这些技术层面的突破外，完善的用水制度的制定旨在使怀庆府各县能够"利泽均衡"，避免因用水产生的纠纷，但这种理想化的制度在真正实施过程中并未能如其设计者所预期的那样。制度中对于凿山开洞的有功人员——公直的用水优待，被以世袭的形式传承下来，从而造就了一批特殊群体，他们及其后裔对于水利秩序的维护不遗余力。

在奠定五龙口分水格局的万历年间，也是渠堰旁的地方大姓崛起于地方社会的时期，他们藉"水""田"之利拥有了控制水渠开发的资本，并借助科举的成功成为影响怀庆府的地方大族。河内县柏香镇杨氏的例子就为我们展现了明初移民在以里甲制度安置在地方后，生聚繁衍，通过出资参与五龙口水利的开发，并在万历年间以子弟在科举和仕途的成功而兴起，从中可以看到地方大姓与水利之间的关系；同时，兴起的地方大姓借助自身的威权对渠堰的控制进一步加强。

明清鼎革所带来的社会秩序混乱对怀庆府地区的冲击是很强烈的，战乱带来人口的消亡、地方权势的重新整合、社会秩序的重新建立等等，但这也为改变原有的水利秩序和分水格局带来了契机，没有资格用水的"无利之户"得以肆意违规引水，使得万历年间所订制度被严重破坏；顺治初年，孟县乡宦薛所蕴与河内县乡宦杨挺生、济源县乡宦段国璋等人之间的合作为孟县争取水利利益的例子也说明了清初地方水利利益分配所发生的变化，也看出乡宦对水利事务的影响力。

在清初恢复社会秩序的过程中，怀庆府所承担赋役的繁苛、里甲征派的无序，成为退休家居的乡宦所关注的问题，他们利用自己的身份或建言朝廷修改政策，或对地方官员施加影响以厘正弊端。而面对水利秩序被破坏的情况，公直后裔也积极建言地方官关注地方水利事务，大力去除种种弊端以恢复原有的秩序。

康熙年间，随着社会的逐步稳定所带来的人口增长，人地关系的紧张程度加剧。雍正四年（1726），河南巡抚田文镜大力推行"摊丁入地"的政策，怀庆府也于当年便开始实施，人丁数据的悬殊、丁银摊入地亩中比例的差异，使得河内县每亩土地摊入丁银之比是济源县的三倍，河内县民的负担较济源县为重。虽然没有直接的证据表明，"摊丁入地"政策的实施与雍、乾时期河内、济源二县持续不断的水利纠纷有关，但事实确是实施"摊丁入地"政策二年后，河内县乡绅、公直、利户就将济源县民"侵霸水利"的不法行为上报官府裁定，这开启了雍、乾时期二县对于五龙口水利越来越激烈的争夺。

在日益激烈的争水过程中，寻求用水合法性的证据成为一件很重要的事。无论是公直后裔在恢复旧制过程中的种种努力，还是无利之户伪造证据、冒充祖先等不法行为，甚至是在争水中处于劣势的济源县官员、乡绅及利户通过编修方志维护自己的利益，都是为了寻求用水合法性的证据。

伴随着水渠的兴废、王朝的鼎革、地方社会权势的转变、赋役制度的演进，明中叶到清中叶长达二百年的水利开发与博弈的历史过程为我们清晰的勾画出了地方社会发展的脉络。我们也看到水利制度在乡村具体实施过程中与现实之间存在的偏差，制度性设计与现实性考量的不一致导致制度可操作性的降低，为此二县付出了更多的代价和成本。

近代以来，随着怀庆府行政区划的变动，作为首邑的河内县的政治优势顿失，除了更名为沁阳县之外，县境东北部乡镇从县内划出单独设县。原怀庆府修武县东北部煤矿的开发，近代工业城市的出现改变了整个怀庆府地区的区划，沁阳县逐渐成为一个普通的县城。

新中国成立后的 1950 年代，在大规模的农田水利建设中，政府对五龙口的渠系进行了整合，形成了今日的广利干渠系统，至今这一系统仍发挥着巨大的作用；同时，随着灌溉技术的提升，引起明清时期水利纠纷的技术因素已不存在。笔者曾深入沁阳、济源、博爱等市县乡村郊野寻访当年旧迹，在田间地头见到明清时期旧有河渠与新建堤堰并行，其中旧渠为开挖平地所形成，而新的堤堰则是在地面堆土所成，这两种景观的差异，正是由于引水技术提升后所造成的。

附录　田野调查碑刻辑录

1.（明）郑士原：《大明故武略将军怀庆卫副千户陈公墓志铭》，洪武八年（1375），碑存沁阳市博物馆

公讳兴字伯起姓陈氏襄阳蕲州人家世素富裕父祖俱隐处不仕公幼有气节挺然拔萃及长勇略过/人元季襄阳兵起公时年二十□为众所推聚义徒保闾里闾里德之及襄阳归附/天子闻其材名选入宿卫以谨饬称□从都督冯公征取山东河北渊江又从平章李公征北平应昌马邑/等处所至辄举旗斩将克捷有□□锡数□比等辈功居多洪武三年授昭信校尉濠梁卫百户四年升/授武略将军金吾左卫副千户六年从宣武将军金事纪公守镇怀庆纪公以兹城寔河北重地而城池/岁久埋圮宜重修理公罄竭心力昼夜弗遑宁处慰勉勤苦士卒虽劳不怨纪公甚爱重之七年十一月/十六日以病卒年四十□□以是月二十三日葬于河内万善里之北原公娶前元房陵县令黄文通之/女子男一人曰定住始二岁女一幼未嫁公之□病纪公亲造其家为视医药病亟日造问焉及卒亲临/哭之为之经理丧事执绋送至墓所尤虑其妻弱子幼身后名遂泯买石求天台郑士原为之铭铭曰

桓桓将军　乘时之艰　除暴立功　四方以安　爵锡既崇　天子明玺

身名俱全　公家余庆　太行之阳　万善之原　于以不朽　贞珉是镌

洪武八年岁在乙卯二月丁巳宣武将军金怀庆卫指挥使司事纪志方立

承训大夫同知怀庆府事郑士原撰

将仕郎怀庆卫指挥使司知事钟英书

将仕郎河内县丞康敬先篆额

河内县王道祥刻

2.（明）张寅：《重修广济渠记》，弘治九年（1496），碑存济源市五龙口广利渠首

本府儒学教授开城张寅撰　河内括斋王敫 篆额

济源县儒学廪膳生员王良臣 书丹

怀西有古秦广济渠枋口堰自济源县五龙口引沁河水而东之抵武陟县董宋村而止可溉田五千顷济河温武四邑之民（缺）/不知其废于何时至唐之温造修复之有传可考也厥后又废延至于今其亦小人不幸也欤呜呼惜哉□□人而兴自然之理（缺）/□前连年亢旱民窘衣食时/□巡抚河南地方都察院右副都御史海虞徐公恪抚临是郡民皆以灾告公广询博访于□□之言得利民之政知开（缺）/□耆民张志亦以此奏公意遂决以功费浩大非专人不可于是奏/俞允之饬河南布政司右参政四明朱公瑄总领众职求底于成朱公不自恃聪明而必咨之于人推本府通判甬东施公应麒（缺）/委任之与怀庆卫指挥薛君宗元各督属分工而作施公被命以来夙夜惟勤不遑宁处民咸乐于趋事赴工深古渠以□水广济（缺）/田田高水低则置闸路通往来建桥相其便宜行所无事而知府三原梁君泽同知沂阳朱君相推官仙跡马君云各以兴利（缺）/赞相之后施公有烧造之委通判古陵冯公璟成其利焉工兴于明年春二月毕于秋之八月金□□盛事宜勒诸石而嘱予以为（缺）/让弗获窃闻之书曰德惟善政政有养民斯渠也前之剏始者固养民之善政今之继修者岂非同一揆乎虽然兴必有废亦理之（缺）/怪者何则堰闸坍塌则废之泥滓淤塞则废之为守令者其立心以为不若是恐则几于秦越相视徒使今日人力匠民之劳苦材庸工价/之繁多如后所云者皆尽弃矣斯民之利亦因之以亡其可乎继自今之仁人君子之为政念成功不易思民隐宜恤一有又□亟疏通之无/敢慢一有坍塌速修葺之无少怠若然则斯渠常有

斯利常兴虽有天时亢旱之灾鲜不以人力胜之养民之善政千万载
（缺）／宁保其不废／

　　大明弘治九年岁在丙辰秋八月朔旦立石／

　　口开闸堰不许妄建桥惟从民便／

　　怀庆并河济武温四县军民夫六千三百名　广济渠一道起于济源
县之枋口终于武陟县董宋村

　　渠阔四丈长一百五十三里

　　清渠二十二道 王寨堰长八里　官庄西堰长十五里　官庄东堰长
七里

　　石桥闸九座　西关渠长三里　七里屯堰长十六里　七里屯支堰
长二里　许村堰长七里

　　七里屯闸　广济渠闸座四空 七里屯桥闸一座二空 七里屯口口三
座口空 沙岗桥一座二空

　　3.（明）何瑭：《明贾氏杜孺人墓志铭》，嘉靖十二年（1533），
碑存沁阳市博物馆

　　明贾氏杜孺人墓志铭

　　赐进士出身嘉议大夫礼部右侍郎郡人何瑭撰文

　　赐进士出身中顺大夫广平府知府郡人吴守中书

　　嘉靖癸巳六月十九日友人贾文洪先生之配杜孺人以疾终于正寝
文洪卜以岁十月／二十五日葬孺人于先茔之次先期令子应奎具状来请
铭其墓中之石按状贾氏之先／世为杨州府通州人高祖讳斌生四子曰政
曰德曰信曰俊／太祖高皇帝起义兵募壮士政昆弟四人预焉洪武初徙怀
庆故今为怀庆卫人信生整整／生三子曰海曰宽曰深宽即文洪也孺人为
河内处士表之女表读书通大义乡党称其／有识与整友善时相与奕棋为
乐文洪侍侧表爱其卓异遂以孺人归焉贾故殷富昆弟／之间不私货财誓
不异囊怡怡如也天顺戊寅岁大荒家道萧然空矣文洪虽业儒有余／力则
经纪于外孺人复赞相于内综理家务辛苦百端纺绩以夜继日由是家道
复兴性／至孝服事舅姑问安视膳罔不竭其心虽隆冬盛暑不辞劳焉姑左

氏尝染病卧床汤药/饮食极尽心力昼则焚香夜则拜斗姑疾寻愈常以孝
妇称之内外无间言焉文洪以才/智为上下所宗人有事多来咨访孺人劝
文洪奖成其善而沮其不可为者曰是亦阴德/也可以福子孙文洪从之故
令名益彰文洪以家累不得专力于儒乃弃而就武举复令/子应奎业儒曰
汝继吾志应奎初试场屋不捷孺人戒之曰所以不捷秋试者非命也大/抵
读书少耳汝当益自奋励务期光前裕后可也应奎感奋学遂大进有名至
待奴仆则/曰人之子女犹我之子女也抚之以恩不肯凌虐故奴仆仰慕殁
时咸哀恸不已性好施/予邻里亲识有不及者尝贻以饮食借贷钱谷一无
所吝故人咸感德贫人王钺之父见/今持笑盖终身哀慕焉邻里亲戚咸称
孺人至诚可贯金石自幼至老不出虚语不苟言/笑绰有古人风度至是乃
卒溯孺人生成化乙酉二月初一日享年六十有九生子三长/曰若鲁聘绛
县丞宁钺女次曰若愚聘广安州判张霱女俱早卒季曰应奎府儒学廪膳/
生娶鲁斋七代孙武功知县许泰和女女一曰复用适监生张能子良医张
修己孙男二/长曰一元聘庠生宋庄女次曰一贯聘庠生陈孝女孙女一曰
小枝儿聘庠生张洧子窈/尝谓妇女之行不出闺门然相夫教子如乐羊之
妻孟子之母亦流芳简策盖实之不可/掩也孺人事舅姑以孝相夫子以义
教子以勤而待奴仆以恩是可以方驾古人矣应奎/学方大进未可量也孺
人之名安知不与古贤母同传乎是益有铭铭曰/

　　人有善行 鲜有不传 孰云妇女 而不其然 乐妻孟母

　　名流简编 嗟嗟孺人 令德媲贤 玄堂幽幽 勒铭贞珉

　　4.（明）宁□：明故庠生□□贾公暨孺人许氏合葬墓志铭，嘉
靖四十年（1561），碑存沁阳市博物馆

　　乡进士山东青州府安丘县知县眷生许世道书篆

　　□□士□□眷生宁□撰

　　公讳应奎字天□别号拙庵先世杨之通州人公高祖信从征□怀庆
府遂家/焉信生整整生宽宽生公公为人性质颖拔器宇恢如也弱冠游郡
庠□□柏/斋何公克□其学嘉靖癸巳丁内艰□毁特至服阙应复廪蔡子
楚者公之友/也来请曰兄旧廪也如囊中物耳倘让吾先补□子之廪即兄

之赐也公慨然/许诺逾年始复廪其乐于成人之美虽稍自抑同恤也屡试
弗第课二子一元/一贯以素业元贯寻补增廪公尝谕之曰金百炼然后精
文久习然后熟卤莽/从事鲜有济也元贯奉谕惟谨行将第巍科振家声而
公不待矣公生于弘治/庚申卒于嘉靖壬子三月二十九日享年五十有三
公之配孺人乃鲁斋许文/正公七代孙武功令泰和之次女也孺人事舅姑
以孝谨相公以端顺二子之/□□公□束而内训之方孺人居□善持家寸
帛不遗于地纺绩之勤至老不/倦嘉靖辛丑春患病值大比之岁二子复在
优等口试人宽孺人曰二子今科/可决汝患遘兹庆当瘥矣孺人笑曰修短
有数我病笃矣我子有志事当竟成/不能待也竟不起痛哉孺人生于弘治
丁巳卒于嘉靖辛酉五月二十日享年/六十有五孺人生男二俱府庠生曰
一元娶庠生宋庄女曰一贯娶庠生陈孝/女先卒继娶处士瞿樊女又卒继
娶处士张为己女女一字庠生张凤翀早卒/孙男暨女一十三人曰如麟庠
生娶处士张九畴女曰如凤聘处士张炳女曰/闰秀曰英秀尚幼曰美贞适
处士宁宏子继愚曰安贞未字俱元出曰如芝聘/庠生秦有土女曰如兰曰
如松尚幼曰巽贞适举人萧守身子永言曰永贞字/庠生王养气子就善曰
春贞字处士宁笈子守安曰秋贞未字俱贯出元贯将/卜□一月初四日合
葬孺人于拙庵公之圹先期持庠友景子文亨状请铭管/公甥女之婿少荷
公爱殊深公与孺人之懿行稔于目即陋于词而敢辞铭耶/

    铭曰　厚蓄啬施　公名弥扬　柔顺恭贞　孺人之长

    惟山岩岩　惟水汤汤　合璧玄圹　后嗣永昌

5. （明）刘泾：《明故邑庠士刘先生配高氏合葬墓志铭》，嘉靖
四十二年（1563），碑存沁阳市博物馆

    山□（西）按察司潞安兵备副使弟泾拉泪撰并书/

    先兄既殁子模等将以是年十一月廿一日启先嫂之窆而合葬焉乞
予为志铭呜呼泾忍为此耶然又不可辞也兄讳汉字伯清/号一山祖籍怀
庆卫右所曾祖通祖宽世尚忠厚父纲封御史母/何氏孺人正德丙寅九月
五日生兄为长渭泾溱皆弟也天性严/毅虽至亲厚友不得轻亵孝于亲友
于诸弟有所怒于人后即相/忘泾尝以为清者之量如此幼学从郭先生镇

治书经嘉靖壬午/督学南京王公选充河内庠生甲申督学山阴萧公试补

增广家/业中衰教授生徒从学者众癸卯督学德平葛公试补廪膳应试/

累科不第渐置田产家业复兴贡期亦迄今年癸亥四月二十三/日以疾卒

享寿五十有八嫂高氏正德癸酉十月初八日生年十/九归先兄贞淑婉顺

于嘉靖壬子四月十囗日先卒享年四十继/贺氏侧室王氏子男五长模生

员娶李氏继张氏次朴生员娶简/氏次㮮娶何氏俱高出次枟聘郭氏次櫖

聘罗氏女一许聘俞可/学俱王出孙男二长聘景氏一幼孙女一亦幼嗟夫

士读圣贤之/书明君臣之义孰不欲乘时奋迹以策勋名垂竹帛也而或遇

或/不遇则有命焉不可强也先兄勤苦一生累科不第岁贡将及又/不能

得是惟归之命尔其奈何哉然寿几六旬谋诒五子抑亦有/所得矣况模等

读书明理安知无继志述事以成大孝之尊亲者耶乃铭曰/

嗟吾兄只　名弗成只　一疾倾只　涕泗盈只

兄也亡只　我心伤只　泉台康只　后嗣昌只

6. （明）冯稔：《大明郑藩武德将军仪卫正东池冯公墓志铭》，万历六年（1578），碑存沁阳市朱载堉纪念馆

稔长兄武德将军仪卫正讳胤字孟嗣号东池也以疾卒于万历戊寅

八月四日以是年十一/月七日葬祖茔清平之原稔泣拜请于父曰孤儿鲸

尚幼冲不能为渠父求状事实长兄生平/一得之行稔弗忍泯泯无传父流

涕谓稔曰尔兄平日之行尔知之矣尔曷为尔兄为志勒石/以召后昆稔承

命乃挥泪为状云我冯氏山东钜野籍洪武间始祖珤以武功历升南京豹

韬/卫水军所正千户二世祖胜袭正统八年改授/郑藩仪卫司仪卫正从/

王之怀庆遂家焉三世祖瑄高祖忠曾祖继祖官悉如初祖汝迁引年致仕

隆庆改元齿德进/阶武节将军骁骑尉父世昌承前职冰集自持者二十余

年凡在治属咸诵德不衰万历改元/应/诏致仕进阶武节将军骁骑尉母

宜人萧氏恭顺谨默恪执妇道痛惟一疾终于万历癸酉稔兄弟/四长为兄

胤次兄祚兄祉稔其季也长兄性直心淳行恪守确寡言笑不矜伐阿媚谄

曲皆所/不乐为万历元年承祖职事我/藩王兢业自持凡有/命下必诚为

之不敢少懈兄不喜讼见有争者辄为之释即法不容宥其志断必公而且

详故/一时讼者每称不冤当慈母卒兄哀毁骨立痛尽几绝父慰之曰吾景
值桑榆冀尔以职事事/藩王积俸为吾养诚如尔痛倘不讳吾复何赖兄方
少释其事吾父承颜顺志就养无方公暇辄/率稔辈侍父侧共谈喜悦每至
夜分家庭之间颐然春风感长兄孝诚之所致也带我诸弟共/衣眠同饮食
恩爱绸缪情若孩提间尝谓稔曰吾世禄之报叨蒙/朝廷渥恩吾事/藩王
无以报国家弟曷力学奋身甲科以图补报稔承命惟谨方冀吾兄无恙相
与承欢膝下共/见父寿期颐胡遽以疾终耶悲夫兄生于嘉靖甲午正月三
日距卒之日盖四十有五六/配傅氏有口行怀庆卫千户傅公应麟女也子
一即鲸应袭聘群牧所千户杨应和女今虽四龄/而聪敏英特已负大器女
一适怀庆卫千户葛言志子应袭芬中馈女红堪为闺范呜呼兄/之历官也
忠爱两全兄之居家也孝友咸备兄之享年也虽弗耄弗耇而有佳嗣兄以
步芳亲兄亦瞑目也夫/兄亦瞑目也夫稔也负兄教言碌碌无进既不敢冒
干名笔为吾兄铭又不忍/没兄之行谨以平日所亲炙者铺述成状庶后之
欲知兄者有所考云/季弟稔同/仲兄祚叔兄祉率孤儿鲸稽颡刊石/

7. （明）何永庆：《大明郑藩武德将军进阶武节将军骁骑尉仪卫
司仪卫正清庵冯公配宜人萧氏合葬墓志铭》，万历九年（1581），碑
存沁阳市博物馆

赐进士第中宪大夫通政使司右通政何永庆撰/
赐同进士出身中宪大夫四川保宁府知府眷生萧守身书/
乡进士进阶奉政大夫商州知州眷生张应时篆/

万历八年三月二日清庵冯公以疾终于正寝子祚等卜以九年十一
月二十四日启母萧宜人之墓而合葬/焉先期持廪生李从谅状乞铭。按
状冯氏山东巨野人永乐间始祖珌以武功历升南京豹韬卫水军所正千/
户纨袴子弟腾袭正统八年改授/郑藩仪卫司仪卫正从/王之怀遂家焉
高祖宣曾祖忠祖继祖官悉如初父汝迁敦朴周慎莅政简明有古君子风
被/恩进阶已蒙清庵公托详前志矣其配宜人张氏阜平郡主仪宾张公永
善女无子宜人刘氏耆老刘公铎女清庵/公其首出也讳世昌字若鲁生而
聪颖耽阅古籍即能通大义而忠孝尤加详焉嘉靖乙巳承祖职事/国主精

白乃心凡/命下必兢业为之务敦大体其听讼公恕惟求平安由是/国主
嘉其贤属人蒙其惠嘉靖庚戌/国主以建言南徙公亦因调边卫例回十八
年披艰历险竟未改厥初志隆庆改元/国主奉/诏还国公亦复前职仍掌
司事而官箴愈严万历改元以公恬退奉/诏进阶武节将军骁骑尉公事亲
先意承志凡日所为家国事必取凭而行，不敢专美于已会父叔析分公
言于父/曰吾父子叨享世禄亦云足矣诸叔泊淡无资当以增置田产悉入
均分盖惟知一体之当焉罔计其外物之/为重尔叔汝达早逝遗婶张氏苦
节四十余年竟成其志/弟世荣世华当幼年正父伤目之际公念其同胞凡
/事与共遂各成立宜人萧氏/郑藩礼官萧拱璋女少有奇誉及归公不以
富族自骄内外皆颂其贤迄今言妇道者必拟诸萧宜人云宜人生/于正德
甲戌八月六日万历癸酉六月二十二日先公卒也享年六十公生于正德
戊寅六月二日据卒之日/享年六十有三公生子四长胤心行淳实承祖职
方五载四十六岁而卒娶怀庆卫千户傅应麒女有子鲸三/岁亦伤次即祚
以例代袭振振有声人谓能继清庵公之志初娶处士张显祖女继娶庠生
张溁女次祉娶指/挥舍人刘仪女。次祾生员负冲霄之志其进未可量也
娶处士韩范女女二一适肥乡主簿孟永增子生员知言一适怀庆卫指挥
武守节子应袭绥国孙四曰学京祉出聘处士张一贯女曰启京祚出应袭
聘百户舍人/周焕女曰念京祉出曰延年祾出孙女六一适怀庆卫千户葛
言志子应袭芬胤出一聘于庠生李蕡子鹤龄/一聘于散官姚尚友子承祖
俱祾出余尚幼于戏世爵武裔类多未事诗书识大义敦大节者盖指不一
二屈/尔清庵公雅志图籍通达国体感/主恩如覆载顺逆无贰守官箴如
金石始终不渝可谓有精忠之志清介之节者也使非限于/王家当脱颖而
出矣是宜铭/铭曰/羡彼冯公 志节弗群 危不忘主 衰犹思亲 退沾勋阶/
完名之臣 永绥双璧 世禄几人 式铭于石 以示后昆/

　　8.《励劳广济洞公直贴文》，万历三十二年（1604），碑存沁阳
市柏香镇李桥村，拓片存沁阳市博物馆

　　怀庆府河内县为陈情乞恩以励劳苦事蒙/钦差管理河道兼管水利
河南等处承宣布政使司右参政兼按察司佥事朱批据本县申详前事该

本县/看得广济洞之开也远近骇焉谓行山之石未易凿而成功未可必也
幸赖/本道主持于上加意劝相原委各公直王尚智萧守祖等感激戮力襄
粮从事有三年在山工不告竣誓不/旋踵者有面目黧黑指堕肤裂或感病
力疾犹无懈志者有家有丧变及水灾盗患义不反顾者有捐资以/犒匠作
争先成功者三年如一日众人惟一心然后凿透石山开洞建闸引水灌田
波及五邑利被万家业/蒙院道嘉其成功给与冠带仍奖赏有差矣夫有永
赖之功者宜食永赖之报各免夫役一名同众用水/如本身地少不足夫一
名者免尽本身不得冒免他人各给贴文永为遵守庶激劝有道而人心益
励矣缘/蒙批仰查报事理本县未敢擅便等因具申照详蒙批王尚智萧守
祖等凿山引水灌溉五邑田亩而精勤/三载方告成功其当酬劝为何如者
如议各免夫一名同众用水第不得冒免他人各给贴文遵照缘蒙此/拟合
给贴为此贴仰本役照贴事理如遇本河起夫兴工之日即照后开利地亩
数免其本身利夫一名同/众用水如本身利地短少不足夫役一名者止免
尽本身不许冒免他人永为遵守俱勿违错未便须至贴者/计开侯应时广
济河等第九大丰堰本身利地二顷俱准免/外有余水准用 此六字系朱
笔大书盖以洞开渠成建修各堰石闸独应时又有三年勤劳因蒙特恩/右
贴给管凿广济洞公直侯应时准此/

万历三十二年二月十三日。

9. （明）《励劳永利河老人贴文》，道光七年（1827）刻万历三
十二年（1604）帖文，碑存济源市南官庄牛氏祠堂

怀庆府济源县为兴利事奉本府贴文蒙/河南等处提刑按察司分巡
大梁带管分守河北道按察使蔡剳付蒙/巡按河南监察御史方批据本道
呈据怀庆府申前事蒙批据本道呈据怀庆府申前事蒙批凿山引水功成
可嘉效劳人役如议给以冠带门匾□□□酬/各官姑俟候另行傲文蒙/
钦差总理河道提督军务都察院右都御史史兼工部右侍郎李批据本道
呈同前事蒙批凿山引水灌溉民田工已告成利垂永久/效劳员役诚当嘉
赏知县史准动银拾贰两折花币美酒奖励主簿周典史刑各动银肆两奖
励公直程绍先等应/给冠带门匾俱如议行文蒙/河南布政使司并/钦差

管理河道河南布政司右参政兼按察司佥事朱俱批允准给冠带门匾蒙
批拟合给帖冠带荣身以后准免应本身利地/人役须至帖者/右帖下永
利河冠带老人牛思务准此/

万历三十二年十一月/

帖兴利事/

道光七年三月十五日八世孙文达 等敬誊帖文勒石

10.（明）杨初东：《明邑庠生胤吾刘公墓志铭》，万历三十六年
（1608），碑存沁阳市博物馆

奉政大夫户部云南清吏司郎中眷生杨初东顿首拜撰

奉政大夫湖广永州府同知眷生许宗曾顿首拜书

直隶真定府获鹿县儒学训导眷生崔尚志顿首拜篆

刘公讳梅字以魁胤吾其别号云以万历丙午逅疾越岁捐馆是时余
方淹留京邸闻之嗟噫岁冬余以饷差还/里而公之二子过焉余不胜为公
悲且不胜为公喜曰公其可以瞑目也已今年戊申其子之显等于十一月
十九日葬/公于祖茔之次乃不以余为不文乞志而铭焉且曰不肖先人忝
附姻末傥其不吝珠玉以光窀穸宁惟不肖之不/敢忘先人其亦终唧于地
下矣余曰呜呼公之硕德重望其心识于闾巷者宁其有间存没而余志之
乎然余与公姻/娅之好几三十载其家世颠末心德隐微印证最久非余志
之而谁志之乎按公之始祖直隶靖江人/国初从天兵北定编伍我怀迄今
子姓蕃衍称巨族焉逮次山公以名进士起家由馆台历宪二而刘氏之族
益显公盖/其仲派也公之祖讳宣宣生冕冕生公公生而颖异操鑑者已卜
声于提抱中甫龆年能读书识大义知天人上下之/问或不多过焉且口无
诞语行无敧步诚实英敏其天性也弱冠补弟子员一时英发者莫不啧啧
刘公云每试辄当/特鑑公亦信青云可自致者乃益肆力于学于经史百家
靡所不窥或至会心有得则击节叹赏若身游古昔焉以口/孜孜矻矻殆无
虚咎每至夜分辄掩卷叹曰吾父既无庶子乃一切不以家务累吾而不能
拾青紫跻通要以为先世/光何以为人虽圣贤德业实不在是而姑为世俗
之观以上慰乃心耳于是为制举业者数年累战秋闱竟以不偶已/而劳瘁

成疾呕血几殆乃幡然念宗祧承继寔惟余一人是赖奈何不惜以为吾父/忧而志稍堕焉嗣后稍稍较出入/督耕作贻其父以安而朝夕事之唯谨父/所欲为辄先志承之新第数十楹皆其经营也且性慈仁好施予族人之失/怙恃者抚育之罄朝夕者赒恤之而助葬助赙咸赖以济岁歉则煮粥溽暑/则施茶即朝暮丐门者无不虚往□寔归也/公年逾四十而嗣尚未立乃更/以为忧于是颇为祈祝之事我怀大小祠宇殆将遍焉以至于北之行南之/衡东之/岱皆其所数游也迄今才子二人皆呫呫吐奇行将为门户光而公/已不禄矣呜呼天道不可知耶天道尤有可/知耶萍试剥刈骥走羊肠棲风/翻以棘木溷云鳞于渠塘故才高倚马技擅屠龙而终身郁郁困于蓬窗者/此天道之/不可知者也波溯清泉阴繁深蒂清白兆乎授环侯封卜于奕世/故德重乡评仁施众庶而公子振振绵于麟趾者此/天道之尤可知者也然/士之宏抱于身而终老岩穴者不可胜数或才具挥霍而识口高于通方德/存忠质而器有/亏于大受以才以识以德以器如公者而不偶若是傥所谓/天道非耶天道每示人以不可知而与人以无不报史氏/言天道无亲常与/善人而尤然抱恨于裔周也世不知忠臣义士之名垂日月不朽则所谓天/道之微者耶知天道则/知公之得全于天者固自有在也语云得全全昌道/固不爽奚必目前哉公生于嘉靖丙午七月十八日以去年二月/十五日卒/得寿六十有二配李氏隐士钦女侧室史氏贺氏子二长之显娶永州府二/守许公宗曾女史出次之昌聘/获鹿县训导崔公尚志女贺出女三长适府/庠生张公理子于庭次适余仲子举人之玮俱李出三适余幼子之瑶亦史/出/外孙俱幼法不备书云/

铭曰

行山之阳　沁水之旁　有隐君子　斯其徜徉　学求儒宗　行敦太古

圭组币帛　所遗惟安　所悔非诏　惠此嗣人　福祉永延

11.（清）李绍周：《皇清例赠儒林郎□部候选州同知康侯杨公墓志铭》，康熙三十七年（1698），碑存济源市南官庄牛祠

皇清例赠儒林郎口部候选州同知康侯杨公墓志铭/

赐进士出身翰林院检讨年家眷晚生李绍同撰文/

赐同进士出身原任江南凤阳府灵璧县知县年家眷晚生刘振儒书丹/

浙江分巡宁台海道按察司使加二级年家眷晚生段志熙纂额/

康熙三十七年戊寅四月康侯公以疾终于家越三载庚辰十二月公长子候选州同知正公道慈命卜葬于祖茔之次/先期具书币行述家记铭以文其圹中之石余于公小侄计部主政慎庵君有丝萝谊义不容辞谨按状公讳禧昌字康/侯登国学候选州同知乃/诰赠资政大夫明溪翁之孙/诰赠资政大夫炳如公之子炳如翁举丈夫子四伯子雪岚先生乙酉丙戌联捷进士选庶常历任礼工二部左右侍郎加二/级仲子乘庭公吏部历事官监生季子紫澜公贡监生候选州同知其叔则康侯公也公性孝友事/大封翁色养备至仙游时痛不欲生及/太夫人病公跣行数十里为之祷药后捐舍哀毁过情感成秋疾数年因废举子业尝语友人曰□既靳我以科第矣吾闻/管子曰仓廪实而知礼节食足而知荣辱礼生于有而废于无故君子富好行其德小人富以适其力渊口而鱼归/□而兽往之人富而仁义附焉吾不能效岩穴蓬户之千□贫贱而供挪揄也于是留心家计薄饮食口衣服□□/□□苦服田力穑贸迁有无凡金饥木欀水耨火耕与夫收贵征贱之方与时变通之道莫不得其□□□□□□/□□□□化为万顷甘霖不数年而公擅素封矣公既从心计致大有恒自念曰天之所所富善人者□□□□□□□/□将以有济无共补此缺陷乾坤耳若能积而不能散与守钱佣可异乎故凡遇族党姻娅有贫乏者周之忿争者释之/年岁饥馑人不聊生者衣之食之庙貌倾圮神像剥落者修之茸之其为人情所最难而不可几及者慨然以夙负三千/金尽焚原券于官庄通衢所谓君子富好行其德者公真其人矣至诚感神梦孙真人授以私方饮以上池故刀圭所至/随手凑效数年中全活者甚众未尝受一谢金焉惟建孙真人庙以报神贶而已年来沐浴膏泽者思公之德共建公祠/于真人之右并俎豆云闻公七表时诸亲友绘百寿屏以贺衣冠辐辏玉树盈阶公尚矍铄雄健贺者咸谓期颐可至何/意甫逾岁而乘白云游帝乡耶悲夫临终语正公辈曰吾以多病废书未得量身科第勤苦一生仅能支持门□□/物一念每饭不忘也尔辈宜仰体此心下惟攻苦以酬我志庶千秋万岁后长得含笑地下哉鼻珠

注膝端坐而逝/公其从果位中来者仍从果位中去者与不然何其类禅家
之羽化耶公戊辰相生于崇祯元年正月二十一日辰时卒/于康熙三十七
年四月二十八日丑时享寿七十有一元配待赠太安人赵氏处士赵公讳
□□女继娶待封太安人张/氏处士张公讳腾凤女生子二长奕经候选州
同知娶太学生徐公讳士弘女次奕纶候选州同知元配庠生刘公讳洸/女
继娶处士徐公讳士松女纶于康熙三十一年正月二十三日亥时病故女
一适丙戌进士广东道御史刘公讳绮子/贡监生讳璹孙男三奕经出者二
长道举庠生元配乡举人候补教授徐公讳焕女继娶丙午武举见任□□
卫守备/邹公讳素女次道立聘邑庠生范公讳元瑛女奕纶出者一道诜娶
廪生韩公讳勋女孙女三一适范公讳愿中子/□□□□廪生王公讳震次
子讳均俱奕经出一许廪生王公讳震三子讳墭奕纶出曾孙女一道
□□□未字以康熙/□□□年十二月二十四日葬于祖茔之东因勒铭而
纳诸圹铭曰/

　　　松坚有心 竹坚有□ □□□□ 存乎其人 世禄不侈 富厚克仁
桑兹尸祝 卓哉先民

　　　不孝男 奕经泣血勒石

　　12. 无名水利碑，乾隆六年（1741），碑存济源市大许村二仙
庙内

　　怀庆府河内县济源县为遵/宪饬以垂久远事乾隆六年六月（缺）
乾隆六年六月初九日蒙/兵部右侍郎兼都察院右副都御史（缺）五龙
口地方旧有利民河三道一曰广济前/明万历间袁应泰所开由济邑流入
河河内（缺）一曰利丰河即古之枋口济民开浚已久/前明嘉靖间河民
接河即故渠而重浚之（缺）猪龙河而止三河皆凿山开洞引沁入口/各
利其民者也现今疏浚之河即利丰河由（缺）七十余里一曰丰稔河至
樊庄东又设一闸天/平闸复分为两河曰丰稔南河一曰丰稔北河（缺）
一入河内界排埝分水除上游七村开河享用口/号水利外续开（缺）今
春二月间河令胡睿榕心存利念同/济令董榕查勘熟筹称利丰河自渠口
至五龙口（缺）六尺宽二丈长二千零七十丈利人河自□□闸/起至梁

庄减水闸计长二千二百丈宽一丈六七尺（缺）深三尺下达河尾共长
五十七里宽一丈四尺不等/深四尺丰稔河自天平闸起至樊庄小天平闸
六百（缺）至河邑史村长一千四百丈宽一丈四五尺不等/应挑深五尺
下至河尾共长五十一里宽一丈三尺应挑（缺）四尺不等应挑深五尺
下至河尾共长四十六里应挑/深三尺宽一丈二尺不等语卑府遂赴工逐
一查勘与该令（缺）天兴挑按利人河共利民地二百二十顷丰稔南河/
利民田二百五十一顷丰稔北河共利民田一百八十二顷（缺）出夫三
名自二月十五日开工至四月十一日完竣/又修理闸座至二十一日亦并
完固即于是日祀神放水讫专番修浚实由河令胡公相杜经营尽心劳力
始终不倦其功实堪嘉予济令董公和衷共济不辞劳苦克襄厥成其功亦/
不可没相应详请宪台俯赐鉴核饬示依照旧例各循水分庶河利可垂永
久而两邑沿河农民均荷生矣再查利丰河向设三洞历来只开中东二洞
西一洞淤塞已久/老民俱称洄溜坚不欲开胡令决计挑浚水势畅足又于
古章村后马坡寺西各开沟一道减水投沁建设闸座以时启闭将梁庄旧
有减水闸下板封闭非河水浩大不许擅开使西/来之水尽归有用府城一
带又口致漫溢此又胡公独出心裁斟酌开浚拟合备详呈明等因蒙批河
邑胡令究心水利以厚民生济邑董令和衷共济克襄成功均属可嘉即仰/
布政司饬将胡令记大功一次董令亦记功一次仍勒石示众永遵旧例如
违即行宪究缴图存等因批司蒙此案照前据该府详已经批饬在案兹奉
前因拟合就/查照奉批事理即便转饬各该县遵照并饬勒石永遵旧例仍
将勒石永遵缘由取碑摹报查毋违等因先于本月十三日蒙/藩宪批据详
河内胡令开浚积口不辞劳瘁济源董令同（缺）臬司粮道河北道批示
缴同/日又蒙臬宪批据详开浚各河修理闸座河济两（缺）批示缴图存
等因各到府蒙批此拟合就/行为此仰县官吏照票事理又到即速会同济
邑勒石（缺）济邑董令即照遵抚部院宪示勒石/遵旧例如违即行深究
各宜凛遵毋违特示

　　乾隆六年十一月初八日立石

　　（碑阴）

　　利丰二渠利地清开于后

利丰河自五龙口南流至程村西北天平闸是为母河浇灌五龙头利地八十二亩王寨利地六顷一十八亩七分一分利人丰稔/二河利人河自天平闸正直而东至屈塚东南交河内界浇灌程村许村梁庄共利地十五顷八十五亩五分以上俱系开河承粮故使/无号水利屈塚沙沟二村原系续河浇灌利地十二顷派入河内水册照号使水/丰稔河自大天平闸起至小天平闸止浇灌程村朱村樊庄许村等无号利地三十六顷六十九亩七分一分南北二河/丰稔南河自小天平闸分水石起东南流由水运庄迳梨林曲折东南至薛庄村南河邑史村西交界计长一里浇灌水运庄桥头/

水东梨林村凹村薛庄共利地三十九顷三十三亩七分

丰稔北河自小天平闸分水石起正直而东由东许村南沁市村北至小官庄村北交河内界计长七里浇灌许村东许桥头沁市村小

李村范家庄小官庄共利地二十四顷五十三亩八分

计开续河利地

南支河　总管二名 王有宽　牛国瑞　埝长一名 任国旺 水运庄利地五顷九十三亩 杴夫三名

桥头利地二顷四亩 杴夫一名

梨林村 利地十一顷四十九亩 凹村 利地一顷八十六亩 薛庄村 利地十五顷六十五亩

杴夫六名　　　　　　杴夫一名　　　　　　杴夫八名

北支河总管一名李思儒 东许村利地二顷六亩 桥头利地四顷七十五亩 水东村利地二顷三十五亩

杴夫一名　　　　　杴夫二名　　　　　杴夫二名

范家庄 利地二顷　　小官庄 利地一顷九十四亩沁市村利地十二顷五十一亩

杴夫一名　　　　杴夫一名　　　　　杴夫六名

小李村 利地二顷口亩

杴夫一名

利人河

屈塚 沙沟 杴夫五名

乾隆六年十一月二十三日

13.《广济河清风庵东水车碑记》，乾隆五十二年（1787），碑存济源市北官庄葛氏祠堂内

广济河开山凿洞公直葛汝能有功于河许建永益闸口灌地因村北地□清风庵东建水车一辆浇/灌沿河地亩后因总□□以培苇建闸事争控不绝雍正七年九月初八日部院委员查勘广济河有水车五辆惟葛自新系公直葛汝能之子孙因汝能（缺）准其一车使水其余一概拆去雍正八年/五月蒙/部院批示河济温武孟俱勒石据乾隆四十七年葛元庆自称公直后裔私建水车自新之孙天庆在府口争讼屡年不/决至乾隆五十一年经/府尊布大老爷断案天庆系公直后裔永建水车元庆不得争抗将元庆所建水车拆毁谨将断语勒之于石以垂不朽/断云葛元庆私建水车行县邑拆胆敢止拆/上棚仍留下棚水槽又与葛天庆争控/水车不认祖宗图利忘本俱将伊祖名/养成改为养本当堂质对伏首无词即/属冒认俟行济源县将葛元庆建车石/槽尽行拆净从宽免枷取葛元庆再/敢兴讼改过甘结葛玉美释回/

乾隆五十二年七月

14.（清）何荇芳：《修建三公祠碑》，嘉庆七年（1802），碑存济源市五龙口三公祠内

盖闻国以民为本民以食为天而食之出厥为田田所利厥惟水是□□民社之责者不可不时为关心也邑五龙口河水清涟其地被灌/溉者优渥沾足几无复知有凶年斯必有开之者伊谁之力也详披邑乘前明万历三十年邑令史公讳记言开河凿山远引沁水名为永/利河虽资利无多而其念切民依者为已至矣夫天下事莫为之前虽美弗彰莫为之后虽盛弗传史公固为之于前矣倘非有为之后者/未免犹有遗憾也四十一年宰是邑者又有石公讳应嵩续开玉带河自南程以下共灌田二口五十顷有零斯有史公固不可无石公也至/四十七年宰是邑者又有涂公讳应选复开兴利河自河头以下共灌田一百六十顷有零斯有史公石公更不可无

涂公也此三公者本忠君/爱民之心法召父杜母之治而济至今享其利为昔者圣王之制祭祀也法施于民则祀之有益于民则祀之若三公者其施法益民为何如哉乃广济闸上塑袁公像利丰闸上塑胡公像崇德报功岁时拜献河民可谓不负二公矣而三公竟无专祠斯因济民之所不/安者也迄今二百余年被其泽者既久思其德者难忘绅士耆老慨然兴报本之举焉凿山为祠立像以祀则三公之劳徽不惟与河邑/二公并著而三公之德泽亦且与河流俱长矣功值告竣请文于余余治济七年兴养立教未能自问无愧然三公之事寔窃羡焉而乐为天下后世告也爰允众请以志不朽/

赐进士出身/

敕授文林郎知济源县事加四级何苻芳撰/

嘉庆七年岁在壬戌年秋七月吉日

15.《创修永利河三公名氏记碑》,嘉庆八年(1803),碑存济源市五龙口三公祠内

史公讳记言字秉直号忆春进士出身系山西延津县人于明万历三十年凿山开河名曰永利/石公讳应嵩字五峰号维岳进士出身系直隶永平府栾州人于明万历四十二年因河水逆行不顺改河由辛庄正村直达南程/涂公讳应选字行吾号名卿进士出身延庆州人见河水不敷浇灌争水兴讼不休亲临勘/验始知洞高水底不能畅流公于万历四十七年自捐俸金谷五百石招夫洞底挖深三尺河水涌流不竭民自今享其利/又稽河开工日邑令即详请上宪奉文设立闸夫看守启闭以防淤塞议定每年闸夫工银闰月/十五两六钱不闰月十四两四钱在正粮内扣除四季支领本不敷用又于乾隆四十二年经前任/将闸夫工食银拨入撞班一两八钱以致闸夫推委不看启闭失时河每淤塞今创修史公等洞府虑/及于此又劝勉善人冯郎氏捐地五亩零李郭氏捐地三亩零坐落四至已载入碑记立于洞内地/亩即交闸夫招佃收租施地虽少其利甚渥又恐年远更变复于嘉庆七年十一月内生元主元文/等以再恳治给厘等事秉明何太爷案下蒙批给厘李郭氏曰巾帼善人冯郎氏曰闺中义/士卷存礼房勒之于石永垂不朽

16.（清）王元文：《永利河捐施地亩碑叙》，嘉庆八年（1803），碑存济源市五龙口三公洞内

闻之舍宅为寺斐公美之善行自古为昭捐带助工苏子瞻之芳名于今尤烈以及口达买园而充圣地紫陌施树而不收金古今来端修功德乐/善如施者代不乏人永利河口创建三公洞府工程将竣焕然一新但祀田缺乏香火无资甚至闻夫工食时久渐减实不敷用试问十堰之中谁/是慷慨不吝乐善好施者幸有上三堰南程村考授正九品职衔李君讳瑞麟其母郭氏年近九旬素/性好善今子捐肥田三亩零又有四堰西湖/村已故监生冯君讳有富口人郎氏亦命子尚武祥施地五亩零二氏所施之地俱入永利河作为官田孰谓巾帼中无丈夫哉每年招佃耕种秋夏所/获籽粒除奉祀三公外余征资贴备闸夫度用庶闸夫既有工食银两又有稞租贴备得以永远看守因时启闭将见淤塞既鲜咽喉常通利泽滚滚此河/永久不废者亦甚端赖于此矣猗欤休哉既扬旧规之渐彰又瞻新模之忽振后之人饮水知源憩木/见植睹枋口而歌三公亦当庆乐士而念二氏于不朽云/是为叙

邑庠生王元文撰

邑庠生赵文拔书

计开：

议定每年十一月初一日三总管同施之家敬献三公神祠/

头堰职员李瑞麟所施地亩坐落南程村西南中长一百廿步零二尺中活六步一尺六寸/

东至澈水河东岸西南二至樊德纯北至施主见地三亩一分七厘五丝三忽/

中四堰冯尚南祥所施地亩坐落西湖村南窑地一段东至路西至青渠南至郭正书北至冯王禄计地五亩零九厘二毛八丝/

引进善士张得功　冯魁元

　　　　李福隆　冯尚周　赵腾龙

住持道人郭一通　石　工　李大英　刘谟　刻

嘉庆八年又二月廿六日立

17.（清）李步瀛：《重浚永利河序》，嘉庆十六年（1811），碑存济源市五龙口三公祠内

从来以法制者成功难以德威者成功易即如永利河渠凿山开洞创自前明万历三十年时若/史公石公涂公皆有成绩载诸邑乘兹值嘉庆十六年岁次辛未河道淤塞难为灌溉播种之/计我邑侯何太老爷念切民瘼不惮劳苦亲管工挑挖河渠又委捕廉安老爷沿河巡查凡/厥庶民踊跃从事不数日而工遂告竣植秋得以灌溉晚秋得以播种千仓万箱不卜而知非我侯大德沦/□而浃骨髓乌能获子来之效如是成诗曰乐只君子民之父母其我侯之谓与因勒之永垂/公名讳荇芳字倚川号三一江苏镇江丹徒县人/赐进士出身/敕授文林郎知济源县事候补清军分府 捕廉名作桐湖北德安府云梦县人/

总理职员	李瑞麟	邑庠生	李步瀛拜撰			
		邑庠生	李步云书丹	李永同	贾万昌	王世禄
上三堰总管	李位成	老人 郭虎文 柴存德 郑有魁	小甲	原有福 赵学礼	张作仁	张大祥
中四堰总管	商殿元	老人 任世锡 赵继祥 郭大本 牛大信	小甲	李应甲 李继贵	焦宪章 王学逮	商增业 牛文杰
下三堰总管	郭寿昌	老人 崔世举 栗天禄 韩光先	小甲	张顺成 李尚志	刘德义 陈绍肃	

监生赵奎元

李阳玉　　　　　　天

住持郭一通 徒 李阳安　石匠 李光德　仝立

□□□　　　书

大清嘉庆十六年五月吉日

18.（清）商景旭：《重修（商氏）祖祠碑》，乾隆四年（1739），碑存济源市南官庄商氏宗祠内

粤稽王制祀祖则立庙由天子而及士庙以义起数以爵分下□庶人无位则无庙夫水源木本贵贱同情庶人无庙将祭于何然先王/以孝治天

下着庶人缘分自尽使将祭于寝室寝室者或亦祠堂之所防与我始祖冀
省人也洪武年间徙居济邑东镇历传数世□□/孙子合奠俱诣祖茔而祠
堂未建厥后祖茔殡匪各门另勘新茔春露秋霜间有随坟分祭而合享弗
举呜呼/则一何散涣若是以贻先人忧国朝年间族祖永成咏葛藟之章庇
一本之爱各门纠合公建祖祠三楹每岁自春徂秋合族子姓/兄弟靡不齐
积祠堂以敦一气以妥先灵若成公者诚我祖之典型也迄今越八旬余继
继相承重修凡二然而规模可观修理尚/未工也乾隆四年得泽得用景珍
复联合族捐资堂内则铺之以砖前墙则雕之以格四壁以及梁柱檐头则
绘之山木水藻二月开工十/月告竣不俄顷而焕然改观猗欤休哉谓非孝
思不匮乌能断乃椽巧乃墁而堂陛室内罔不绚烂若是顾余因之有感矣/
莫为之前虽美弗彰莫为之后虽盛弗传书载堂构之肯诗咏祖武之绳盖
言继厥志述厥事也得泽得用景珍继景□景□之绩而光大于今率后人/
不可继得泽三人之成而式廓于后乎爰即其事之始终本末勒之于石上
告祖宗下劝来兹云/

　　族庠生景旭题廷喜书/

　　大清乾隆四年十月初一日立石

　　**19.（清）商起元：《祭资碑》，道光三年（1823）十月，碑存
济源市南官庄商氏宗祠内**

　　书曰以亲九族礼曰尊祖敬宗又曾子曰追远是知子姓之众皆出祖
宗一人之身如水之有分派木之有分枝虽远近异/势亲疏异形而推其本
源则一也想我始祖迁居兹土数百余年已越十六世子姓颇繁而移居他
乡者亦复不少甚□/有觌面不相识者皆因不知联属宗族之失也今家庙
粗建族谱草成而追远之典终阙向年来每逢十月初一日献戏三/日尚有
近于追远之意而戏钱无出按地派收不无拮据终非久远之计去岁我族
叔讳执中慨然动念邀同去年族长族/正延珩等公同商议备席请捐量产
业之厚薄出捐施之多寡共计仅有贰佰伍拾叁千贰佰壹什文除本年献
戏垒墙吃/会共花销钱陆拾肆千玖佰捌拾文净余钱壹佰捌拾捌千贰佰
贰拾文以后存本花利若有盈余置地收稞以为长久之计/凡我族人敢有

吞使会本者即以不孝治罪是亦追远之遗欤是为序

十二世孙庠生起元撰十三世孙业儒文兴书

大清道光三年十月谷旦

20. （清）商起元：《坟会碑记》，道光二十四年（1844），碑存济源市南官庄商氏宗祠内

碑者记也记其事以传远也我族旧有坟会于每年十月初一日集子姓兄弟致祭于/祖庙已于道光三年勒石矣至若初二日之坟会则未有记也今春又欲勒石求余为记余思木本水源谁非先祖/之遗裔春露秋霜不过子孙之孝意士庶祭其先礼也亦分也此可以不必记惟是所置之祭田座落异方多寡异/数第恐年深日久倘失文契则豪强侵占而无凭子孙擅卖而无据必致酿成争端结讼不已诚可虑也余非能文/谨将所置祭田记其座落某处记其多寡若干使后世子孙览其遗碑昭然于心目庶乎可为永远之凭据也谨序/十二世裔孙邑庠生起元撰十五世裔孙业儒承琏书/至今共积钱贰佰一十有余千文买地七亩玖分一厘四毫三丝三乎使钱一百二十伍千文下余钱捌拾有/余千文以备祭祀置田所用

总

会

首

文殿思延孝天殿思

平文达贡忠沄阁珩

在

邑　　会

庠　　人

延天延起汝执汝景

完禄成元改忠典信

起延天延起起天延

和季贵恺法儒林敬

廪

生

志志思殿殿思思思

孝奇正义□□正玥

□承文文文文克

□□香信朴焕歧哲

大清道光贰拾年四月二十二日

21.（清）王会图：《邑侯晓山陈大老爷德政碑》，光绪七年（1881），碑存济源市五龙口三公祠内

前有创后有因理则然也永利河开自有明迄今三百余年其泽被当时恩施后世者/史公之德大莫与焉乎厥后石公涂公复加疏凿自上而下一律畅流惟经营孔急斯/灌溉能常纵暂成淤塞亦频行挑挖盖前既立规定制后宜踵事增华近年以来河又/大废水无涓滴田多亢旱十堰村庄束手无策辛巳春二月初旬恭请兴复水利蒙/邑侯陈老父台亲诣勘验督理事务捐廉助费刻期告竣河水流通万民感德是为叙

邑庠生王会图撰并书

		高茂林	郭振德	牛建云	贾学楷	李全心
总管耆民□□□	闫恒德	商志正	商承儒	吴大兴	张云川
	老人	张殿清	冯全茂	小甲	赵年大
	王廷扬	王玉珍			
	潘立中	郑法曾	孙克旺	陈国瑞	张百春
总管耆民□□□	□□和	李全林	焦居侯	陈同秀	
			李大经	郭同寅	
			赵清合	张元太	铁笔李立泰

大清光绪七年荷月上浣　仝立

参考文献

（一）正史、政书

《旧唐书》，中华书局标点本 1975 年版。

《大元圣政国朝典章》，文海出版社 1973 年版。

《元史》，中华书局标点本 1985 年版。

《明史》，中华书局标点本 1976 年版。

《清史稿》，中华书局标点本 2003 年版。

《明太祖实录》《明武宗实录》《明宪宗实录》《明英宗实录》：台北
　　"中央研究院"历史语言研究所校印本，1966 年。

（明）陈子龙等选辑：《皇明经世文编》，中华书局 1962 年版。

清国史馆编纂：《贰臣传》，明文书局 1985 年版。

《清世祖实录》，中华书局影印本 1986 年版。

康熙《大清会典》，文海出版社 1992 年版。

（清）雍正皇帝：《圣谕广训》，文渊阁《四库全书》本。

（清）田文镜：《抚豫宣化录》，清雍正年间刻本。

（清）毕自严：《度支奏议》，《续修四库全书》史部第 485 册，上海
　　古籍出版社 1995 年版。

（二）文集笔记

（北魏）郦道元：《水经》，明嘉靖十三年刻本。

（元）欧阳玄：《圭斋文集》，四部丛刊影印明成化刻本。

（元）周伯琦：《近光集》，文渊阁《四库全书》本。

（明）方孝孺：《逊志斋集》，四部丛刊景印本。

（明）王直：《抑菴文后集》，文渊阁《四库全书》本。

（明）何瑭：《柏斋集》，文渊阁《四库全书》本。

（明）娄枢：《娄子静文集》，明王元登刻重修本。

（明）张四维：《条麓堂集》，万历二十三年张泰征刻本。

（明）瞿景淳：《瞿文懿公集》，万历瞿汝稷刻本。

（明）焦竑：《国朝征献录》，万历年间刻本。

（清）郑廉：《豫变纪略》，清乾隆刻本。

（清）彭贻孙：《流寇志》，《明末清初史料选刊》，浙江古籍出版社
　　1985 年版。

（清）汪楫：《崇祯长编》，"中央研究院"历史语言研究所校印本，
　　1967 年。

（清）萧家芝：《丹林集》，清康熙间刻本。

（清）王铎：《拟山园选集》，清康熙刻本。

（清）白胤谦：《东谷集》，天津图书馆藏清顺治、康熙间刻东谷全
　　集本，《四库全书存目丛书》集部第 204 册，齐鲁书社 1997 年版。

（清）薛所蕴：《澹友轩文集》，清顺治十六年自刻本，《四库全书存
　　目丛书》集部第 197 册，齐鲁书社 1997 年版。

（清）杨运昌：《石斋文集》，清康熙忠孝堂刻本。

（清）范泰恒：《燕川集》，首都图书馆藏乾隆刻本，《四库全书存目
　　丛书补编》第 10 册，齐鲁书社 2001 年版。

（清）朱汝珍：《词林辑略》，收入周骏富辑《清代传记丛刊》第 16
　　册，明文书局 1986 年版。

（清）王凤生：《河北采风录》，《中国水利志丛刊》第 13 册，广陵
　　书社 2006 年版。

（清）胡聘之：《山右石刻丛编》，清光绪二十七年刻本。

　　（三）地方志书

（明）胡谧纂修：《河南总志》，成化二十二年刻本。

（明）何瑭纂修：《怀庆府志》，正德十三年刻抄本。

（明）孟重修，刘泾纂：《怀庆府志》，嘉靖四十五年刻本。

（明）卢梦麟修，王所用纂：《河内县志》，万历二十五年刻本。

（明）佚名：《卫辉府志》，万历刻增修补刻本。

（明）张第纂修：《温县志》，万历五年刻本。

（明）唐臣、雷礼纂修：嘉靖《真定府志》，明嘉靖刻本。

（清）顾沍、李辉祖修，张沐等纂：《河南通志》，康熙三十四年
刻本。

（清）田文镜纂修：雍正《河南通志》，雍正十三年刻本，道光、同
治递补本，光绪二十八年补刻本。

（清）刘于义纂修：雍正《陕西通志》，雍正十三年刻本。

（清）唐执玉、李卫纂修：雍正《畿辅通志》，雍正十三年刻本。

（清）阿思哈、嵩贵纂修：《续修河南通志》，乾隆三十二年刻本。

（清）彭清典修，萧家芝纂：《怀庆府志》，顺治十七年刻本。

（清）杨方泰纂修：《覃怀志》，雍正九年稿本。

（清）刘维世修，萧瑞苞、乔腾凤纂：《怀庆府志》，康熙三十四年
刻本。

（清）唐侍陞、杜琮修，洪亮吉纂：《新修怀庆府志》，乾隆五十四
年刻本。

（清）李若廪纂修：《温县志》，顺治十五年刻本。

（清）孙灏、林环昌修，王玉汝、萧家芝纂：《河内县志》，顺治十
五年稿本。

（清）李棨修，萧家蕙、史琏纂：《河内县志》，康熙三十二年刻本。

（清）袁通纂修，方履篯编辑：《河内县志》，道光五年刻本。

（清）萧应植修，沈樗庄纂：《济源县志》，乾隆二十六年刻本。

（清）何荇芳修，刘大观纂：《续济源县志》，嘉庆十八年刻本。

（清）仇汝瑚修，冯敏昌纂：《孟县志》，乾隆五十五年刻本。

（清）冯继照修，金皋纂：《修武县志》，道光十九年刻本。

（清）韩镛纂修：《凤翔府志》，清雍正十年刻本。

（清）达灵阿修，周方炯纂：《重修凤翔府志》，乾隆三十一年刻本。

（清）罗章彝纂修：康熙《陇州志》，康熙五十二年刻本。

（清）韩镛纂修：雍正《凤翔县志》，雍正十一年刻本。

（清）朱樟修，田嘉谷纂：《泽州府志》，雍正十三年刻本。

（清）沈华修：雍正《武功县后志》，雍正十一年刻本。

（清）许起凤纂修：乾隆《宝鸡县志》，乾隆二十九年刻本。

（清）储元升纂修：《东明县志》，乾隆二十一年刻本。

（清）茹金纂修：《壶关县志》，道光十四年刻本。

荆壬秋、刘恒济纂修：《沁阳县志稿》，民国二十六年抄本。

史延寿纂修：《续武陟县志》，民国二十年刻本。

阮藩侪纂修：《孟县志》，民国二十二年刻本。

陈善同、王荣揩纂修：《豫河续志》，民国十五年十月河南河务局印
    行，1926 年。

陈汝珍纂修：《豫河三志》，开明印刷局铅印本，1932 年。

河南省地方史编纂委员会：《河南省大事记/平原省大事记（1949—
    1990）》，河南人民出版社 1993 年版。

《海河志》编纂委员会：《海河志·大事记》（中华人民共和国时
    期—1950 年），中国水利水电出版社 1995 年版。

黄河水利科学院编：《黄河引黄灌溉大事记》，黄河水利出版社 2013
    年版。

河南省地方史志办公室、新乡市地方史志局编：《平原省志》，中州
    古籍出版社 2019 年版。

（四）近现代文献

民国《政府公报》。

民国《内务公报》。

《河南省政府公报》，1937 年。

《农友》，中国农民银行总行，1937 年。

《农业周报》，中国农学社，1930 年。

河南省政府秘书处编印：《河南政治月刊》，1933 年。

河南省政府秘书处统计室编：《河南统计月报》，1936 年。

《人民日报》

《新华社新闻稿》，1953 年。

（五）民间文献

1. 族谱

沁阳市《何氏家谱》，沁阳市档案馆藏清咸丰抄本。

《杨氏家乘》，民国稿本，藏沁阳市柏香镇。

《牛氏族谱》，1992 年重修本。

济源市北官庄《葛氏族谱》，2005 年 10 月重修本。

济源市南官庄《牛氏族谱》。

济源市南姚村《王氏族谱》。

2. 金石碑刻：

（元）《重修真泽庙记》，碑存沁阳市博物馆。

（明）郑士原：《大明故武略将军怀庆卫副千户陈公墓志铭》，洪武
    八年，碑存沁阳市博物馆。

（明）张寅：《重修广济渠记》，弘治九年，碑存济源市五龙口广利
    渠首。

（明）何瑭：《明贾氏杜孺人墓志铭》，嘉靖十二年，碑存沁阳市博
    物馆。

（明）宁□：《明故庠生□□贾公暨孺人许氏合葬墓志铭》，嘉靖四
    十年，碑存沁阳市博物馆。

（明）刘泾：《明故邑庠士刘先生配高氏合葬墓志铭》，嘉靖四十二
    年，碑存沁阳市博物馆。

（明）党以平：《明故光禄寺大官署丞丹泉谢公墓志铭》，嘉靖四十
    二年，碑存博爱县博物馆。

（明）何瑭：《明山西按察司副使进阶亚中大夫吴公墓志铭》，嘉靖
    十二年，碑存沁阳市博物馆。

（明）冯稔：《大明郑藩武德将军仪卫正东池冯公墓志铭》，万历六
    年，碑存沁阳市朱载堉纪念馆。

（明）何永庆：《大明郑藩武德将军进阶武节将军骁骑尉仪卫司仪卫

正清庵冯公配宜人萧氏合葬墓志铭》，碑存沁阳市博物馆。

（明）杨初东：《明邑庠生胤吾刘公墓志铭》，万历三十六年，碑存沁阳市博物馆。

（明）《励劳广济洞公直贴文》，万历三十二年，碑存沁阳市李桥村，拓片存沁阳市文物局。

（明）《励劳永利河老人贴文》，道光年刻万历三十二年帖文，碑存济源市南官庄牛氏祠堂。

（清）王铎：《创柏香镇善建城碑铭》，崇祯十四年，碑存沁阳市博物馆。

（清）王铎：《杨公景欧生祠碑记》，崇祯年间，碑存沁阳博物馆。

（清）薛所蕴：《河内孙侯除豁明月山寺里甲记》，顺治十五年，碑存博爱县月山寺。

（清）《除豁明月山宝光寺杂徭里甲记》，雍正二年，碑存博爱县月山寺。

（清）《重濬济水千仓渠碑》，清康熙二十一年，碑存沁阳市博物馆。

（清）李绍周：《皇清例赠儒林郎口部候选州同知康侯杨公墓志铭》，康熙三十七年，碑存济源市南官庄牛祠。

（清）水利碑，乾隆六年，碑存济源市大许村二仙庙。

（清）杨永言：《兴复广济渠水利记》，乾隆四十九年，画轴存沁阳市李桥村。

（清）葛天庆：《重修祠堂碑记》，乾隆二十三年，碑存济源市北官庄葛氏祠堂。

（清）葛起彦：《重修祠堂碑记》，乾隆四十一年，碑存济源市北官庄葛氏祠堂。

（清）《广济河清风庵东水车碑记》，乾隆五十二年，碑存济源市北官庄葛氏祠堂。

（清）何苻芳：《修建三公祠碑》，清嘉庆七年，碑存济源市五龙口三公祠。

（清）《创修永利河三公名氏记碑》，嘉庆八年，碑存济源市五龙口三公祠。

（清）王元文：《永利河捐施地亩碑叙》，嘉庆八年，碑存五龙口三
　　公祠。

（清）李步瀛：《重浚永利河序》，嘉庆十六年，碑存济源五龙口三
　　公祠。

（清）《邑侯晓山陈大老爷德政碑》，光绪七年，碑存济源市五龙口
　　三公祠。

（清）商景旭：《重修（商氏）祖祠碑》，乾隆四年，碑存济源市南
　　官庄商氏宗祠。

（清）商起元：《祭资碑》，道光三年十月，碑存济源市南官庄商氏
　　宗祠。

《坟会碑记》，道光二十四年，碑存济源市南官庄商氏宗祠。

3. 水利册

《广济渠大丰堰利户名册》，时代不详，存沁阳市李家桥村。

（六）研究著述

曹瑞芝：《河南省水利规划》，河南书局 1929 年版。

河南省建设厅编：《河南省建设概况》，1933 年印行。

闻钧天：《中国保甲制度》，上海商务印书馆 1935 年版。

河南省水利规划委员会办公室编：《河南农田水利工作经验介绍之
　　三：怎样做好渠道工作》，河南人民出版社 1956 年版。

王毓铨：《明代的军屯》，中华书局 1965 年版。

韦庆远：《明代黄册制度》，中华书局 1965 年版。

冀朝鼎：《中国历史上的基本经济区与水利事业的发展》，中国社会
　　科学出版社 1981 年版。

[日] 滨岛敦俊：《明代江南农村社会の研究》，东京大学出版会
　　1982 年版。

王毓铨：《莱芜集》，中华书局 1983 年版。

顾诚：《明末农民战争史》，中国社会科学出版社 1984 年版。

于志嘉：《明代军户世袭制度》，学生书局 1987 年版。

［美］魏特夫：《东方专制主义：对于集权力量的比较研究》，徐式
　　谷译，中国社会科学出版社 1989 年版。

郑振满：《明清福建家族组织与社会变迁》，湖南教育出版社 1992 年
　　版。

张汝翼：《沁河广济渠工程史略》，河海大学出版社 1993 年版。

刘志伟：《在国家与社会之间：明清广东里甲赋役制度研究》，中山
　　大学出版社 1997 年版。

栾成显：《明代黄册研究》，中国社会科学出版社 1998 年版。

［美］施坚雅：《中国农村的市场和结构》，史建云、徐秀丽译，中
　　国社会科学出版社 1998 年版。

曹树基：《中国人口史》，复旦大学出版社 2000 年版。

［英］莫里斯·弗里德曼：《中国东南的宗族组织》，刘晓春译，上
　　海人民出版社 2000 年版。

［美］黄宗智：《华北的小农经济与社会变迁》，中华书局 2000
　　年版。

董晓萍、［法］蓝克利（Christian Lamouroux）：《不灌而治：山西四
　　社五村水利文献与民俗》，中华书局 2003 年版。

黄竹三、冯俊杰等编著：《洪洞介休水利碑刻辑录》，中华书局 2003
　　年版。

白尔恒、［法］蓝克利（Christian Lamouroux）、［法］魏丕信（Pi-
　　erre-Etienne Will）编著：《沟洫佚闻杂录》，中华书局 2003 年版。

秦建明：《尧山圣母庙与神社》，中华书局 2003 年版。

瞿同祖：《清代地方政府》，法律出版社 2003 年版。

唐力行：《徽州宗族社会》，安徽教育出版社 2004 年版。

常建华：《明代宗族研究》，上海人民出版社 2005 年版。

［美］魏斐德：《洪业：清朝开国史》，陈苏镇等译，江苏人民出版
　　社 2005 年版。

［美］杜赞奇：《文化、权力与国家：1900—1942 年的华北农村》，
　　王福明译，江苏人民出版社 2006 年版。

赵世瑜：《小历史与大历史：区域社会史的理念、方法与实践》，生活·读书·新知三联书店 2006 年版。

钞晓鸿：《明清史研究》，福建人民出版社 2007 年版。

杜正贞：《村社传统与明清士绅：山西泽州乡土社会的制度变迁》，上海辞书出版社 2007 年版。

钞晓鸿主编：《海外中国水利史研究：日本学者论集》，人民出版社 2014 年版。

康欣平：《渭北水利及其近代转型（1465—1940）》，中国社会科学出版社 2018 年版。

王锦萍：《蒙古征服之后：13—17 世纪华北地方社会秩序的变迁》，陆骐、刘云军译，上海古籍出版社 2023 年版。

董其林：《经济用水增强抗旱力量》，《中国农业科学》1953 年第 1 期。

李龙潜：《明代军屯制度的组织形式》，《历史教学》1962 年第 12 期。

杨讷：《元代村社制研究》，《历史研究》1965 年第 4 期。

［日］滨岛敦俊：《明代江南の水利の考察》，载《东洋文化研究所纪要》第 47 册，1967 年。

［日］滨岛敦俊：《业食佃力考》，载《东洋史研究》第 39 卷第 1 号，1980 年。

［日］森田明、铁山博：《日本中国水利史研究会简介》，《中国水利》1982 年第 3 期。

徐泓：《明洪武年间的人口迁徙》，《第一届历史与中国社会变迁研讨会论文集》，1982 年。

［日］岸本美绪：《滨岛敦俊的〈明代江南农村社会研究〉》，载《中国史研究动态》1984 年第 8 期。

郑振满：《明清福建沿海地区农田水利制度与乡族组织》，《中国社会经济史研究》1987 年第 4 期。

傅衣凌：《中国传统社会：多元的结构》，《中国社会经济史研究》

1988 年第 3 期。

于志嘉：《试论明代卫军原籍与卫所分配的关系》，《"中央研究院"历史语言研究所集刊》第 60 本第 2 分，1989 年。

于志嘉：《明代江西卫所军役的演变》，《"中央研究院"历史语言所集刊》，第 68 本第 1 分，1997 年。

薛正昌：《崇祯元年固原兵变与明末农民起义》，《社会科学》1990年第 4 期。

孙海泉：《清代前期的里甲与保甲》，《中国社会科学院研究生院学报》1990 年第 5 期。

郭松义：《清初的更名田》，《清史论丛》第 8 辑，中华书局 1991年版。

王兴亚：《明代河南怀庆府粮重考实》，《河南师范大学学报》1992年第 4 期。

陈春声：《中国社会史研究必须重视田野调查》，《历史研究》1993年第 2 期。

陈春声：《社神崇拜与社区地域关系——樟林三山国王的研究》，《中山大学史学集刊》第 2 辑，广东人民出版社 1994 年版。

陈春声：《信仰空间与社区历史的演变——以樟林神庙系统的研究为中心》，《清史研究》1999 年第 2 期。

陈春声：《正统性、地方化与文化的创制——潮州民间神信仰的象征与历史意义》，《史学月刊》2001 年第 1 期。

陈春声：《走向历史现场》，《读书》2006 年第 9 期。

［英］科大卫：《国家与礼仪：宋至清中叶珠江三角洲地方社会的国家认同》，《中山大学学报》1999 年第 5 期。

［英］科大卫：《祠堂与家庙：从宋末到明中叶宗族礼仪的演变》，《历史人类学学刊》第 1 卷第 2 期，2003 年 10 月。

［英］科大卫：《告别华南研究》，收入《学步与超越：华南研究会论文集》，香港：文化创造社 2004 年版。

［英］科大卫、刘志伟：《宗族与地方社会的国家认同：明清华南地

区宗族发展的意识形态基础》，《历史研究》2000 年第 3 期。

王铭铭：《"水利社会"的类型》，《读书》2004 年第 11 期。

杨国安：《册书与明清以来两湖乡村基层赋税征收》，《武汉大学历史学集刊·第二辑》，湖北人民出版社 2005 年版。

行龙：《从"治水社会"到"水利社会"》，《读书》2005 年第 8 期。

李留文：《宗族大众化与洪洞移民的传说：以怀庆府为中心》，《北方论丛》2005 年第 6 期。

张小军、卜永坚、［加］丁荷生（Kenneth Dean）：《〈陕山地区水资源与民间社会调查资料集〉补遗七则》，《华南研究资料中心通讯》第 42 期，2006 年。

赵世瑜：《社会动荡与地方士绅：以明末清初的山西阳城陈氏为例》，《清史研究》1999 年第 2 期。

赵世瑜：《祖先记忆、家园象征与族群历史：山西洪洞大槐树传说解析》，《历史研究》2006 年第 1 期。

赵世瑜：《分水之争：公共资源与乡土社会的权力与象征——以明清山西汾水流域若干案例为中心》，《中国社会科学》2005 年第 2 期。

刘志伟：《祖先谱系的重构及其意义：珠江三角洲一个宗族的个案分析》，《中国社会经济史研究》1992 年第 4 期。

刘志伟：《宗族与沙田开发——番禺沙湾何族的个案研究》，《中国农史》1992 年第 4 期。

刘志伟：《传说、附会与历史真实：珠江三角洲族谱中宗族历史的叙事结构及其意义》，《中国谱牒研究》，上海古籍出版社 1999 年版。

刘志伟：《从乡豪历史到世人记忆：由黄佐〈自叙先世行状〉看地方势力的转变》，《历史研究》2006 年第 6 期。

邓小南：《追求用水秩序的努力：从前近代洪洞的水资源管理看"民间"与"官方"》，收入行龙、杨念群主编《区域社会史比较研究》，社会科学文献出版社 2006 年版。

行龙：《明清以来山西水资源匮乏与水案初步研究》，《科学技术与辩证法》2000 年第 6 期。

行龙：《晋水流域 36 村水利祭祀系统个案研究》，《史林》2005 年第 4 期。

行龙：《从共享到争夺：晋水流域水资源日趋匮乏的历史考察——兼及区域社会史之比较研究》，载行龙、杨念群主编《区域社会史比较研究》，社会科学文献出版社 2006 年版。

行龙：《明清以来晋水流域的环境与灾害：以"峪水为灾"为中心的田野考察和研究》，《史林》2006 年第 2 期。

钞晓鸿：《灌溉、环境与水利共同体：基于关中的考察》，《中国社会科学》2006 年第 4 期。

钞晓鸿：《争夺水权、寻求证据：清至民国时期关中水利文献的传承与编造》，《历史人类学学刊》第 5 卷第 1 期，2007 年 4 月。

谢湜：《利及邻封：明清豫北的灌溉水利开发与县际关系》，《清史研究》2007 年第 2 期。

钱杭：《共同体理论视野下的湘湖水利集团——兼论"库域型"水利社会》，《中国社会科学》2008 年第 2 期。

张俊峰：《介休水案与地方社会：对泉域社会的一种类型学分析》，《史林》2005 年第 3 期。

张俊峰：《明清时期介休水案与"泉域社会"分析》，《中国社会经济史研究》2006 年第 1 期。

常建华：《明代墓祠祭祖述论》，《天津师范大学学报》2003 年第 4 期。

常建华：《明清时期的山西洪洞韩氏：以洪洞韩氏家谱为中心》，《安徽史学》2006 年第 1 期。

常建华：《宋明以来宗族制形成理论辨析》，《安徽史学》2007 年第 1 期。

陈旭：《明朝万历、天启年间宗禄定为永额新考》，《西南大学学报》

2012 年第 4 期。

申志锋：《平原省废置缘由考》，《河南科技学院学报》2015 年第 5 期。

张俊峰：《明清以来洪洞水利与地方社会：基于田野调查的分析和研究》，博士学位论文，山西大学，2006 年。

李留文：《13—19 世纪中原的地方精英：以河南济源为例》，博士学位论文，北京师范大学，2006 年。

申红星：《明代宁山卫的军户与宗族》，《史学月刊》2008 年第 3 期。

申红星：《明清以来的豫北宗族与地方社会：以卫辉府为中心》，博士学位论文，南开大学，2008 年。

后　　记

　　这本小书是在我博士论文基础上修改完成的，也是过往十多年来学习工作的一个小结。回首十多年来求学及工作生涯，要感谢的人实在太多。

　　首先，感谢我在中山大学求学时的导师陈春声、刘志伟二位老师，十八年前，蒙二位老师不弃，收留我在门下读书。在这个底蕴深厚、大家叠出、要求严苛的历史学系中，我深知自己先天学养不足，基础薄弱，曾时时感到惶恐不安。在中山大学求学时，多次聆听老师的教诲，二位老师深厚的学术功底，独特的学术见解给我很大的震撼和启发。老师们的鼓励与支持给了我很大的勇气，至今依然感激，无以为报，唯有做好研究工作，才能不负师恩。

　　感谢参加论文答辩的南开大学常建华老师、北京大学赵世瑜老师、厦门大学郑振满老师、中山大学黄国信老师，感谢他们对论文提出的建议。

　　求学时众多师友给予我无私的帮助，感谢李留文、杜正贞、谢湜、贺喜提供的珍贵资料；感谢唐晓涛、段雪玉、焦鹏、胡海峰、石坚平、陈贤波、杨培娜、田宓、刘焱鸿、蓝清水、陈景熙、康欣平、周鑫、罗艳春、陈志国、黄伟英、腰兰、陈玥、唐金英、曹善玉、邓刚、陈志刚、申斌、黄壮钊等诸位同门给予我的关心，如今虽散处天涯，却时常想念。与我一起入学的张金超、吴昱、吴昌稳、周军、张凯、杨瑞、崔军锋、陈享冬、彭雪芹等诸位同学，和我一起度过了难忘的求学时光，让我时常回想。

在我数次前往河南省焦作市、博爱县、沁阳市、济源市、孟州市作田野调查期间，得到了许多人无私的帮助，他们是博爱县卜昌村王金陵先生、就职于河南理工大学的我高中及大学好友李继功、沁阳市博物馆牛莉女士、贾红霞女士、沁阳市文物局田中华先生、张红军先生、辛中山先生、沁阳市广利局原局长梁春生先生、沁阳市南寻村辛道强先生、柏香镇杨叙富先生、李桥村侯凤同老先生、济源市梨林镇大许村那位在二仙庙内帮我查看石碑而我没来的及问姓名的老大爷、焦作市黄河河务局工作的我的中学好友王磊以及孟州市缑村薛凤来老先生。

感谢广东省民族宗教研究院的资助，本书才得以出版；感谢中国社会科学出版社编审宋燕鹏宗兄为本书的出版付出的辛勤劳动，燕鹏宗兄博学多识，著述颇丰，令人钦佩；感谢广东省民族宗教事务委员会以及广东省民族宗教研究院领导和同事们在工作和生活上的关心和帮助，令我心怀感激。

最后，感谢家人对我的支持和鼓励，遗憾的是去年清明，父亲永远离开了我们，不能见到本书的出版，这本书也献给父亲，愿他在故乡安好，我会时常回去黄河边看他。

宋永志
2024 年清明于羊城花地河畔家中